国防科技工业无损检测人员资格鉴定与认证培训教材

磁 粉 检 测

《国防科技工业无损检测人员资格鉴定与认证培训教材》编审委员会 编

主 编 叶代平 苏李广

主 审 宋志哲

机 械 工 业 出 版 社

本教材是国防科技工业部门无损检测人员的公共培训教材（全套教材共 11 本），按照国防科技工业无损检测人员资格鉴定与认证考试大纲编写。内容包括：磁粉检测的基本原理、设备和器材、磁化方法与规范、检测工艺与操作、磁痕分析与工件验收、质量管理、应用实例以及 10 个磁粉检测实验等。

本书主要供生产第一线的工作人员、参加无损检测等级培训的师生、质量管理人员、安全监察人员使用。

图书在版编目（CIP）数据

磁粉检测/国防科技工业无损检测人员资格鉴定与认证培训教材编审委员会编．—北京：机械工业出版社，2004.3（2024.2 重印）
国防科技工业无损检测人员资格鉴定与认证培训教材

ISBN 978-7-111-14076-4

Ⅰ．磁…　Ⅱ．国…　Ⅲ．磁粉检验－技术培训－教材
Ⅳ．TG115.28

中国版本图书馆 CIP 数据核字（2004）第 014415 号

机械工业出版社（北京市百万庄大街 22 号　邮政编码 100037）
责任编辑：吕德齐　武　江
封面设计：鞠　杨　责任印制：常天培
三河市骏杰印刷有限公司印刷
2024 年 2 月第 1 版第 15 次印刷
184mm×260mm・12.75 印张・290 千字
标准书号：ISBN 978-7-111-14076-4
定价：39.00 元

电话服务
客服电话：010-88361066
010-88379833
010-68326294

网络服务
机　工　官　网：www.cmpbook.com
机　工　官　博：weibo.com/cmp1952
金　　书　　网：www.golden-book.com
机工教育服务网：www.cmpedu.com

序　言

无损检测技术是产品质量控制中不可缺少的基础技术，随着产品复杂程度增加和对安全性保证的严格要求，无损检测技术在产品质量控制中发挥着越来越重要的作用，已成为保证军工产品质量的有力手段。无损检测应用的正确性和有效性一方面取决于所采用的技术和设备的水平，另一方面在很大程度上取决于无损检测人员的经验和能力。无损检测人员的资格鉴定是指对报考人员正确履行特定级别无损检测任务所需知识、技能、培训和实践经历所作的验证；认证则是对报考人员能胜任某种无损检测方法的某一级别资格的批准并作出书面证明的程序。 对无损检测人员进行资格鉴定是国际通行做法。美国、欧洲等发达国家都建立了有关无损检测人员资格鉴定与认证标准，国际标准化组织 1992 年 5 月制定了国际标准 ISO 9712，规定了人员取得级别资格与所能从事工作的对应关系，通过人员资格鉴定与认证对其能力进行确认。无损检测人员资格鉴定与认证对确保产品质量的重要性日益突出。

改革开放以来，船舶、核、航天、航空、兵器、化工、煤炭、冶金、铁道等行业先后开展了无损检测人员资格鉴定与认证工作，对提高无损检测人员素质，确保产品质量发挥了重要作用。随着社会主义市场经济体制不断完善，国防科技工业管理体制改革逐步深化，技术进步日新月异，特别是高新技术武器装备科研生产对质量工作提出的新的更高要求，现有的无损检测人员资格鉴定与认证工作已经不能适应形势发展的要求。未来十年是国防科技工业实现跨越发展的重要时期，做好无损检测人员资格鉴定与认证工作对确保高新技术武器装备研制生产的质量具有极为重要的意义。

为进一步提高国防科技工业无损检测技术保障水平和能力，《国防科工委关于加强国防科技工业技术基础工作的若干意见》提出了要研究并建立与国际惯例接轨，适应新时期发展需要的国防科技工业合格评定制度。2002 年国防科技工业无损检测人员的资格鉴定与认证工作全面启动，各项工作稳步推进，2002 年 9 月正式颁布 GJB 9712《无损检测人员的资格鉴定与认证》；2003 年 8 月出版了《国防科技工业无损检测人员资格鉴定与认证考试大纲》；2003 年 9 月国防科工委批准成立国防科技工业无损检测人员资格鉴定与认证委员会，授权其统一管理和实施承担武器装备科研生产的无损检测人员资格鉴定与认证工作，标志着国防科技工业合格评定制度的建立开始迈出了重要的第一步。鉴于国内尚无一套能满足 GJB 9712 和《国防科技工业无损检测人员资格鉴定与认证考试大纲》要求的教材，为了做好国防科技工业无损检测人员资格鉴定与认证考核工作，国防科工委科技与质量司组织有关专家编写了这套国防科技工业无损检测人员资格鉴定与认证考试培训教材。

本套教材比较全面、系统地体现了 GJB 9712—2002《无损检测人员资格鉴定与认

证》和《国防科技工业无损检测人员资格鉴定与认证考试大纲》的要求，包括了对无损检测Ⅰ、Ⅱ、Ⅲ级人员的培训内容，以Ⅱ级要求内容为主体、注重体现Ⅲ级所要求的深度和广度，强调实际应用；同时教材体现了国防科技工业无损检测工作的特色，增加典型应用实例、典型产品及事故案例的介绍，并力图反映无损检测专业技术发展的最新动态。全套教材共11册，包括《无损检测综合知识》、《涡流检测》、《渗透检测》、《磁粉检测》、《射线检测》、《超声检测》、《声发射检测》、《计算机层析成像检测》、《全息和散斑检测》、《泄漏检测》和《目视检测》。

由于无损检测技术涉及的基础科学知识及应用领域十分广泛，而且计算机、电子、信息等新技术在无损检测中的应用十分迅速，教材编写难度较大。加之成书比较仓促，难免存在疏漏和不足之处，恳请培训教师和学员以及读者不吝指正。愿本套教材能够为国防科技工业无损检测人员水平的提高并为促进无损检测专业的发展起到积极的推动作用。

本套教材参考了国内同类教材和培训资料，编写过程中得到许多国内同行专家的指导和支持，谨此致谢。

《国防科技工业无损检测人员
资格鉴定与认证培训教材》编审委员会
2004年3月

前　言

根据《国防科技工业无损检测人员资格鉴定与认证考试培训教材》的编写要求我们承担了《磁粉检测》教材编写，并贯彻以下编制原则：一是紧密围绕考试大纲，强调解决实际问题；二是突出体现国防科技工业无损检测工作特色，适当增加典型应用及案例的介绍；三是教材内容编排应按照基础理论、相关标准、编制检测规程和实验与操作四大部分安排章节。

《磁粉检测》教材由苏李广、叶代平、宋志哲组成编写组负责编写。2003年5月，编写组提出的编写提纲通过专家评审，编写工作全面开始。2003年8月编写组完成初稿并于9月初邀请部分专家对初稿进行了初审。根据初审提出的意见，编写组又进行了修改，于9月中旬完成了修改稿。在2003年11月初，有关专家对修改稿再次进行了审定，编写组进一步订正了相关内容，完成了书稿。全书由叶代平执笔，宋志哲主审，付洋、官润理参加了审定工作，并提出宝贵意见。

本教材共设10章。按照国防科技工业人员资格鉴定与认证考试大纲对Ⅱ级人员的要求，与已出版的磁粉检测培训教材不同的主要方面，首先是在基本理论中增加了组合磁场与磁性材料及磁路的相关知识，以便于检测人员编制工艺时有一个明晰的概念。另外，对磁化方法及磁化规范的选择上进一步阐明了选择的意义，不仅介绍了方法，还对方法的磁场分布及规范的制定作了较详细介绍，并对利用材料的磁特性曲线来确定磁化规范作了较多的说明。由于磁粉检测是一门应用科学，教材中结合实际检测工作编写了检测工艺与操作技术一章，试图将基本理论与检测技术结合起来。在磁痕分析与工件验收一章中，则增加了对缺陷磁痕的评定与工件验收的内容。另外，教材还编写了有关检测标准和工艺编制方面的相关知识，以供有关人员学习使用。最后，教材介绍了10个基本实验，用以巩固掌握教材中的相关内容。对于一些涉及知识面较广或只作为Ⅲ级人员一般了解的知识，本书中采用了*号注明。

本教材是满足国防科技工业部门的公共培训教材，考虑到各工业部门的不同，当应用到不同部门时，还应当补充必要的材料、工艺、缺陷、相关的标准和规范及一些特殊技术的内容，以期使培训收到更好的效果。

本教材在编写中，除了参考了国内外公开出版的一些专著、教材、手册、文献外，还特别参考了无损检测学会及兵器、锅炉压力容器、化学工业等行业编写的教材，并将编写组成员多年从事磁粉检测工作积累的经验和在培训教学中的一些体会编入教材。这里，除对编写相关教材与文献的作者表示感谢外，还对参与本书讨论与修改的专家表示感谢。

限于编者水平，错误和疏漏在所难免，热诚欢迎培训学员、培训教师、读者提出宝贵意见和加以指正。

《磁粉检测》编写组
2004年2月

目　录

第1章 绪　论

1.1 磁粉检测的发展简史和现状

1.1.1 磁粉检测的发展简史

磁粉检测是利用磁现象来检测工件中缺陷的，它是漏磁检测方法中最常用的一种。磁现象的发现很早，远在春秋战国时期，我国劳动人民就发现了磁石吸铁现象，并发明了指南针，最早地应用于航海。17世纪以来，一大批科学家对磁力、电流周围存在的磁场、电磁感应规律以及铁磁物质等进行了系统研究。这些伟大的科学家在磁学史上树立了光辉的里程碑，也给磁粉检测的创立奠定了基础。

早在19世纪，人们就已开始从事磁通检漏试验。1868年，英国《工程》杂志首先发表了利用罗盘仪探查磁通以发现枪管上不连续性的报告。8年之后，Hering利用罗盘仪检查钢轨不连续性获得美国专利。

关于磁粉检测的设想是美国人霍克于1922年提出的。他在切削钢件的时候，发现铁末聚集在工件上的裂纹区域。于是，他第一个提出可利用磁铁吸引铁屑这一人所共知的物理现象来进行检测。但是，在1922～1929年的7年间，他的设想并没有付诸实施，其原因是受到当时磁化技术的限制以及缺乏合格的磁粉。

1928年，Forest为解决油井钻杆断裂，研制了周向磁化，使用了尺寸和形状受控的并具有磁性的磁粉，获得了可靠的检测结果。Forest和Doane开办的公司，在1934年演变为生产磁粉检测设备和材料的Magnaflux（磁通公司），对磁粉检测的应用和发展起了很大的推动作用，在此期间，首次用来演示磁粉检测技术的一台实验性的固定式磁粉检测装置问世。

磁粉检测技术早期被用于航空、航海、汽车和铁路部门，用来检测发动机、车轮轴和其它高应力部件的疲劳裂纹。在20世纪30年代，固定式、移动式磁化设备和便携式磁轭相继研制成功，湿法技术也得到应用，退磁问题也得到了解决。

1938年德国发表了《无损检测论文集》，对磁粉检测的基本原理和装置进行了描述。1940年2月美国编写了《磁通检验的原理》教科书，1941年荧光磁粉投入使用。磁粉检测从理论到实践，已初步形成为一种无损检测方法。

第二次世界大战后，磁粉检测在各方面都得到迅速的发展。各种不同的磁化方法和专用检测设备不断出现，特别是在航空、航天及钢铁、汽车等行业，不仅用于产品检验，还在预防性的维修工作中得到应用。在20世纪60年代工业竞争时期，磁粉检测向轻便式系统方面进展，并出现磁场强度测量、磁化指示试块（试片）等专用检测器材。由于硅整流器件的进步，磁粉检测设备也得以完善和提高，检验系统也得到开发。随着无损检测工作的日益被重视，磁粉检测Ⅰ、Ⅱ、Ⅲ级人员的培训与考核也成为重要工作。1978年，第一次将可编制程序的元件引入，代替了磁粉检验系统的逻辑继电器。高亮度的荧光磁粉和高强度的紫外线灯的问世，极大地改善了磁粉检验的检测条件。如今，湿法卧式磁粉检验系统已发展到使用微机控制，磁粉检验法已包括适配的计算机化的数据采集系统。

值得一提的是，前苏联全苏航空研究院的瑞加德罗，毕生致力于磁粉检测的研究和开发工作，作出了卓越的贡献。50年代初期，他系统地研究了各种因素对检测灵敏度的影响，在大量试验的基础上，制订了磁化规范，被世界许多国家认可并采用。

解放前，我国仅有几台进口的美国蓄电池式直流检测机，用于航空工件的维修检查。新中国成立后磁粉检测在航空、兵器、汽车等机械工业部门首先得到广泛应用。几十年来，经各国磁粉检测工作者和设备器材制造者的共同努力，使磁粉检测已经发展成为一种成熟的无损检测方法。

1.1.2 磁粉检测的现状

国外很重视磁粉检测设备的开发，因为只有检测设备的进步，才能给磁粉检测带来成功的应用。现在国外磁粉检测设备从固定式、移动式到便携式，从半自动、全自动到专用设备，从单向磁化到多向磁化，设备已系列化和商品化。由于晶闸管等电子元器件和计算机技术用于磁粉检测设备，使设备小型化并实现了电流无级调节，智能化设备大量涌现，这些设备可以预置磁化规范和合理的工艺参数，进行荧光磁粉检测和自动化操作。国外成功地运用电视光电探测器荧光磁粉扫查和激光飞点扫描系统，实现了磁粉检测观察阶段的自动化，将检测到的信息在微机或其它电子装置中进行处理，鉴别可剔除的不连续性，并进行自动标记和分选，提高了检测的灵敏度和可靠性，代表了当代磁粉检测的新成就。

我国近年来磁粉检测设备发展也很快，磁粉检测设备已实现了专业化和系列化，三相全波直流检测超低频退磁设备的性能与国外同类设备的水平相当，交流磁粉探伤机用于剩磁法检验时加装的断电相位控制器保证了剩磁稳定，是我国的特色。断电相位控制器利用了晶闸管技术，可以代替自耦变压器无级调节磁化电流，为我国磁粉检测设备的电子化和小型化奠定了基础。半自动化检测设备的广泛使用，大大提高了检测的速度和质量。智能化设备和光电扫描图像识别的磁粉检测设备已研制成功，荧光磁粉检测电视摄像观察系统已投入生产检验，用电脑处理磁痕显示的试验研究也有了很大进展。

磁粉检测的器材，国内外开发的很多。如与固定式探伤机配合用的400W冷光源紫外灯，解决了紫外灯工作时的发热问题。快速断电测量器的开发解决了直流磁化“快速断电效应”的测量问题。标准试片、试块和测量剩磁用的磁强计都形成系列产品配套使用。国内研制的LPW—3号磁粉检验载液（无臭味煤油），性能指标高于国外同类产品。照度计和紫外辐射计的性能也不亚于国外同类产品。但国产紫外灯的质量还有待提高，袖珍式磁强计的生产还满足不了市场需要。国内磁粉检测用磁粉，尤其是荧光磁粉，质量尚待进一步提高。

国外有不同规格（包括黑光和白光）的光导纤维内窥镜，能满足工件上孔内壁缺陷

的检测要求，仪器型号和生产厂家一般都纳入有关技术标准中。国内已研制出光导纤维内窥镜，希望提高黑光辐照度后能大力推广应用。

在工艺方法方面，我国兵器行业组织测定了常用的百余个钢种的磁特性曲线，为准确地选择磁化规范提供了很好的依据。航空行业发明的磁粉检测-橡胶铸型法，为定量检测孔内壁早期疲劳裂纹闯出了一条新路，还为记录缺陷磁痕提供了良好的方法，比国外应用的磁橡胶法有无可比拟的优越性。在对缺陷和激励磁场间相互作用所产生的漏磁场分布特性、磁粉在漏磁场中的受力分析等基础问题的研究上，我国学者也取得了较大的进展。

磁粉检测的质量控制，是对影响磁粉检测灵敏度的诸因素逐个地加以控制，国外非常重视，不仅制定了具体控制项目、检验周期和技术要求，并设有质量监督检查，保证贯彻执行。在我国，通过借鉴国外先进经验对磁粉检测质量控制日益受到重视，并能较好地贯彻执行。目前，国内颁布了一系列磁粉检测标准来保证磁粉检测工作的正常进行。但各行业、各单位发展不平衡，有些质量控制项目没有纳入标准，有些虽纳入标准，但流于形式，这种局面急待改变。

随着我国国防实力的逐步提高，对无损检测工作也提出了更高的要求，磁粉检测工作的重要性也日益受到重视，磁粉检测的方法也将日臻完善和拓展。国防科学技术工业无损检测的人员资格鉴定与认证工作的进一步实施，将大大提高无损检测人员素质，提高国防科技工业的检测能力。磁粉检测工作必将出现一个新局面，达到一个新水平，为实现我国国防现代化做出应有的贡献。

1.2 漏磁场检测与磁粉检测

1.2.1 漏磁检测方法的分类

漏磁场检测是无损检测中用得较多的一种形式。它是利用铁磁性材料或工件磁化后，如果在表面和近表面存在材料的不连续性（材料的均质状态或致密性受到破坏），则在不连续性处磁场方向将发生改变，在磁力线离开工件和进入工件表面的地方产生磁极，形成漏磁场。用传感器对这些漏磁场进行检测，就能检查出缺陷的位置和大小。

根据漏磁场检测的方法，漏磁场检测可以分为：

（1）漏磁场测定法　利用某种传感器件，直接对漏磁场进行检测的方法。

能够检测漏磁场的器件很多，主要有两大类，即检测线圈和磁敏元件。检测线圈是利用电磁感应原理，当线圈接收到漏磁场的变化，线圈中将有感应电流产生。将这种电流进行放大和处理分析，就可以得到材料缺陷状况的信息。磁敏元件（霍尔元件、磁敏二极管等）是一种能将磁信号变换成电信号的磁电转换器件，利用它们可以检查材料表面是否存在由缺陷引起的漏磁场。

（2）磁性记录法　这是一种利用录磁材料（如磁带）来记录缺陷产生的漏磁信息，然后将这些信息设法再现以供分析处理的检测技术。

（3）磁粉检测法　用磁粉作为漏磁场的检测介质，利用磁化后工件缺陷处漏磁场吸引磁粉形成的磁痕显示，从而确定缺陷存在的一种检测方法。

比较上述三种方法，可以看出磁粉法最简单、实用，灵敏度也较高，成本也较低廉，适合于多种场合和不同产品，因而在生产实际中得到广泛应用。但是，磁粉法检测速度低，难于实现自动化，人为影响因素复杂，比不上其它方法容易实现自动控制。利用漏磁和录磁的检测方法，能实现对大批量工件的自动化检测，不仅可以检出缺陷，还能对缺陷的某些特性进行测量。对形状复杂、检测影响因素多的工件，磁粉检测优势较强；但对形状或检测要求单一，并且批量很大的工件，漏磁和录磁检测则具有较强优势。

1.2.2 磁粉检测的特点

磁粉检测（Magnetic Particle Testing，缩写符号为 MT），又称磁粉探伤或磁粉检验，是五种应用较为广泛的常规无损检测方法之一。磁粉检测的对象是铁磁性材料，包括未加工的原材料（如钢坯），加工后的半成品、成品及在役或使用中的零部件。磁粉检测的基础是缺陷处漏磁场与磁粉间的相互作用。在铁磁性工件被磁化后，由于材料不连续性的存在，使工件表面和近表面的磁力线在材料不连续处发生局部畸变而产生漏磁场，吸附施加在工件表面的磁粉，形成了在合适光照下目视可见的磁痕，从而显示出材料不连续性的位置、形状和大小，通过对这些磁痕的观察和分析，就能得出对影响制品使用性能的缺陷的评价。

钢铁零件采用磁粉检测有以下优点：

1）可发现裂纹、夹杂、发纹、白点、折叠、冷隔和疏松等缺陷，缺陷显现直观，可以一目了然地观察到它的形状、大小和位置。根据缺陷的形态及加工特点，还可以大致确定缺陷是什么性质（裂纹、非金属夹杂、气孔等）。

2）对工件表面的细小缺陷也能检查出来，也就是说，具有较高的检测灵敏度。一些缺陷如发纹，宽度很小，用磁粉检测也能发现。但是太宽的缺陷将使检测灵敏度降低，甚至不能吸附磁粉。

3）只要采用合适的磁化方法，几乎可以检测到工件表面的各个部位。也就是几乎不受工件大小和形状的限制。

4）与其它检测方法相比较，磁粉检测工艺比较简单，检查速度也较快，相对说来，所需要的检查费用也比较低廉。

磁粉检测的主要缺点是：

1）只能适用于铁磁性材料，而且只能检查出铁磁工件表面和近表面的缺陷，一般深度不超过 1～2mm（直流电检查时深度可大一些）。对于埋藏较深的缺陷则难于奏效。磁粉检测不能检测奥氏体不锈钢材料和用奥氏体不锈钢焊条焊接的焊缝，也不能检测铜、铝、镁、钛等非磁性材料。马氏体不锈钢和沉淀硬化不锈钢具有磁性，可以进行磁粉检测。

2）检查缺陷时的灵敏度与磁化方向有很大关系。如果缺陷方向与磁化方向平行，或与工件表面夹角小于 20° 的缺陷就难于显现。另外，表面浅的划伤、埋藏较深的孔洞及锻造皱折等，也不容易被检查出来。

3）如果工件表面有覆盖层、漆层、喷丸层等，将对磁粉检测灵敏度起不良影响。覆

盖层越厚，这种影响越大。

4）由于磁化工件绝大多数是用电流产生的磁场来进行的，因此，大的工件往往要用较大的电流。而且，磁化后一些具有较大剩磁的工件还要进行退磁。

*1.2.3 漏磁的其它检测方法

（1）漏磁场检测元件 用来检测漏磁场的元件种类很多，主要有感应线圈、磁敏元件（霍尔元件和磁敏二极管等）和磁带。它们主要特点是：

磁带：漏磁场可直接记录在磁带上，然后再变换成电信号进行处理。

感应线圈：输出信号取决于线圈的匝数、被检材料的相对速度。

磁敏检测元件：直接将漏磁场变换成电信号。有霍尔元件和磁敏二极管等。其中，霍尔元件中传感元件的尺寸（有效感磁面积）与感磁灵敏度是重要参数；磁敏二极管的灵敏度比霍尔元件高，但温度特性不如霍尔元件。霍尔元件目前已作成集成电路，在钢丝绳漏磁检测中应用。

（2）漏磁检测法 漏磁法利用磁敏元件做成的探头检测工件表面的漏磁。所测得的漏磁信号的大小与缺陷之间有明显的关系，而缺陷宽度对漏磁信号的振幅影响较小。漏磁检测法主要适用于对称及旋转的工件，例如轴类、管材、棒材等，因此易于实现自动化。

图1-1是用磁轭法检查管子表面裂纹的一种探头形式。在这种方法中，磁轭探头不动，管子在旋转的同时作纵向运送。

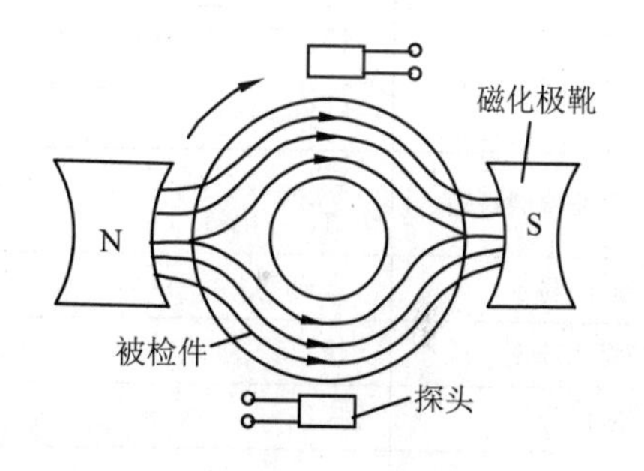

图1-1 管子旋转漏磁检查

用于探头的磁敏元件可用磁敏二极管或霍尔元件，也可以采用其它弱磁场测量装置。

（3）录磁检测法 录磁检测法是用磁带记录漏磁场方法来进行检测的，又称磁录像法。它是将具有很高矫顽力和剩磁的磁带紧贴在被检工件表面上，对工件进行适当磁化，则在不连续性处产生的漏磁场信息就全部记录在磁带上，然后通过磁电转换器（又称磁头）将录制的漏磁场信息再转换成电信号，显示在荧光屏上，或使用自动记录器获得材料不连续性漏磁场的完整曲线或图像，从而确定不连续性的部位、性质和大小。磁带在记录漏磁场与复放磁带时，有较高的灵敏度和良好的再现性。检测结果也可长期保存。

录磁检测常用于如钢坯、方钢、平板或平板焊缝的漏磁场检测，可检测极微弱的磁场信息。它不仅可以记录工件表面缺陷的散射磁场，还可以记录埋藏在工件近表面的内部缺陷的散射磁场。磁带记录的信息可以长期保存。录磁法对被检工件的表面粗糙度要求不严，适应性强。

进行录磁法的条件是，必须在直流或脉动电流励磁的磁场下进行，励磁应使工件达到磁饱和。为了分析磁场分布信息，应当采用电子技术对所获得的信息进行处理。

目前，录磁检测技术应用逐步扩大，例如检测石油管道焊缝、化工容器与管道、电站承压管道等。国外已将录磁检测技术成功地应用于轧钢生产线及潜艇焊缝的检查。

1.3 表面无损检测方法的比较

磁粉检测、渗透检测和涡流检测都属于表面无损检测方法，但其方法原理和适用范围区别很大，有各自的优点和局限性，在使用时互相补充。应该很好掌握各种检测方法，并能根据工件材料、状态和检测要求，选择合理的方法进行检测。对于钢铁材料制成的工件，磁粉检测不管是在灵敏度还是在检测方法及检测成本上都占有相当的优势，只有在因材料或工件形状等原因不能采用磁粉检测时，才使用渗透检测或涡流检测。

表 1-1 列出了三种检测方法各自的特点。

表 1-1 表面无损检测方法的比较

	磁粉检测（MT）	渗透检测（PT）	涡流检测（ET）
方法原理	缺陷漏磁场吸附磁粉	毛细渗透作用	电磁感应作用
能检出的缺陷	表面及近表面缺陷	表面开口缺陷	表面及近表面缺陷
缺陷表现形式	磁粉附着在缺陷附近形成磁痕	渗透液渗出形成缺陷显示	检测线圈电压和相位发生变化
显示材料	磁粉	渗透液和显像剂	记录仪、电压表和示波器
适用材质	铁磁性材料	非松孔性材料	导电材料
主要检验对象	锻钢件、铸钢件、压延件、焊缝、管材、棒材、机加工件及使用中的钢件	任何非多孔材料制成的零部件及组合件，以及使用过的上述零部件	管材、线材、棒材等及零件可检查缺陷，材料分选及厚度测量等
主要检测缺陷	裂纹、发纹、白点、折叠、夹杂物、冷隔等	裂纹、疏松、针孔	裂纹、材质变化、厚度变化
缺陷显示	直观	直观	不直观
检测速度	快	较慢	最快
应用	探伤	探伤	探伤、材质分选、测厚
污染	轻	较重	最轻
灵敏度	高	高	较低

复 习 题

*1. 检测漏磁场通常有哪些方法?主要区别是什么?

2. 磁粉检测有哪些主要特点?其适用范围是什么?

3. 对比磁粉检测与渗透检测的优点与局限性。

第2章　磁粉检测的物理基础

2.1　磁现象和磁场

2.1.1　基本磁现象

磁铁具有吸引铁屑等磁性物体的性质叫做磁性。凡能够吸引其它铁磁性材料的物体叫做磁体，磁体是能够建立或有能力建立外加磁场的物体。有永磁体、电磁体及超导磁体等种类。

将一根条形磁铁放在铁粉堆里再取出来，可以看到靠近它的两端的地方吸引铁粉最多，其它地方很少或没有。磁铁上这种磁性最强的区域称为磁极。见图2-1。

磁极具有方向性。将一根能绕轴旋转的条形小磁铁放在空间，它的两个磁极将指向地球的南北方向。指北的一端叫北极，用N表示；指南的一端叫南极，用S表示。小磁铁指向地球南北的原因，是地球本身就具有磁性，它是一个大磁体。

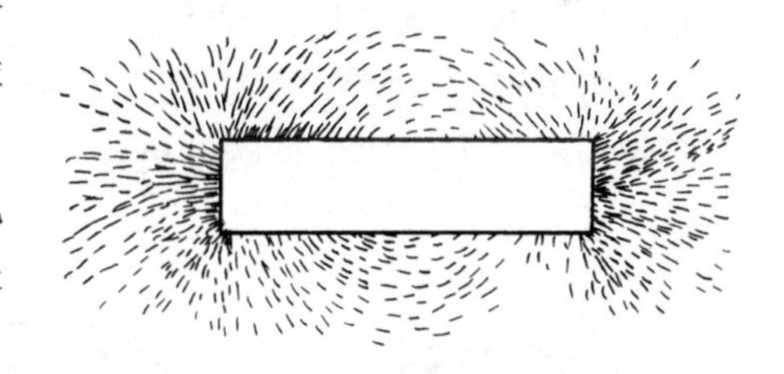

图2-1　条形磁铁吸引磁粉

每个磁体上的磁极总是成对出现的，在自然界中没有单独的N极或S极存在。如果把条形磁铁分成几个部分，每一部分仍有相应的S极和N极，如图2-2所示。即使把磁铁捣成粉末，S极和N极仍在每个颗粒上成对出现。

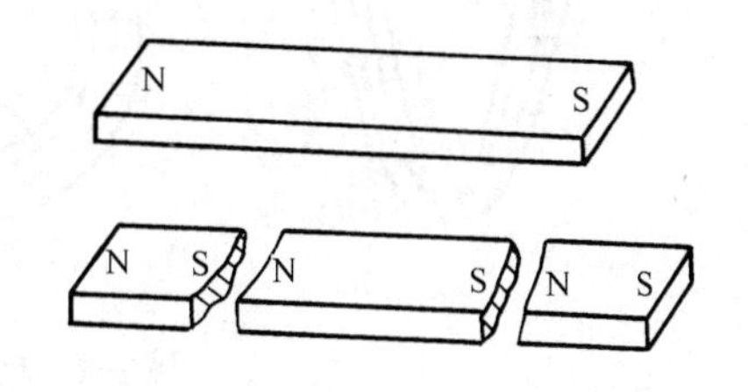

图2-2　折断后的磁铁棒所形成的磁极

磁铁之间所具有的相互作用力叫磁力。极性相同的磁极（S极和S极、N极和N极）互相排斥；极性相反的磁极（S极和N极）彼此间互相吸引。磁力的大小和方向是可以测定的。同一个磁体的两个磁极磁力大小相等，但方向相反。

把一个磁体靠近原来不具有磁性的铁磁性物体，该物体不仅被磁体吸引，而且自己也具有了吸引其它铁磁性物质的性质，即有了磁性。这种使原来不具有磁性的物体得到磁性的过程叫做磁化。铁、钴、镍及其大多数合金磁化现象特别显著。一些物体在磁化的磁体撤离后仍保持有相当的磁性，这种磁性叫剩磁。具有剩磁的磁体也就成为一个新的磁体。

不仅磁铁具有磁性，而且电流也可以对铁及其合金产生吸引和磁化。就是说电流也同样具有磁性。

2.1.2 磁场

磁体间的相互作用是通过磁场来实现的。所谓磁场，是具有磁力作用的空间。它是物质存在的基本属性之一，具有力和能量。磁场存在于被磁化物体或通电导体的内部和周围空间。

磁力是有大小和方向的。即磁场也有大小和方向。两个磁体间的作用力可以用磁性定律来描述：两个磁极间的磁力与两个磁极强度的乘积成正比，而与它们之间的距离的平方成反比。磁力为斥力还是吸力取决于两个磁极的极性。

为了形象地表示磁场的强弱、方向和分布的情况，可以在磁场内画出若干条假想的连续曲线。这些曲线不会中断，它以连续回路的方式，自行穿过某个行程。曲线的疏密程度表示了磁场的强弱，曲线上任一点的切线方向都表示了该点的磁场方向。这些假想的曲线叫做磁力线。

图 2-3 表示了条形磁铁的磁力线。

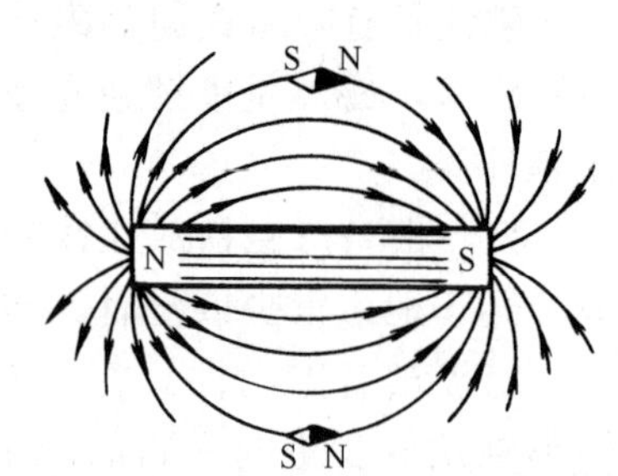

图2-3 条形磁铁的磁力线

从图中可以看出，在条形磁铁两极处磁力线紧密相聚，而在远离磁极的中间部位则较稀疏。这说明两极的磁性很强，离磁极较远的地方则较弱。

将一根条形磁铁棒作成 U 形（马蹄形），磁极仍然存在，但磁场和磁力线比条形磁铁更集中，磁性更强。如果磁铁棒做成一个没有间隙的封闭铁环，磁场就全部地包含在铁环之中，如图 2-4 所示。

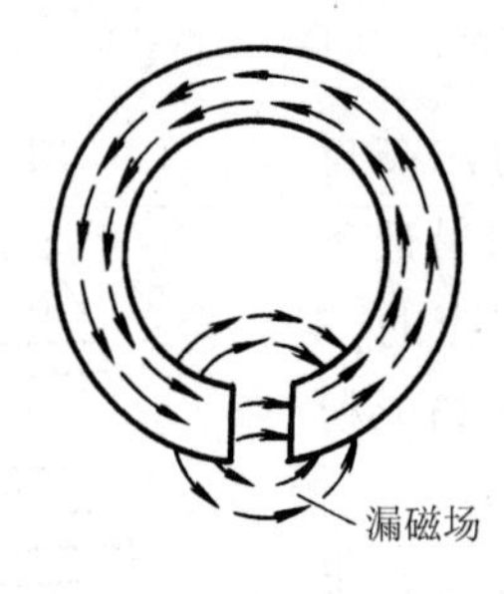

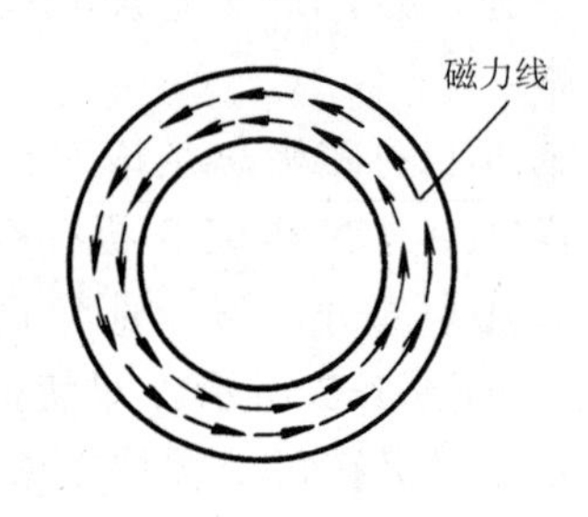

图2-4 U 形磁铁形状变化时的磁场

全部磁力线构成了磁场。磁力线所通过的闭合路径叫磁路。磁力线具有以下特性：

1）具有方向性。在磁场中磁力线的每一点只能有一个确定的方向。人为规定，磁铁外部是由 N 极到 S 极。可以用小磁针对磁场方向进行测定。

2）磁力线贯穿于整个磁体，但彼此互不相交。

3）异性磁极的磁力线容易沿着磁阻最小的路径通过，其密度随着距两极的距离增大而减小。

4）同性磁极的磁力线有互相向侧面排挤的倾向。

2.1.3 磁场中的几个基本物理量

1. *磁感应强度与磁通量*

磁通量就是磁感应通量。为了使磁力线能定量地表示物质中的磁场，人们规定，通

过磁场中某一曲面的磁力线数叫做通过此曲面的磁通量，简称磁通。用符号Φ表示。同样，为了描述磁场中某点磁场的方向和强弱程度，人们采用了磁感应强度的概念。磁感应强度用符号 **B** 表示，意义为磁化物质中与磁力线方向垂直（法向）的单位面积上的磁力线数目。通过磁场中某一微小面积ΔS 的磁通量，等于该处磁感应强度 **B** 在垂直于面积 ΔS 的方向上的法向分量 B_n 和曲面面积ΔS 的乘积，即

$$\Phi=B_n\Delta S=B\cos\alpha\cdot\Delta S \tag{2-1}$$

式中，α 是磁感应强度方向与面积 ΔS 的法向之间的夹角。

对于非均匀磁场中任意曲面 S 的磁通量，必须利用积分表达式

$$\Phi=\int_S \boldsymbol{B}\cdot \mathrm{d}s \tag{2-2}$$

只有在均匀磁场中当磁感应强度方向垂直于截面 S 时，通过该截面 S 的磁通量才能简单地表示成

$$\Phi=B\cdot S \tag{2-3}$$

在国际单位制（SI）中，磁通量的单位是韦伯（Wb），而高斯单位制（CGS）中则是麦克斯韦（Mx）。通常把 1Mx 叫作 1 根磁力线。Wb 和 Mx 之间的关系是

$$1\text{Wb}=10^8\,\text{Mx}$$

磁感应强度 **B** 是一个矢量，即具有方向和大小。由于磁感应强度是磁化物质单位面积上的磁通量，所以又叫做磁通密度。

不同物质在磁场中磁化的情况是不一样的，所得到的磁感应强度也不相同。在采用磁力线来描述物质中的磁场时，其磁力线称为磁感应线。由于铁磁性物质中的磁感应强度较高，为了区别于其它物质，通常将铁磁性物质中的磁力线叫做磁感应线。

*在物理学中，磁感应强度 **B** 采用的是另一种定义方法，即磁场中某一点磁感应强度的大小，等于放在该点与磁场方向垂直的通电导线所受的磁场力，跟该导线中的电流强度和导线长度的乘积之比，为

$$B=\frac{F}{IL} \tag{2-4}$$

其方向规定为放在该点的检验小磁针 N 极所指的方向。两种定义方法的本质是一样的。

在国际单位制中，磁感应强度的单位为特斯拉（T）。

1 特斯拉（T）=1 牛顿/安培米（N/Am）=1 韦伯/米^2（Wb/m^2）。

在高斯单位制中，磁感应强度单位为高斯（G）。T 与 Gs 之间的关系为

$$1\text{T}=10^4\text{Gs}$$

2. *磁场强度*

不同物质在磁场中的 **B** 值是不一样的，即它们的磁性有所不同，为了反映不同物质在磁场中的变化，人们引用了磁场强度的概念。同磁感应强度一样，磁场强度也是一个

用来描述磁场的物理量。磁场强度用 $\boldsymbol{H}$ 表示，它是由导体中的电流或永磁体产生的，有大小和方向。它与磁感应强度的区别在于，它不考虑磁场中物质对磁场的影响，与磁化物质的特性无关。

磁场强度 $\boldsymbol{H}$ 和磁感应强度 $\boldsymbol{B}$ 都是描述磁场的重要物理量。

磁场强度 $\boldsymbol{H}$ 的单位是用稳定电流在空间产生磁场的大小来规定的，国际单位制中磁场强度的单位为安/米（A/m）。它的意义为：一根载有直流电流 $\boldsymbol{I}$ 的无限长直导线，在离导线轴线为 r 的地方所产生的磁场强度为

$$H=\frac{I}{2\pi r} \tag{2-5}$$

如取 I=1A，则在离导线距离为 r=1/2π 处所得的磁场强度就是单位磁场强度，称为 1A/m。

在高斯单位制中磁场强度单位是奥斯特，符号为 Oe。两种单位制间的换算为

$$1\text{Oe}=(10^3/4\pi)\ \text{A/m}=79.577\text{A/m}\approx 80\text{A/m}。$$

3. *磁导率*

不同物质在相同磁场中的磁感应强度 $\boldsymbol{B}$ 值是不一样的。为了反映这种变化，引入磁导率的概念。磁导率又叫导磁系数，它表示了材料磁化的难易程度，用符号 μ 表示。磁导率是物质磁化时磁感应强度与磁场强度的比值，反映了物质被磁化的能力。用公式表达为

$$\mu=\frac{B}{H} \tag{2-6}$$

磁导率的单位为亨/米（H/m）。真空中的磁导率用 μ_0 表示，它是一个不变的恒量，$\mu_0=4\pi\times10^{-7}$ 亨/米（H/m）。

一般将 $\boldsymbol{B}$ 与 $\boldsymbol{H}$ 的比值 μ 称为绝对磁导率。有

$$\mu=\mu_0\mu_{\mathrm{r}} \tag{2-7}$$

μ_{r} 叫相对磁导率，它是一个纯数。在高斯单位制中，因为真空中的 μ_{r} 等于 1，所以 B 和 H 值是相同的。

由于空气中的 μ 值接近于 μ_0，在磁粉检测中，通常将空气中的磁场值看成是真空中的磁场值，其 μ_{r} 也等于 1。其它物质的磁导率与真空磁导率比较的值为相对磁导率，也是一个纯数。

在磁粉探伤中，还经常用到材料磁导率、最大磁导率、有效磁导率等概念。它们的意义是：

材料磁导率：在磁路完全处于材料内部情况下所测得的 B/H 值，常用于周向磁化。

最大磁导率：由于铁磁材料的磁导率是随外加磁场变化的量，从变化曲线中所获得的磁导率最大值叫做最大磁导率，用 μ_{m} 表示。通常出现在磁化曲线拐点附近，可以通过查磁特性曲线手册或对材料进行磁测量获得。

有效磁导率：又叫表观磁导率，它是指磁化时零件上的磁感应强度与外加磁化磁场强度的比值。它不完全由材料的性质所决定。在很大程度上与零件形状有关，对零件在

线圈中纵向磁化极为重要。

*4. 磁极化强度 $\boldsymbol{J}$

为了衡量物质的磁化程度，采用了磁极化强度 $\boldsymbol{J}$ 这个物理量。物质的磁化程度愈高，磁极化强度愈大。

通常，我们把尺寸小到原子的小磁体称为磁偶极子，并把它们等效为环绕回路流动的电荷，诸如电子绕原子核的运动、电子自旋以及旋转的带正电的原子核都是磁偶极子。

我们知道，磁针及条形磁体在外加磁场中都会受到一力矩的作用，该力矩总是力图使磁针或条形磁体转动到沿外加磁场方向排列。观测结果表明，在同样的磁场中，不同的磁体所受的力矩是不同的，其大小不仅和磁场有关，而且还与材料本身的磁化状态有关；对于同一磁针或条形磁体则可发现，当其轴线和外加磁场方向垂直时，它所受的力矩将为最大力矩。

为了充分反映磁偶极子的固有特性，人们用真空中每单位外加磁场作用在磁偶极子上的最大力矩来度量它的磁偶极矩。单位体积材料内磁偶极距的矢量和称为磁极化强度 $\boldsymbol{J}$，单位与磁感应强度相同，为特斯拉（T）。

磁极化强度与磁感应强度的关系为

$$\boldsymbol{B}=\mu_0\boldsymbol{H}+\boldsymbol{J} \tag{2-8}$$

磁极化强度反映了物质磁化的程度。物质的磁化程度越高，磁极化强度就越大。其物理意义为：由于被磁化的铁磁材料内部存在磁畴，如果磁场中的磁极化强度矢量大小和方向都相同，则该磁化是均匀磁化，否则是非均匀磁化。

2.2　磁场中的物质

2.2.1　磁介质

如果在磁场中放入一种物质，可以发现，这种物质将产生一个附加磁场，使物质所占空间原来的磁场发生变化，即磁场将增加或减少。这种能影响磁场的物质叫做磁介质。

设原来的磁场强度为 $\boldsymbol{H}_0$，磁感应强度为 $\boldsymbol{B}_0$，磁介质经磁化后得到的附加磁场为 $\boldsymbol{B}'$，总磁场的磁感应强度 $\boldsymbol{B}$ 则为

$$\boldsymbol{B}=\boldsymbol{B}_0+\boldsymbol{B}' \tag{2-9}$$

实验证明，磁介质产生的附加磁场 $\boldsymbol{B}'$ 可以与原磁场 $\boldsymbol{B}_0$ 的方向相同，也可以相反。与原磁场相同方向的磁介质叫顺磁物质，如铝（Al）、钨（W）、钠（Na）、以及氯化铜（$CuCl_2$）等都是顺磁物质。与原磁场方向相反的叫抗磁物质（逆磁物质），如汞（Hg）、金（Au）、铋（Bi）、氯化钠（NaCl）以及石英等都是抗磁物质。顺磁物质和抗磁物质在外磁场 $\boldsymbol{B}_0$ 中所引起的附加磁场 $\boldsymbol{B}'$ 是很小的，接近于原磁场，对外基本上不显示磁性，故把它们统称为非磁质。但另外有一类物质所引起的附加磁场 $\boldsymbol{B}'$，却比原来的磁场 $\boldsymbol{B}_0$ 大得很多，是原来磁场 $\boldsymbol{B}_0$ 的几百倍到数千倍，如铁（Fe）、钴（Co）、镍（Ni）、钆（Gd）及其大多数合金。这一类物质叫做铁磁性物质，简称铁磁质。通常称它们为强磁质或磁性材料。

非磁质在磁化时的磁导率与真空中的磁导率接近，其 μ_r 近似为 1。

2.2.2 铁磁质及其磁化原因

铁磁质是一种强磁物质。它与非磁质有很大的区别，即$\mu_r \gg 1$。对于铁磁质，不太大的外加磁场就可以使它强烈磁化以至饱和。也就是说铁磁质产生的附加磁场B'远大于原来的磁化磁场。

为什么铁磁质能被强烈地磁化呢?这与它的物质结构有关。铁磁质元素（铁、镍、钴）是过渡族的金属元素，原子中有着较强的电子自旋磁矩。这些磁矩能在一个小的区域内（约10^{-15}m）相互作用，取得一致的排列方向，形成一种自发磁化的小区域 —— 磁畴。磁畴的开路端，具有极性，其排列通常平行于材料结晶的轴线。磁畴是铁磁物质特有的。磁畴的大小约在1μm～0.1mm之间，一个磁畴中包含有10^7～10^{17}个原子。各个磁畴的小区域因大小不等，它们的磁矩也就不同，但磁极化强度却都相等。这一磁极化强度叫做自发磁极化强度。在未受到外磁场作用时，由于各个磁畴的磁矩取向混乱，互相作用抵消，它们的矢量和为零，因而在整体上并不呈现磁性。当外磁场作用于铁磁物质时，磁畴的取向或自旋排列将平行于外加磁场，物质内的磁畴迅速改变成与外磁场一致的方向，显示出较强的磁性。这种在外磁场作用下磁畴改变方向的过程，就是铁磁质被磁化的过程，如图2-5所示。磁化时，磁场力克服阻力作功。通过磁畴壁的位移和磁矩的转动，使各个不同方向的磁畴改变到与外磁场方向接近的方向上来并形成强大的内磁场，强大的内磁场大大的增强了外磁场，使铁磁质对外具有很大的磁性。若克服阻力所需的能量较小，则磁化过程易于实现；反之则难于磁化。

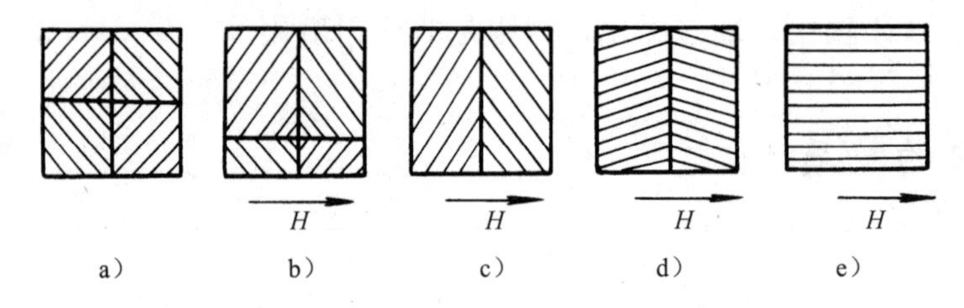

图2-5 磁化过程中的磁畴方向的变化

随着温度的升高，铁磁质内的磁性将逐步降低，即磁化强度数值将会减小。在达到某一个临界温度时，铁磁性将完全消失而呈现出顺磁性。这种铁磁性随温度升高而降低的原因是由于物质内部的热扰动破坏了原子磁矩的平行排列。到达一定程度时，磁畴将完全消失而呈现出顺磁性。这个使磁性完全消失的临界温度叫做该铁磁物质的居里点。不同铁磁物质的居里点不相同，工程纯铁的居里点为770℃，热轧硅钢的居里温度为690℃，而碳化三铁（Fe_3C）的居里温度只有210℃，一般铁合金的居里温度约在650～870℃之间。

2.3 钢铁材料的磁化

2.3.1 钢铁材料的磁特性曲线

1. 钢铁材料的磁化

磁粉检测的主要对象是钢铁，它是强磁性物质，众多的钢铁材料是铁磁材料的一部

分。当把没有磁性的铁磁材料及其制品直接通电或置于外加磁场 H 中时，其磁感应强度 B 将明显地增大，产生比原来磁化场大得多（10～10^5 倍）的磁场，对外显示出磁性。可通过实验来测定 H 和 B 的关系。实验中 H 和 B 都从零开始，逐渐增大磁场 H 的数值并进行测定，就能得到一组组对应的 B 和 H 值。从而画出 B 与 H 的关系曲线。这种反映铁磁材料磁感应强度 B 随磁场强度 H 变化规律的曲线，叫做材料的磁化曲线，又叫做 B-H 曲线。它反映了铁磁质的磁化程度随外磁场变化的规律。铁磁质的磁化曲线是非线性的，各类铁磁质的磁化曲线都具有类似的形状，如图 2-6 所示。

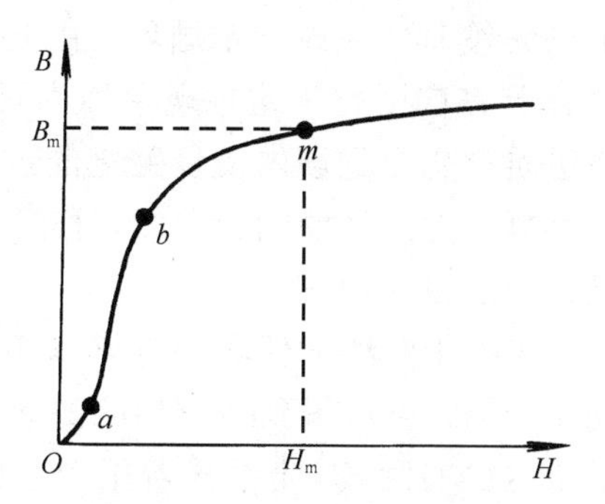

图2-6　铁磁材料的磁化曲线

从曲线中可以看出，铁磁材料磁化过程可分成四个部分。即初始磁化阶段、急剧磁化阶段、近饱和磁化阶段和饱和磁化阶段。在初始阶段（oa 段），H 增加时 B 增加得较慢，说明此时磁化缓慢，磁化很不充分；第二阶段（ab 段），H 增加时 B 增加得很快，材料得到急剧磁化；第三阶段（bm 段），H 增加时 B 的增加又缓慢下来，产生了一个转折，b 点常称为膝点；过了 m 点以后，H 增加时 B 几乎不再增加，这时铁磁质的磁化已经达到饱和，m 点的磁感应强度称饱和磁感应强度 B_m，相应的磁场强度为 H_m。

曲线的斜率 $\mu=B/H$ 是材料的磁导率。四个阶段的斜率数值都不一样：初始阶段变化较缓；急剧磁化阶段上升很快，在达到最大点后开始下降；近饱和阶段曲线从较快下降到缓慢下降；在饱和磁化阶段磁导率数值则基本不再发生大的改变。这些变化反映材料在磁化过程中的不一致。可以看出，μ 是一个随磁场强度 H 变化的量。图 2-7 表示了磁导率随磁场强度的变化关系。

从图中可以看出，磁导率曲线上有一最大值点，该点叫做最大磁导率，用 μ_m 表示。从坐标原点作一直线与磁化曲线相切，则此切点处具有最大磁导率。

由于磁导率 μ 和相对磁导率 μ_r 之间只差了一个定值 μ_0 且为无量纲的纯数，实际应用中通常用 μ_r 代替 μ 进行计算。

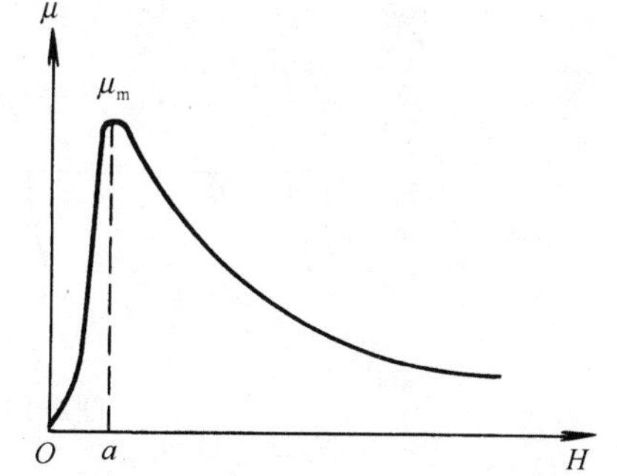

图2-7　铁磁材料的磁导率曲线

2. *磁滞回线*

磁滞是铁磁质的另一重要性质。前面讨论的磁化曲线是铁磁质在初始时 H 由零逐渐增加的情况下得到的。如果从磁化曲线上饱和点 m 开始减小 H 值，这时的 B-H 关系并非按原曲线 mO 退回，而是沿着在它上面的另一曲线 mr 变化，如图 2-8 所示。当 H=0 时，B 并不为零，而等于 B_r（图中 Or 段）。即铁磁质仍保留一定的磁性。B_r 称为剩磁感应强度，简称剩磁。这说明当铁磁质被磁化后再去除外磁场时，内部磁畴不会完全恢复到原来未被磁化前的状态。要消除剩磁，必须外加反向磁场，当反向外磁场 H=H_c 时，B=0。H_c 称为矫顽力。从剩磁状态到完全退磁状态的一段曲线 rc 称为退剩磁曲线（简称退磁曲线），继续再增大反向磁场，则铁磁质反向磁化，同样达到饱和点 m'，如这时不

断减小反向磁场到 H 为正值并增加至 H_m，则曲线将沿 $m'r'c'm$ 变动，完成一个循环。由此可见，B 的变化总是滞后于 H 的变化，这种现象称为磁滞现象，又称磁滞。铁磁质在交变磁场内反复磁化的过程中，其磁化曲线是一个具有方向性的闭合曲线，称磁滞回线，图 2-8 是铁磁材料的磁滞回线。

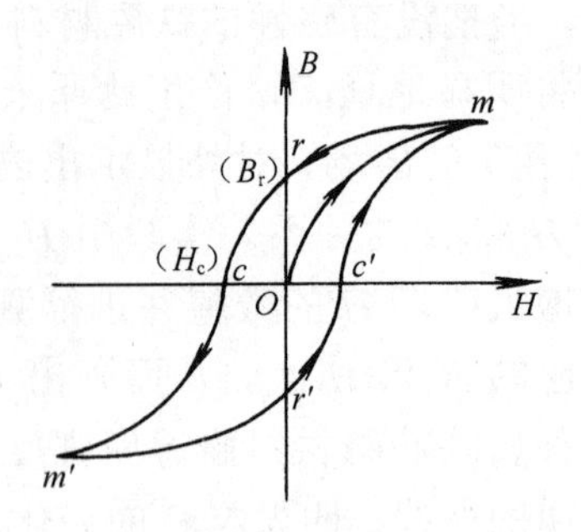

图2-8 磁滞回线

在磁化曲线上任取一点 P，将其所对应的磁场强度变化一周，可以得到一个相应的磁滞回线。可以作出若干个这样的回线。把经过若干个不同大小的磁滞回线的顶点连成曲线，这曲线称基本磁化曲线。随着 P 点的升高，所对应的磁场强度也增加，磁滞回线的面积也随着增加。当 P 点在磁饱和状态时，所对应的磁滞回线面积最大，叫做极限磁滞回线，也叫做主磁滞回线或最大磁滞回线。如图 2-9 所示。

磁滞回线所包围的面积与该材料在单位体积内的铁磁质循环磁化一次所消耗的功（或能量）成正比。不同的铁磁材料的极限磁滞回线包围的面积不同。磁滞回线比较狭窄的材料磁性较软，所包围的面积较小，磁化时消耗的功也较少，比较容易磁化；而磁滞回线形状比较“肥大”的材料磁性较硬，所包围的面积也比较大。在磁化时消耗的功较多，磁化也比较困难。图 2-10 表示了不同材料的磁滞回线的形态。

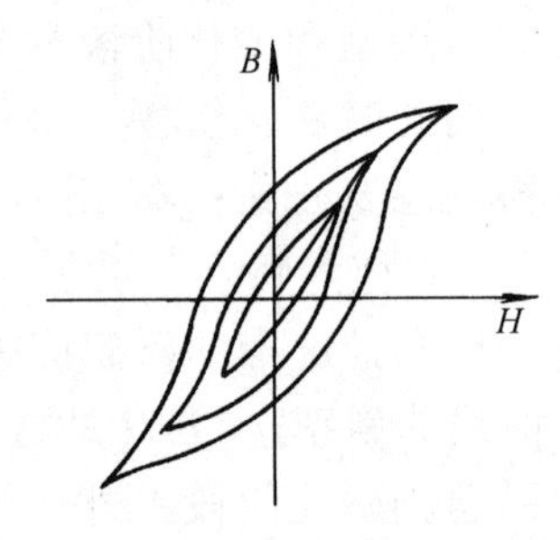

图2-9 反复磁化的磁滞回线

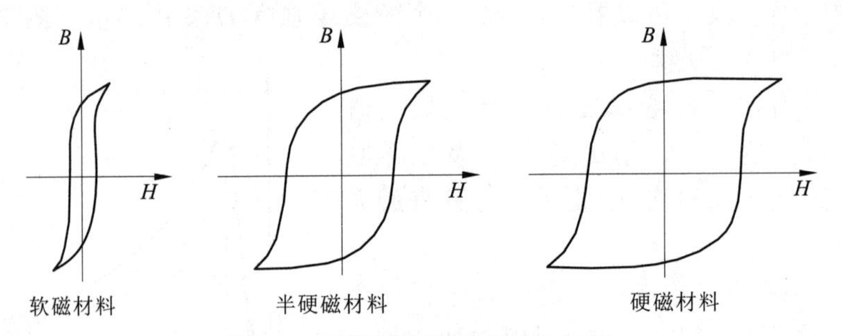

图2-10 不同材料磁滞回线的比较

剩磁感应强度 B_r 的单位与磁感应强度相同，在 SI 制中都是特斯拉（T）。矫顽力 H_c 的单位与磁场强度相同，在 SI 制中为安/米（A/m）。

矫顽力的大小常用来区别磁性的软硬。一般 H_c 小于 10^2 安/米的叫软磁材料，而 H_c 大于 10^4 安/米的叫硬磁（永磁）材料。钢铁材料矫顽力大多在这两者之间，多数为半硬磁材料。

*3. 退磁曲线和磁能积

退磁曲线是指最大磁滞回线在第二象限中的部分，即 H_c 至 B_r 之间的曲线段。如图 2-11 所示。

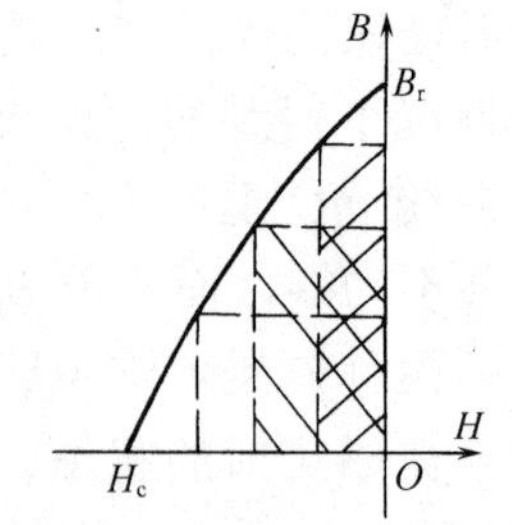

图2-11 退磁曲线和磁能积

在退磁曲线上任一点所对应的 B 与 H 的乘积，是标志磁性材料在该点上单位体积内所具有的能量。因为乘积（BH）的量纲是磁能密度，所以叫（BH）为磁能积。（BH）的乘积正比于图中划斜线的矩形面积。可以在退磁曲线上找到一点 P 其所对应的 B 与 H 的乘积为最大值，这点叫做最大磁能积点，其值（BH）$_m$ 叫做最大磁能积。磁能积是 B_r 和 H_c 的综合参数，它表明工件在磁化后所能保留磁能量的大小，亦即剩磁的大小。磁能积的数值越大，表明保留在工件中的磁能越多。这在磁粉检测中是很有意义的。最大磁能积可采用等磁能曲线法或几何作图法来确定。

几何作图法：在退磁曲线图上，分别以 H_c 和 B_r 点作 H 和 B 轴的垂线，两线交于 Q 点，连结 OQ，退磁曲线与 OQ 相交的点即为最大磁能积点 P。如图 2-12 所示。

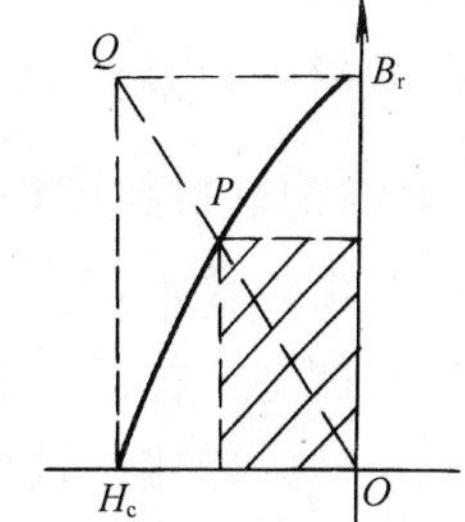

图2-12　最大磁能积点的确定

钢铁材料磁化除了随外磁场变化磁感应强度发生变化外，还具有磁各向异性和磁致伸缩等特性。这些特性对磁粉探伤影响不大，本书就不作介绍了。

2.3.2　铁磁材料的磁性分类

铁磁性材料品种繁多，磁性各异。按照材料的磁性，大致可分成硬磁材料、软磁材料和介于二者之间的常用钢铁材料。

（1）硬磁材料　硬磁材料的特点是磁滞回线较宽，具有较大的矫顽力（$H_c>10^4$A/m）和磁能积，剩磁也较大，磁滞现象比较显著，若将硬磁材料放在外加磁场中充磁后取出，它能保留较强的磁性，而且不易消除。因此常用它制造永久磁铁。最早的硬磁材料为淬火后的高碳钢，或加有钨、铬等元素的碳钢。另外钴钢、铝镍钴、稀土钴、钕铁硼等都是很好的永磁性材料。

（2）软磁材料　软磁材料的磁滞回线狭窄，具有较小的矫顽力（$H_c<10^2$A/m=，磁导率高，剩磁也较小，故其磁滞现象不很显著，磁滞损耗也低。常用的软磁材料有电工纯铁、铁硅合金（硅钢）、铁镍合金（坡莫合金）和软磁铁氧体等。

（3）常用钢铁材料　工业上常用的钢铁材料范围很广，它们的磁性差别很大，有的接近于硬磁材料，而有的又相似于软磁材料。然而更多的是介于软硬磁材料之间，亦即半硬磁状态。根据工业上常用钢材的成分状态所引起的磁特性参数变化的规律，大致可分为四类：

第一类，磁性较软。它们包括供货状态下含碳（质量分数）低于 0.4%的碳素钢，含碳低于 0.3%的低合金钢，以及退火状态下的高碳钢（组织为球状珠光体）。这类钢磁导率高，矫顽力低，剩磁较小，容易被磁化，剩磁也不大。

第二类，磁性中软。它们包括供货和正火状态下含碳量大于 0.4%的碳素钢及同种状态下的低中合金钢、工具钢及部分高合金钢（硬度值较低者），同时还包括此类钢在淬火后进行 450℃以上回火温度者。这类钢较第一类磁导率有所下降，矫顽力有所提高，磁性有所降低。但总的还是容易被磁化，剩磁也不大。

第三类，磁性中硬。此类材料包括淬火后并进行 300～400℃回火的中碳钢、低中合金钢、高合金工具钢的供货状态，半马氏体和马氏体钢的正火和正火加高温回火状态，以及大部分冷拉材料。它们的磁性较前两类为“硬”，磁化有所困难，剩磁也较高。

第四类，磁性较硬。包括合金钢淬火后回火温度低于 300℃的材料，以及工具钢和马氏体不锈钢热处理后硬度较大的材料。这类钢由于磁性较硬，磁化困难，需要较大的外加磁场进行磁化。同时，此类材料剩磁也较大，退磁比较困难。

值得说明的是，以上较软、中软、中硬及较硬磁性等提法是为了区别于常见的软磁和硬磁材料而言的，它们之间没有一个明显的量的差别。在磁粉检测中，应该根据材料各自的磁性以及检测要求来选取磁化的最佳技术条件。

2.3.3 影响钢铁材料磁性的因素

磁粉检测的基本对象是钢铁。钢铁材料的基体是铁，因而大部分能够被磁化。它们的磁性并不都是一样的：有的磁性很强，容易被磁化；有的磁性较弱，需要较大的磁化力才能使其得到磁化；甚至也有不具备磁性的钢（如 1Cr18Ni9Ti 奥氏体不锈钢），它们在磁场中根本得不到磁化。不同钢的磁性差别主要受到钢铁的化学成分含量、材料组织结构差异等的影响。

1. 钢铁的化学成分及杂质含量的影响

钢分为碳素钢和合金钢两大类。在碳素钢中，影响磁特性最大的是碳的含量。一般地说，随着含碳量的增加，钢的磁性将“硬化”。合金钢中的合金组元也与碳相似，随着合金元素种类和含量的增加，磁化曲线斜率下降，初始磁导率和最大磁导率减小，矫顽力增大，最大磁能积也有增大的趋势，磁滞回线也逐渐变得“肥大”。但合金组元对钢的磁性影响也各不相同，一些常用的合金元素如 Si、Mn、Cr、Ni、Mo 的加入影响了钢的磁性并干涉碳与磁性能之间的关系，使材料磁性变“硬”。但 Si 在作为专用的组元加入时，也可能使磁性变“软”（如硅钢）。另外，钢中的杂质元素 S、P 等的失常也将使磁性变“硬”。

图 2-13 表示了几种碳钢在退火状态下的磁化情况。

2. 钢材组织结构的影响

（1）晶体结构与大小的影响　钢是一种合金。它的晶体结构与铁的晶体结构有关。从晶体结构来说，面心立方的 γ 铁是非磁性体，不能被磁化；体心立方的 α 铁是铁磁体，可以被磁化。但 α 铁具有不同状态，也就具有不同的磁性。在晶格处于平衡状态时，磁性表现为软磁性，即高磁导率，高磁化强度及低矫顽力。随着晶格内碳原子数的增加和晶格歪扭程度的增加，磁导率将降低，矫顽力上升，即磁性变硬。另外晶体大小、组织形状和分布也将影响磁性。晶粒增大时磁性向“软”的方向变化。表 2-1 列出了纯铁部分晶粒与磁性的关系。

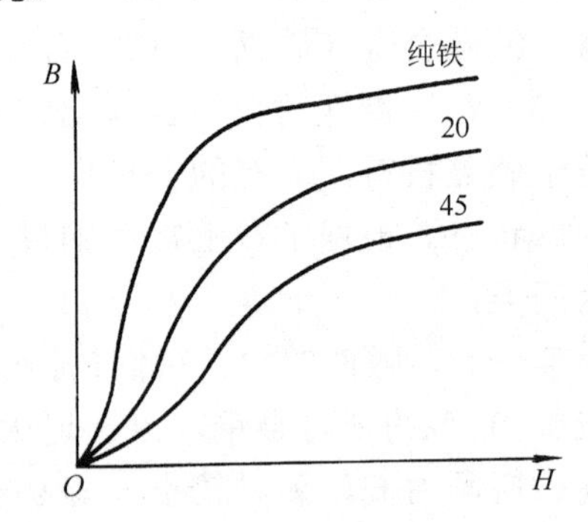

图2-13　几种碳钢退火状态下的磁化曲线

（2）热处理工艺的影响　不同的热处理工艺对材料的磁特性影响很大。在同一材料中，退火材料与正火材料的磁性差别不太大，而淬火或淬火后再进行回火的材料的磁性即大有差异。一般说来，淬火后随着回火温度的增高，最大磁导率、饱和磁感应强度增大，矫顽力下降，磁滞回线变狭窄，磁性也变软。其主要原因是热处理改变了材料的组织形态。在各种金相组织中，铁素体珠光体磁化性能较好（易于磁化），而渗碳体、马氏体则较差。在不同热处理条件下，各种组织成分的含量是不同的，因而磁性也不相同，居里温度也不一样。合金钢中组元成分经热处理后形成的组织差异甚大，因而也影响了磁性。如奥氏体不锈钢（1Cr18Ni9Ti）在室温下就具有稳定的面心立方结构，因而不具有磁性。而高铬不锈钢（1Cr13等）在室温下主要成分为铁素体和马氏体，因而具有一定的磁性。图 2-14 表明了热处理工艺对材料磁性的影响。

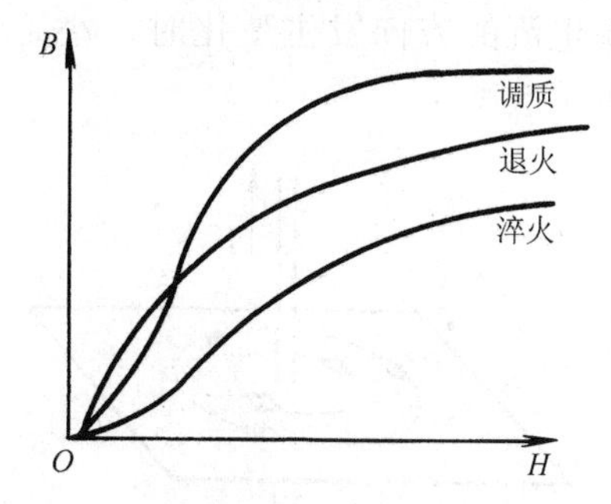

图2-14　热处理引起磁化曲线的变化

表 2-1　纯铁部分晶粒与磁性的关系

晶粒数 /（个·mm^{-2}）	最大磁导率 μ_m	矫顽力 H_c/（$A \cdot m^{-1}$）	晶粒数 /（个·mm^{-2}）	最大磁导率 μ_m	矫顽力 H_c/（$A \cdot m^{-1}$）
92.0	2400	48	0.15	----	13
12.1	3700	26	0.0067	4300	5

3. 其它加工工艺的影响

钢铁材料在冷作业加工时，将使材料的各向异性变大。如冷拔、冷轧、冷挤压等加工工艺都将造成在加工方向和非加工方向磁性的差异。一般说来，经过冷加工工艺制作的材料，表面将硬化。随着表面硬度的增加，材料的磁性也将减弱，即磁性变“硬”。而且在各个方向上的磁性也略有不同。这些都是磁粉检测时应该予以注意的。

4. 试件形状的影响

钢铁材料形状对磁性有很大影响。其主要是退磁因子和退磁场的作用，这在后面将作说明。在磁粉检测中，这种影响是必须注意的。

2.4　电流的磁场

2.4.1　电流产生磁场

电流通过的导体内部及其周围都存在着磁场，这些电流产生的磁场同样可以对磁铁产生作用力，这种现象叫做电流的磁效应。

把一根通电的导线垂直穿过一块纸板，在板上撒上许多铁粉。这时可以看到，铁粉有规则地团团围住导线，形成许多以导线为中心的同心圆。如果上下平行移动纸板，铁粉的排列并不改变。这说明，沿着导线的周围都有磁场，而且沿导线长度方向分布相同。从铁粉图中可以看出，在靠近导线的地方，磁场最强；离导线较远的地方，磁场较弱。把小磁针放在纸板的不同位置上，小磁针将指示出磁场的方向，如图 2-15 所示。而当改变电流的方向时，小磁针的方向也会发生改变。

通电螺线管同样可以观察到这种现象。图 2-16 为一个细长螺管线圈。线圈的一端相当于磁铁的 N 极，另一端相当于 S 极。通过电流时，它们将对小磁针产生吸引。当通过线圈电流的方向发生变化时，小磁针的方向发生了改变，说明螺管线圈中的磁场方向也发生了改变。

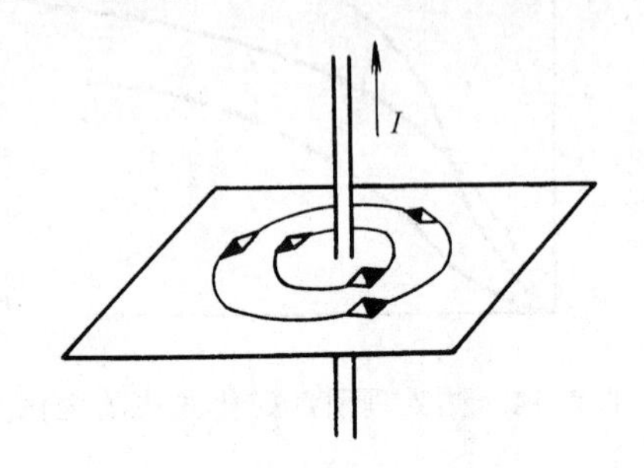

图2-15 电流产生磁场

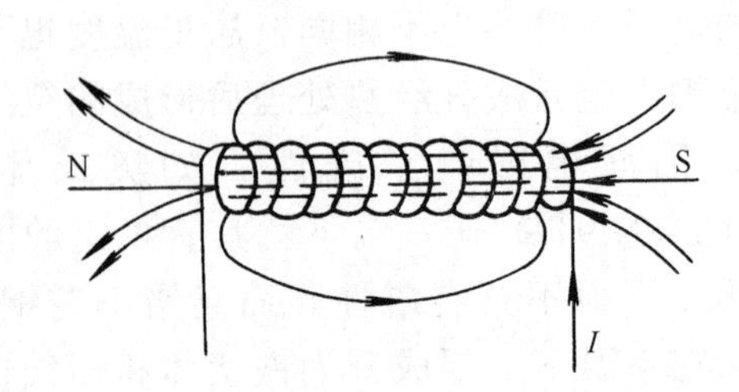

图2-16 通电螺线管的磁效应

从上面可以看出，磁场的方向与电流的方向之间存在着一定的关系。右手螺旋法则表示了这两者之间的关系。

右手螺旋法则一（用于通电导体）：用右手握住导体并把拇指伸直，以拇指所指方向为电流方向，则环绕导体的四指就指示出磁场的方向。如图 2-17 所示。

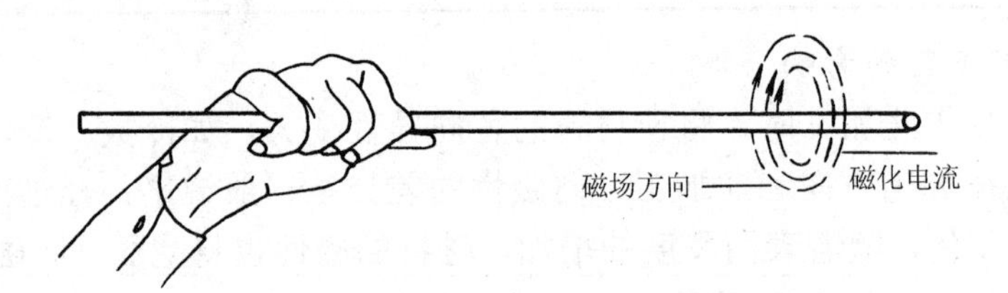

图2-17 通电导体右手螺旋法则

右手螺旋法则二（用于螺管线圈）：

用右手握住线圈，使弯曲的四指指向线圈电流的方向则大拇指所指的方向即为磁场的方向。如图 2-18 所示。

从以上法则可以看出，电流的方向是与磁场的方向垂直的。

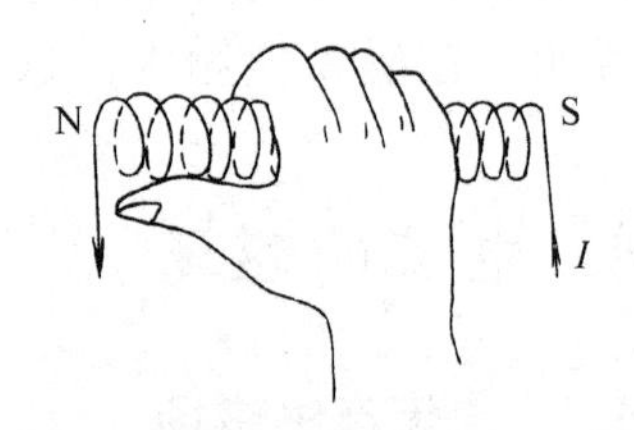

图2-18 螺管线圈右手螺旋法则

2.4.2 通电圆柱导体的磁场

如果在一根长圆柱导体中通入电流，导体内部和周围空间将产生磁场。磁力线绕导体轴心线形成同心圆。方向是这些同心圆的切线方向，符合通电导体右手螺旋法则。如图 2-19 所示。

设圆柱导体半径为 R 米，均匀通过 I 安培电流。P 为导体内任一点，距中心 r 米。P' 为导体外任一点，距中心 r' 米。

从安培环路定律中可以得知，导体外任一点 P' 处的磁场强度为

$$H' = \frac{I}{2\pi r'} \tag{2-10}$$

导体内任一点 P 处由电流产生的磁场强度为

$$H = \frac{Ir}{2\pi R^2} \tag{2-11}$$

从上两式可以看出，导体内外的磁场强度都与磁化电流成正比。但内外有所差异。在导体内，中心处磁场为 0，离中心越近磁场越小，越靠近外壁磁场越大。而在导体外，离导体中心距离越大，磁场就越小。在导体表面磁场强度为最大。对于直接通电的圆管，其内壁磁场为 0，外壁磁场最大。

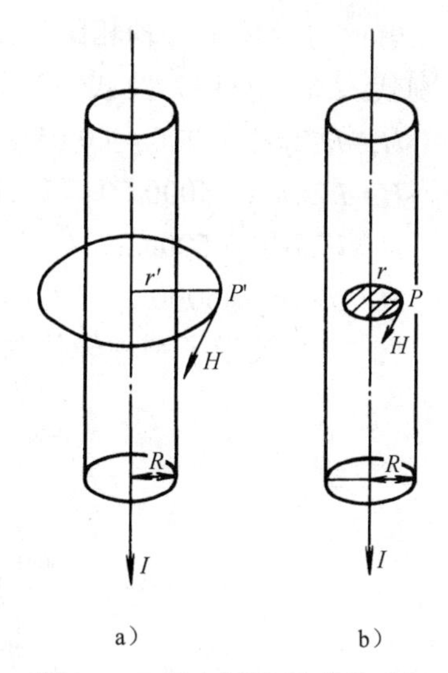

图2-19　通电圆柱导体的磁场

a）导体外　b）导体内

导体表面磁场强度为

$$H = \frac{I}{2\pi R} \tag{2-12}$$

在实际检测计算中，通常是采用直径，故

$$H = \frac{I}{\pi D} \tag{2-13}$$

式中　D—— 圆柱导体直径，m。

此时产生导体表面的磁场的电流应为

$$I = \pi DH \tag{2-14}$$

式（2-14）是磁粉检测中计算通电导体磁场的基础公式之一，它有很多应用：

a．若 D 的单位为 mm，式（2-14）可改变为

$$I = \frac{DH}{320} \tag{2-15}$$

b．若 H 的单位为 Oe，D 的单位为 mm，上式又可写为

$$I = \frac{DH}{4} \tag{2-16}$$

c．从式（2-14）中可以看出，πD 为通电圆柱导体的周长，若用 L 代替 πD 则有

$$I = LH \tag{2-17}$$

若用 L 代替非圆导体的周长，式（2-17）在大多数情况下也是成立的。这可以根据安培环路定理进行计算证明。

例 1：一圆柱导体直径为 20cm，通以 5000A 的直流电，求与导体中心轴相距 5cm、10cm、40cm 及 100cm 各点处的磁场强度，并用图示法表示出导体内、外和表面磁场强度的变化。

解：与导体中心轴相距 5cm 的点在导体内，10cm 点在表面上，其余点在导体外。分别代入式（2-10）及式（2-11）并进行单位代换，有

$H_1=Ir/2\pi R^2=5000\times$（0.05/2）/（$3.14\times0.1^2$）≈4000（A/m）

$H_2=I/2\pi R=$（5000/2）/（3.14×0.1）≈8000（A/m）

$H_3=I/2\pi r=$（5000/2）/（3.14×0.4）≈2000（A/m）

$H_4=I/2\pi r=$（5000/2）/（3.14×1）≈800（A/m）

图 2-20 表示了圆柱导体内、外部和表面上的磁场分布。

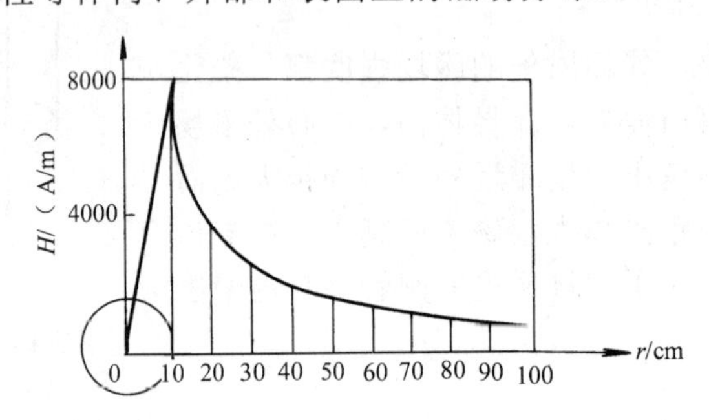

图2-20　圆柱导体内、外和表面上的磁场分布

2.4.3　通电线圈的磁场

把一根长导线紧密而均匀地绕成一个螺旋形的圆柱线圈，这种线圈叫做螺线管，又叫螺管线圈（图 2-21）。通电螺管线圈中存在着磁场，磁场的方向除了线圈两端附近外，都是与线圈轴线方向相同的，并与磁化电流的方向有关，符合螺管线圈右手螺旋法则的规定。

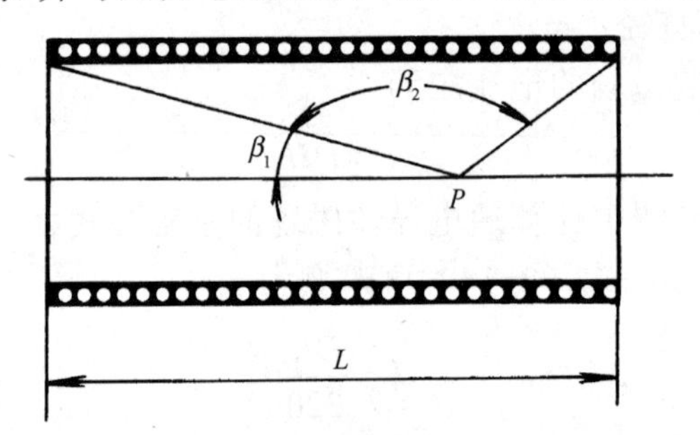

图2-21　通电螺线管的磁场

通电螺管线圈中心轴线上一点 P 的磁场强度可以用下式计算：

$$H=\frac{NI}{2L}(\cos\beta_1-\cos\beta_2) \tag{2-18}$$

式中　H—— 螺管线圈中心轴线上一点 P 的磁场强度（T）；

N—— 螺管线圈总匝数；

L—— 螺管线圈总长度（m）；

I—— 通过线圈的电流（A）；

β_1—— P 点轴线与线圈一端的夹角；

β_2—— P 点轴线与线圈另一端的夹角。

式中线圈匝数和电流强度的乘积 NI 叫线圈的磁通势，简称磁势，单位为安匝（A·N）。

在螺管线圈轴线中心，其磁场强度为

$$H=\frac{NI}{L}\cos\beta=\frac{NI}{\sqrt{L^2+D^2}} \tag{2-19}$$

式中　β—— 螺管线圈对角线与轴线间的夹角；

D—— 螺管线圈直径（m）。

从式（2-18）可以看出，螺管线圈中的磁场不是均匀的，在轴线上其中心最强，越往外越弱。在螺管线圈轴线上两端处，磁场强度仅为中心的一半左右。当螺管线圈外形细而长时，可认为 $\cos\beta$=1。则

$$H=\frac{NI}{L} \tag{2-20}$$

此时长螺线管内部的磁场强度为较均匀的平行于轴线的磁场。在实际检测中多数是应用短螺线管，此时线圈长度一般都小于线圈直径，其磁场特点是沿线圈轴向磁场很不均匀，以线圈中心磁场为最大，并迅速向线圈两端发散。同样，在线圈的横断面上磁场也是不均匀的，在靠近线圈壁处的磁场较大，而在断面中心磁场强度最小。线圈磁场大小分布见图 2-22 所示。

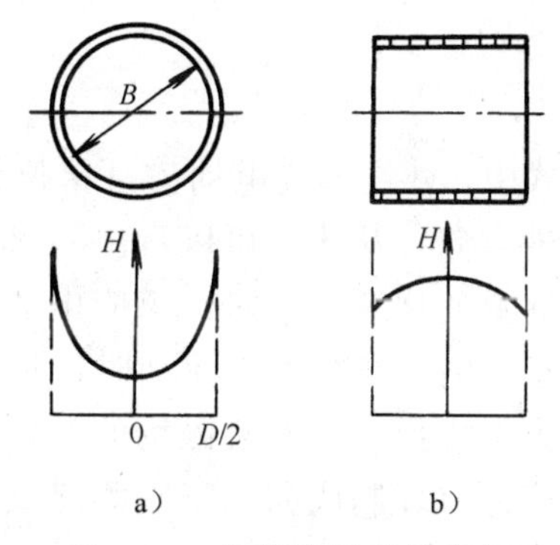

图2-22　螺管线圈磁场分布

a）线圈横断面　b）线圈轴线上

2.4.4　通电螺线环的磁场

将螺管线圈绕成环形并首尾相连，此时就形成了螺线环。在通电螺线环内，若环上的线圈很密，则磁场几乎集中在环内。如图 2-23 所示。

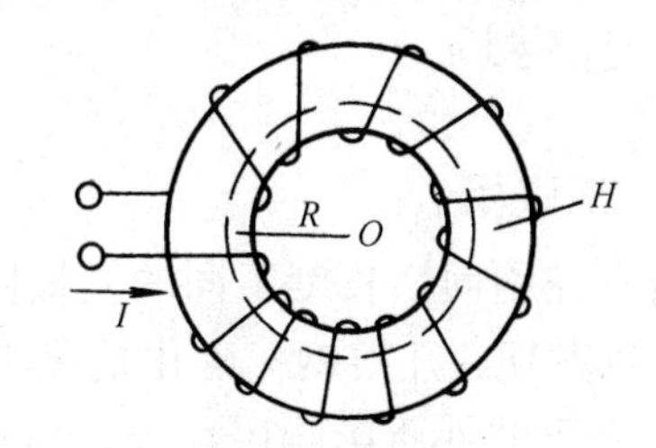

图2-23　螺线环

螺线环的磁力线都是同心圆，圆上各处的磁感应强度数值相等，方向与该处磁力线的圆弧相切，在数值上为

$$H=\frac{NI}{L}=\frac{NI}{2\pi R} \tag{2-21}$$

式中　H—— 螺线环内的磁感应强度（T）；

N—— 螺线环的总匝数；

I—— 通过螺线环的电流（A）；

R—— 螺线环的平均半径（m）；

L—— 螺线环的平均长度（m）。

螺线环一般用来对环形试件进行检测，特别是对材料进行磁性测试。

2.4.5 电磁感应现象

电流能够产生磁场。变化的磁场同样也能够在闭合导体回路中产生电动势和电流。

把一根磁铁棒和一个连接电流表的线圈作相对移动，可以看到，在线圈中产生了电流。当移动停止时，电流也就消失。把一个没有电流的线圈放在另一个不断变化电流的大小和方向的线圈附近，原来没有电流的线圈的回路中也将产生电流。所产生的电流的大小与磁场的变化有关。磁铁棒或线圈移动的速度越快，线圈中产生的电流越强，反之则弱。这种现象叫电磁感应。所产生的电动势叫感应电动势，电流叫做感应电流。它们是由磁场中变化的磁通量所产生的。

感应电动势只能在磁通发生变化的磁场中产生。当磁通没有变化时，就不可能产生感应电动势及感应电流。

感应电动势与磁通量的变化率有如下的关系：

$$\varepsilon=-\frac{\mathrm{d}\Phi}{\mathrm{d}t} \tag{2-22}$$

式中，ε 是感应电动势，单位伏特。是单位时间里的磁通变化率，负号表示感应电动势的方向。从式中可以看出，磁通量的变化速率大时，产生的感应电动势也就高；如果磁通量变化速率小时，感应电动势也就低。

感应电流在线圈中流动时，也要产生磁场。这种磁场叫感应磁场，它的方向与外加磁场方向相反，对激磁磁场的变化总是起着反向的阻碍作用。常见的变压器就是利用电磁感应的原理制成的。一些测磁仪表、磁粉检测中的感应电流磁化方法都广泛利用了电磁感应现象。

2.5 退磁场

2.5.1 退磁场

将直径相同，长度不同的几根圆钢棒，放在同一螺管线圈中用相同磁场强度进行磁化。可以发现，几根钢棒磁化情况不一样，较长钢棒比较短钢棒容易得到磁化。这说明，除了磁介质的性质影响磁化外，试件的形状也明显影响磁化的效果。这种因试件形状对磁化的影响，是由试件中的退磁场产生的。

退磁场这种情况的出现，是由于钢棒在线圈中磁化时棒的两端出现了磁极。磁极产生的磁场与螺管线圈电流产生的磁场（磁化场）同时对钢棒磁化起作用，即钢棒是在磁化场和自身磁极产生的磁场的合成磁场中被磁化的。实验表明，不同长度的钢棒磁极产生磁场大小不同，这个磁场与试件的磁化强度和形状有关，有减弱磁化场磁化力的作用，通常叫它退磁场。其方向与磁化场方向相反，所以也叫做叫反磁场，用 H_d 表示。

不仅钢棒磁化时能产生磁极，其它任何在外磁化场中被磁化的钢铁试件都有可能产生磁极，即可能产生退磁场。但对环形试件直接通电受到均匀磁化时，在闭合的磁路中没有磁极产生，即无退磁场出现。图 2-24 为退磁场的示意图。

实验和理论都证明，凡是具有磁极的磁体都具有退磁场。在磁粉探伤中，铁磁材料表面和内部有空隙或夹杂物，磁化时这些地方将出现磁极而产生退磁场。退磁场使磁化的磁体有效磁场减小，使工件中的磁感应强度 **B** 也减少，直接影响缺陷的显现。为了克服退磁场对试件的影响，磁化时应适当增大磁化磁场的数值或改变试件的形状以适应试件检测的需要。

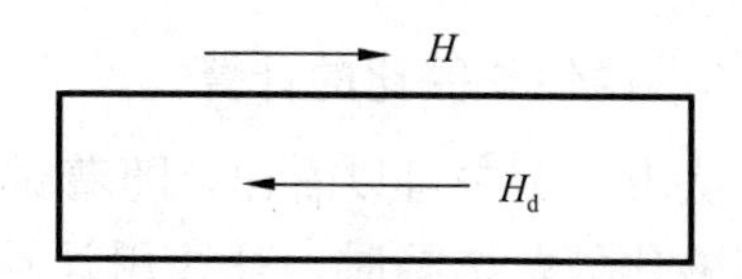

图2-24　退磁场的示意图

2.5.2　退磁因子与有效磁场

在一个均匀磁化的试件中，如果以 $\boldsymbol{H}_0$ 表示磁化场，$\boldsymbol{H}_\mathrm{d}$ 表示退磁场，$\boldsymbol{H}$ 为试件的实际有效磁场，则有

$$H=H_0+H_\mathrm{d} \tag{2-23}$$

由于 $\boldsymbol{H}_\mathrm{d}$ 的方向与 $\boldsymbol{H}_0$ 的方向相反，在数值上则为

$$H= H_0-H_\mathrm{d} \tag{2-24}$$

$\boldsymbol{H}_\mathrm{d}$ 与试件的磁极化强度 $\boldsymbol{J}$ 成正比，但方向相反，即

$$H_\mathrm{d}=-N_\mathrm{d}\frac{J}{\mu_0} \tag{2-25}$$

式中，N_d 是比例系数，叫退磁因子，是一个与工件形状及磁化方向有关的数。负号表示了退磁场方向与磁化磁场方向相反。

从式（2-25）中可以看出，退磁场在数值上等于试件磁极化强度与退磁因子的乘积。铁磁材料的磁极化强度是一个随外加磁场变化的量，而退磁因子主要与试件的形状因素有关。在相同磁场强度下，退磁因子越大，退磁场对磁化的影响也越大。

可以再作这样的实验，将几根直径和长度都相同的钢棒分别组合放入同样大小的外磁场中磁化，并测量钢棒端头的磁性。在钢棒材质相同的情况下，钢棒的组合数越多，端头的磁性就越低。同样道理，短而粗的试件和细而长的试件在相同条件下磁化时，前者的退磁场就比后者大得多。这些都说明了工件形状对磁化有很大的影响。

形状规则试件的退磁因子可用它的几何形状和尺寸进行计算。不规则的试件退磁因子多采用实验确定。环形工件周向磁化时不产生磁极，其 $N_\mathrm{d}=0$。球形工件 $N_\mathrm{d}=0.33$。长椭球、扁椭球以及圆柱体的钢铁试件的退磁因子 N 均与长度 L 和直径 D 的比值有关。长径比 L/D 值越大，N_d 值就越小。表 2-2 表明了这种情况。

在长径比的计算中值得注意的是所计算的长度方向应与磁场磁化方向一致。

表 2-2　部分试件退磁因子（SI 制）

长径比	长椭球	扁椭球	圆柱体	长径比	长椭球	扁椭球	圆柱体
1	0.3333	0.3333	0.27	20	0.00144	0.0369	0.00617
2	0.1735	0.2364	0.14	50	0.0067:5	0.01472	0.00129
5	0.0558	0.1248	0.040	100	0.000430	0.00776	0.00036
10	0.0203	0.0696	0.0172				

2.5.3 试件长径比的计算

从表 2-2 中可以看出，随着试件长径比的增大，退磁因子 N_d 显著减小。在实际磁粉探伤磁化规范选择时，往往用计算试件长径比的方法来确定退磁场的影响。亦即采用有效磁导率的方法来确定磁化时的有效磁场。

形状规则的圆柱形试件，长径比直接采用试件的长度与试件直径相比，即 L/D。如果试件的断面为非圆形，则采用有效直径的方法进行计算。即采用与非圆断面工件面积相当的圆柱等效直径来计算。有效直径公式为

$$D = 2\sqrt{S/\pi} \tag{2-26}$$

式中，S 为非圆断面试件面积。

其长径比亦为

$$\frac{L}{D} = \frac{L}{2\sqrt{S/\pi}} = \frac{L}{2}\sqrt{\frac{\pi}{S}} \tag{2-27}$$

在实际工作中要求不高时也可采用近似计算，即用 $\sqrt{S}$ 代替 D，$L/D = L/\sqrt{S}$。

若试件为空心工件，则相应采用实际工件面积进行计算，即有效直径为

$$D = 2\sqrt{(S_1 - S_2)/\pi} \tag{2-28}$$

式中，S_1 和 S_2 分别是试件外围面积和中空面积。

若试件为圆钢管，有效直径计算可简化为

$$D = \sqrt{D_1^2 - D_2^2} \tag{2-29}$$

例 1：一长度为 250mm 的工件，截面为正方形，边长为 30mm，求 L/D 值。

解：$D = 2\sqrt{S/\pi} = 2\sqrt{30^2/\pi} \approx 34$（mm）

$L/D = 250/34 = 7.35$

若采用近似计算

$L/D = L/\sqrt{S} = 250/30 \approx 8.3$

例 2：对一长 200mm 的圆钢管探伤，钢管规格为 $\phi 70 \times 10$mm，求钢管的长径比。

解：钢管实际为一环状工件，外径 D_1 为 70mm，厚度为 10mm。其内径 D_2 应为

$D_2 = D_1 - 2t = 70 - 2\times 10 = 50$（mm）

$$\frac{L}{D} = \frac{L}{\sqrt{D_1^2 - D_2^2}} = \frac{200}{\sqrt{70^2 - 50^2}} \approx \frac{200}{49} = 4.08$$

2.6　磁场的合成

2.6.1　周向磁场与纵向磁场

在磁粉探伤中，经常用到两种不同方向的磁场，即周向磁场与纵向磁场。

所谓周向磁场，是一种产生在试件与轴向垂直的圆周方向的磁场。这种磁场主要由电流通过的导体（试件本身或芯棒）产生，磁场方向遵循通电导体右手螺旋法则，是以导体为中心的同心圆，即磁力线沿着与试件轴线垂直的圆周方向闭合。

纵向磁场是指与试件轴向一致（或平行）的磁场，条形磁铁的磁场、U 形磁铁的磁场以及螺管线圈的磁场都是纵向磁场。这种磁场方向一般符合螺管线圈右手螺旋法则，磁力线沿着试件轴线通过并经由试件两端从空气中闭合。

试件被周向磁场磁化叫做周向磁化，而被纵向磁场磁化的叫纵向磁化。周向磁化一般无磁极产生，即没有退磁场；而纵向磁化一般都有磁极产生。

2.6.2　磁场的合成 —— 矢量加法

如前所述，磁场是一个有方向和大小的物理量，即矢量。当两个或多个磁场同时对一个试件磁化时，试件不可能同时在两个或多个方向上磁化，其作用的磁场将在试件上形成合成磁场，试件在合成磁场中得到磁化。例如两个磁场 $\boldsymbol{B}_1$ 和 $\boldsymbol{B}_2$，其合成的磁感应强度 $\boldsymbol{B}$ 的数学表达式为

$$\boldsymbol{B}=\boldsymbol{B}_1+\boldsymbol{B}_2 \tag{2-30}$$

在合成磁场中，如果各个分磁场方向完全在一条直线上，其值为各个分磁场的代数和。方向是绝对值大的磁场分量的方向。如果各个分磁场不在一条直线上，其合成磁场的大小和方向将按矢量合成法则取决于原来各个磁场的大小和方向。

*矢量合成法则是计算有方向和大小的物理量的基本法则，一般采用作平行四边形方式进行计算，以两个有方向的物理量为边作另一边的平行线，其图形为平行四边形。两矢量合成的新矢量大小为过合成点的对角线长度，其方向为该对角线与一边的夹角。

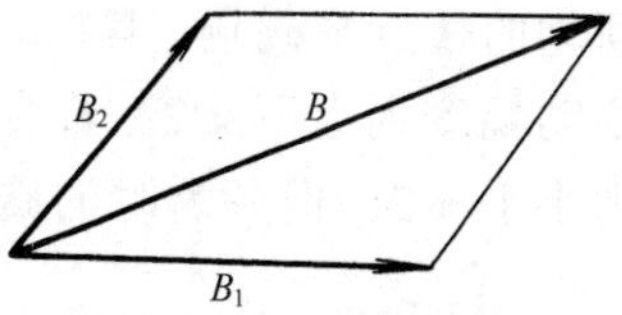

图2-25　磁场的合成

图 2-25 表示了两个不同方向上磁场合成的情况。

例题：一周向磁场与一纵向磁场同时作用于某物体。已知周向磁场 B_1=1T，纵向磁场 B_2=1.5T。求作用于物体上的合成磁场。如图 2-26 所示。

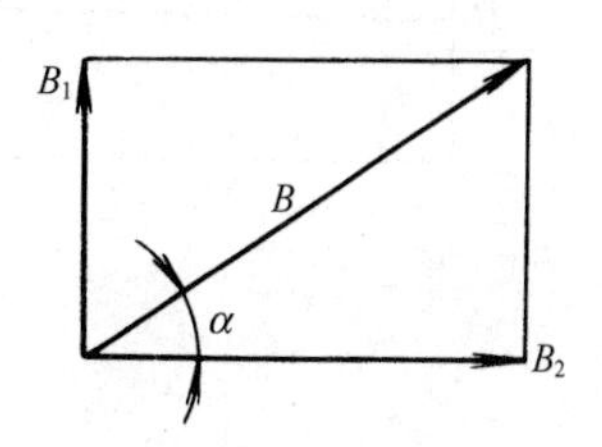

图2-26　合成磁场

解：如图 2-26。因为 $\boldsymbol{B}=\boldsymbol{B}_1+\boldsymbol{B}_2$

根据矢量合成计算方法，B 的大小为

$$B=\sqrt{B_1^2+B_2^2}=\sqrt{1^2+1.5^2}=1.8(\mathrm{T})$$

方向角 α 为

$\alpha = \arctan 1/1.5 = 33° 41'$

2.6.3 变化磁场的合成

在磁粉探伤中，经常用到两个或多个不同方向的变化磁场同时对一个试件作用，这时磁化的磁场是一个方向和大小都在随时间发生变化的合成磁场。如直流电产生的纵向磁场和交流电产生的周向磁场合成为摆动磁场；两个方向不同的交变磁场合成为旋转磁场等。这些合成磁场的特点是各个分磁场的方向和数值在不断变化，每一时刻不相同。因此，合成磁场的方向和数值（模）在某一瞬间是确定的，在另一瞬间却发生了变化。但是，在一定时间内磁场变化的轨迹却是按照一定规律在多方向变化。利用这种变化，可以在一定时间内对试件实施多个方向的磁化，以达到发现不同位置缺陷的目的。

这种变化的合成磁场通常又称为多向磁场或组合磁场（复合磁场）。在通常情况下，变化磁场合成主要有两种情况：一种是参与合成的磁场中，有一个是方向和大小都不变化的直流恒定磁场，而另外的磁场是与该磁场成一定角度的交流变化磁场，这时候的合成磁场的轨迹是一个以恒定磁场方向为中轴的方向作上下摆动的螺旋形磁场。另一种磁场是参与合成的各个分磁场都是方向和大小随时间变化的交变磁场，这时的合成磁场的轨迹则多是平面或空间的椭圆形旋转磁场或摆动磁场。常见的磁极式（磁轭交叉）平面旋转磁场和线圈式（线圈交叉）空间旋转磁场等则是它们的具体应用。这两种复合磁场在磁粉探伤中都得到很好的应用。

*下面我们分别对两种合成磁场的原理进行分析。

（1）螺旋形摆动磁场

如前所述，一个直流恒定磁场和一个交流变化磁场成一定角度组合时，合成磁场随时间变化的轨迹是一个方向绕一固定轴线变化的螺旋形摆动磁场。磁粉探伤中常用的是一个直流纵向磁场和一个交流周向磁场同时对一个试件进行磁化，该合成磁场就是一个磁场方向随时间变化的摆动磁场。磁场合成时，若试件上的纵向磁场大小和方向不变，周向磁场大小和方向随时间变化。二者合成了一个方向沿工件水平（纵向）磁场方向上下摆动的螺旋形磁场。其摆动幅度由两个分磁场的大小决定。若两个磁场最大值相等时，则摆动幅度为上下 π/2；若交流周向磁场大于直流纵向磁场时，摆动幅度将大于 π/2；反之则小于 π/2。但各瞬时的磁场强度是不相等的。如图 2-27 所示。

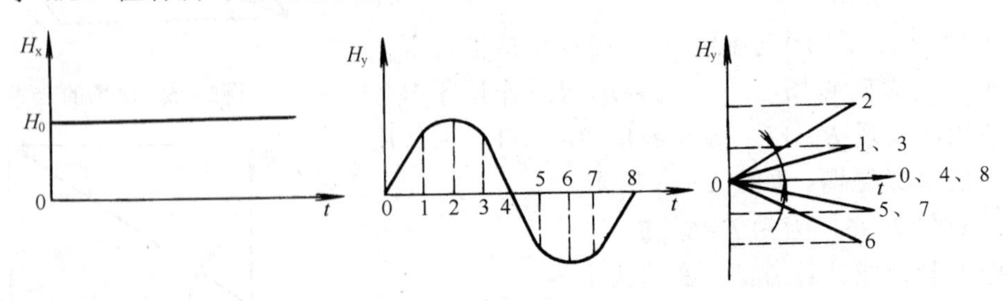

图2-27 螺旋形摆动磁场

螺旋形摆动磁场可以用公式表示：

$$\boldsymbol{H} = \boldsymbol{H}_y + \boldsymbol{H}_x \tag{2-31}$$

磁场瞬间大小为

$$H=\sqrt{H_y^2+H_x^2}=\sqrt{H_{ym}^2\sin(\omega t+\varphi)+H_x^2}$$

磁场瞬间方向指向角

$$\alpha=\text{arctg}\ H_y/H_x$$

从图中可以看出，摆动磁场的强度是不均匀的，磁化方向也有一定的限制。

（2）旋转磁场

所谓旋转磁场是一种由两个以上不同方向变化的磁场合成的磁场，其方向随时间作转动变化。磁场方向转动的周期与磁化电流的频率有关。常见的旋转磁场有磁极式（磁轭十字交叉）和线圈式两种。它们都是由两个交变磁场复合成的。只不过一个是由两个磁轭磁极的磁场叠合表现，在磁极交叉处产生一个平面旋转磁场；另一个是由不同线圈内部的磁场叠合而成，在交叉线圈的空间产生旋转磁场。

旋转磁场的原理可以这样描述：

设有两个幅值相同，电流相位角差α角的交流电流产生的交变磁场在 O 点以θ角相交叉（θ角为线圈或磁轭的的空间几何交叉角），如图 2-28 所示，由于各分磁场的叠加，在 O 点处将产生一个方向随时间转动的椭圆形旋转磁场，在分磁场电流大小和线圈参数相同的情况下，椭圆形状由电流相位差和几何交叉角决定。

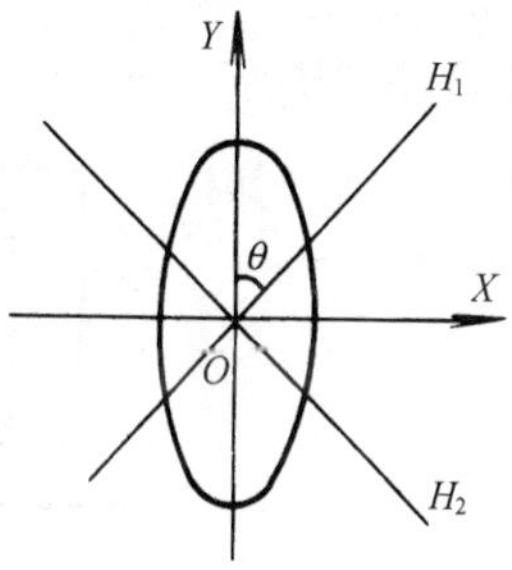

图2-28　旋转磁场

旋转磁场可以用椭圆方程来表示：

$$\left[\frac{H_x}{2KNI_m\sin\frac{\theta}{2}\cos\frac{\alpha}{2}}\right]^2+\left[\frac{H_y}{2KNI_m\cos\frac{\theta}{2}\sin\frac{\alpha}{2}}\right]^2=1 \tag{2-32}$$

式中　H_x、H_y—— 磁场在水平和垂直方向上的分量；

α—— 产生两磁场的电流相位角；

θ—— 两磁场的空间几何交叉角；

N—— 产生磁场的线圈匝数；

K—— 比例系数。

从式（2-32）中可以看出，在两个参与合成的磁场电流强度和线圈匝数相同的情况下，影响合成磁场变化轨迹的是两磁化电流的相位差和两装置（磁轭或线圈）的几何交叉角。在两磁化电流相位差为 90° 时，若装置的几何交叉角也为 90°，则合成磁场的轨迹在一个周期内是一个随时间变化的正圆。磁轭交叉式平面旋转磁场就是这样一种情况。对于交叉线圈形成的磁场则多不同，线圈中多通以相差为 2π/3 的三相电流，加之所磁化的对象是通过线圈的整体试件，试件的退磁因子在线圈中各个方向磁化时的表现均不相同，故线圈设计时多将空载磁场（未加试件时的磁场）设计为椭圆轨迹的磁场，且沿试件轴向为椭圆的短轴，径向为椭圆的长轴以满足测试要求。尽管如此，交叉线圈中的磁场还是难于作到检测时试件上各方向检测灵敏度的一致，这是使用交叉线圈磁化试件时特别要注意的。

*2.7 磁路和磁路定理

2.7.1 磁路和磁路基本定理

铁磁材料磁化后不仅产生附加磁场，而且能把大部分磁通（磁感应线）约束在一定的闭合路径上，路径周围的空间由于磁导率太小而磁通很少。这种由磁感应线通过的闭合路径叫做磁路。它是由磁通通过的铁磁材料及空气隙（或其它弱磁质）所组成的闭合回路。在磁粉检测中，使工件在适当的磁路中得到必要的磁化，是磁粉检测工作的一个主要内容。

同电路一样，磁路也有无分支回路（串连回路）和有分支回路（并联回路）之分。如图 2-29 所示。

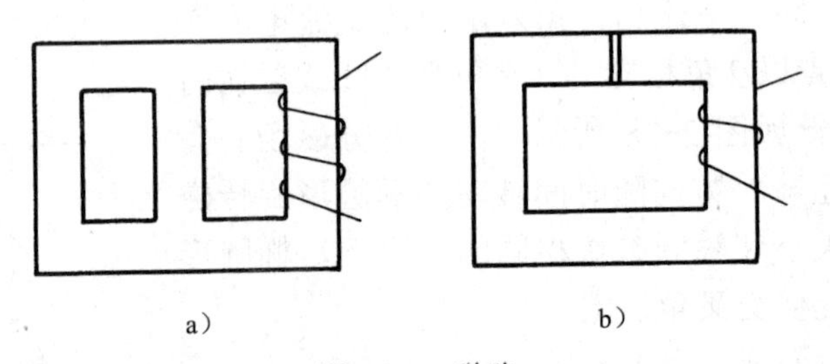

图2-29 磁路

a）有分支磁路 b）无分支磁路

磁粉检测中工件磁化多用无分支磁路磁化。常用的电磁轭是典型的无分支磁路，它是由电磁轭铁、工件和空气隙组成。如图 2-30 所示。

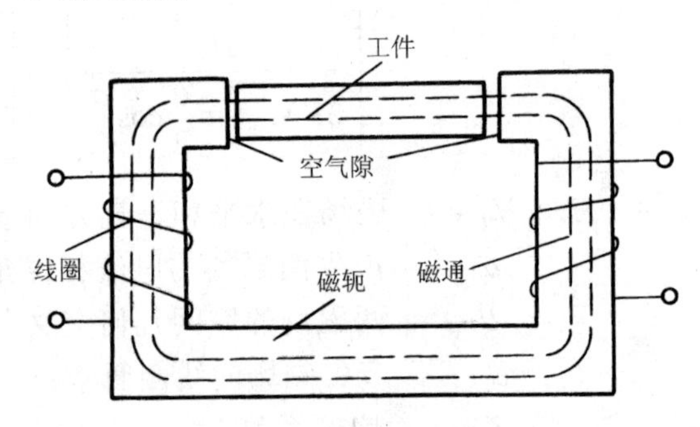

图2-30 由电磁轭组成的磁路

在磁路中，磁路上各段的长度与其磁场强度的乘积叫做该段磁路上的磁压。以图 2-30 为例，若电磁轭长度为 L_1，磁场强度为 H_1，工件长度为 L_2，磁场强度为 H_2，每个空气隙长度为 L_0，磁场强度为 H_0，则它们的磁压分别为 H_1L_1、H_2L_2、H_0L_0。并且各分段磁压之和与线圈中电流产生的磁势相等，即为

$$H_1L_1+H_2L_2+2H_0L_0=NI \tag{2-33}$$

或者

$$\sum H_iL_i=F_m \tag{2-34}$$

式中　$F_m=NI$ 为磁势；

H_iL_i —— 任意段上的磁压。

磁路的计算可以用电路模拟。

设磁路是一均匀截面为 S，长度为 L，铁磁材料的磁导率为 μ 的回路。由于磁感应强度 $\boldsymbol{B}$ 和磁场强度 $\boldsymbol{H}$ 及磁通间的关系为

$$B=\mu H;\ \Phi=BS$$

在均匀磁场中 $H=IN/L$，故可得

$$\frac{\mu}{S}=\mu\frac{IN}{L}$$

$$\Phi=\frac{\mu SIN}{L}=\frac{IN}{R_m}=\frac{F}{R_m} \tag{2-35}$$

式中　F —— 磁势；

R_m —— 磁阻。

$$R_m=\frac{L}{\mu S} \tag{2-36}$$

故磁路的磁阻与磁路的长度成正比，与其截面积及其磁路的铁磁材料的磁导率成反比。磁阻的单位为（H^{-1}）。

式（2-35）称为磁路欧姆定律，又叫做磁路定理。

由于磁路中铁磁材料的磁导率不是常数，用磁路定理求解磁路的 F 和 Φ 的关系比较困难。磁路定理往往用来定性分析磁路的工作情况。实际计算磁路时，还需要在这基础上加以扩充。

2.7.2　影响磁路的因素

1. 磁阻对磁路的影响

从式（2-35）中可知，磁路中磁通量与磁势成正比，即 $\Phi=F/R_m$，而 $F=IN$。在设备确定以后，IN 是一个确定的值。因此在外部条件确定之后，影响磁路中磁通量大小的因素是磁阻。而磁路中的磁阻又与其长度、截面和磁导率有关，即 $R_m=L/\mu S$。

磁粉检测工作正常进行时，对工件上的磁感应强度是有一定要求的。在磁势确定之后，影响磁路中磁通量大小主要因素就是磁路的长度、磁路截面的大小和磁路中介质磁导率的高低。

（1）长度对磁通量的影响　在工件磁化的磁路中，磁路主要由两部分组成，即固定部分和工作部分。固定部分是设备设计时就确定了的，一般不变化或在一定范围内变化。而工作部分则由被检测工件的长度所确定。当磁势确定后，磁路的长度越长，其磁阻就越大，磁路中的磁通量将减小，而磁感应强度（磁通密度）也降低。因此，在一些具体的探伤设备中，对工件的长度有一定的限制，主要原因是保证工件上有足够的磁通量。对一些较长的工件磁化时，为了保证检测效果，除了增大磁势以外，还采用分段磁化的

方法，以避免磁阻过大而引起磁通密度的降低。

（2）磁路截面的影响　磁粉检测时，由于磁通的连续性，磁路不等截面将对磁力线造成疏密不同的变化。在截面突变时，还将产生磁极形成漏磁场。

一般情况下不等截面有以下几种：

磁粉探伤机固定磁路部分的不等截面。这种情况比较少。在设计时一般都考虑了截面变化的影响，但有时为了操作方便，在接头处也有截面变化的情况。

工件本身的不等截面。这种情况比较多，而截面的变化也大小不等。确定检测工艺时应着重考虑这种情况。

工件和固定磁路交接面上的不等截面，这种情况也比较多。常见的小工件在大探伤机上磁化，或大工件在小磁轭上磁化等。

不管以上哪一种情形，在相同的磁通量情况下，磁力线从大截面向小截面通过时，磁感应线将密集，即小截面上磁感应强度有可能加强；而从小截面向大截面时磁感应线将疏散，亦即磁通密度将减弱。但是这种密集和疏散并不是按截面积均匀分布的，它与磁感应线行进时的各种因素有关。为了减少漏磁场损失和保证工件上磁通量分布，磁粉检测时不允许工件的检测截面大于固定磁路的截面。而在对不同截面工件磁化时，应着重考虑大小截面上检测灵敏度是否一致。

（3）磁路介质磁导率的影响　磁路中介质的磁导率对磁路的影响是很大的，特别是在气隙处空气的低磁导率引起磁阻显著增大。因此减少磁路气隙的影响是非常重要的。除了气隙影响外，磁路中磁轭的材料（固定部分）和工件材料之间磁导率的差异也将严重影响检测效果。如果磁轭材料的磁导率太低，则磁阻增大，由磁势产生的磁压降将大部分降到磁轭上，导致整个磁路磁通量的减小。这对工件磁化是不利的。为了改变这种状况，磁化时，除了要尽量减少磁极间的空气隙厚度外，同时应增大磁轭介质的磁导率。因此一般探伤设备中的电磁轭铁心往往采用软钢或电工用钢制成，不仅可以减少剩磁和矫顽力的影响，另一方面也是为了减少不必要的磁压降损失，使工件得到最大的磁通磁化。

2. *磁路联结方式的影响*

磁路同电路一样，也有串连和并联之分。在串连磁路中，主要应考虑各分段磁路的磁阻和磁压降，尽可能减少非工作段上的磁压损耗，而保证各工作段上的磁压降。这与电路一样，应尽量减少导线上的电压损耗而保证负载两端的电压降。串连磁路还应注意工件与主磁路连接的间隙要足够小，如电路负载两端接线电阻要很小一样。这样才能保证被磁化工件上的磁通量足够大。

在磁粉探伤设备中，很少使用并联磁路。但有时由于检测工艺或操作不当，形成所谓“磁分路”现象，如图 2-31 所示，实际上造成了一种并联磁路，使磁通沿着某一支路流失，导致被检测工件上的磁场减弱，严重时造成“磁短路”，工件上得不到足够的磁场磁化。

另一种磁分路现象发生在对一些有分支或回路的工件上，如图 2-32 所示。这时工件表面的磁场计算就变得比较复杂。一般要经过实验来确定某一支路上的磁场，以达到保证检测效果的目的。

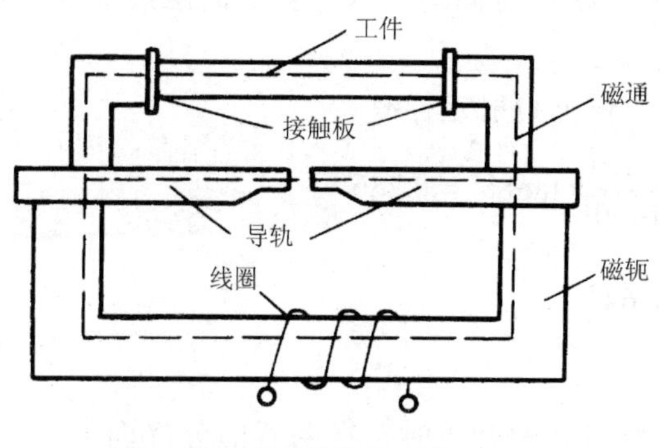

图2-31 “磁分路”现象

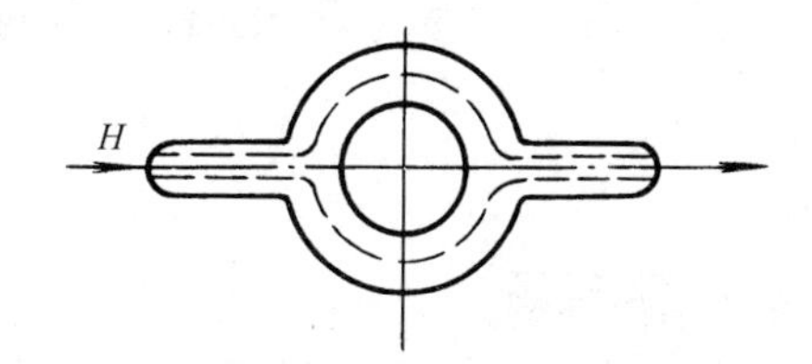

图2-32　工件上的磁分路

2.8　漏磁场

2.8.1　磁感应线的折射

在磁路中，磁感应线通过同一磁介质时，它的大小和方向是不变的。但从一种磁介质通向另一种磁介质时，如果两种磁介质的磁导率不同，那么，这两种磁介质中磁感应强度将发生变化，即磁感应线将在两种介质的分界面处发生突变，形成所谓折射现象。这种折射现象与光波或声波的传播现象相似，并且遵从折射定律：

$$\frac{\tan\alpha_1}{\mu_1}=\frac{\tan\alpha_2}{\mu_2} \tag{2-37}$$

或

$$\frac{\tan\alpha_1}{\tan\alpha_2}=\frac{\mu_1}{\mu_2}=\frac{\mu_{r1}}{\mu_{r2}} \tag{2-38}$$

式中　α_1—— 磁感应线从第 1 种介质中到第 2 种介质界面处与法线的夹角；

α_2—— 磁感应线在第 2 种介质中与法线的夹角；

μ_1—— 第 1 种介质的磁导率；

μ_2—— 第 2 种介质的磁导率。

图 2-33 表示了这种折射情况。

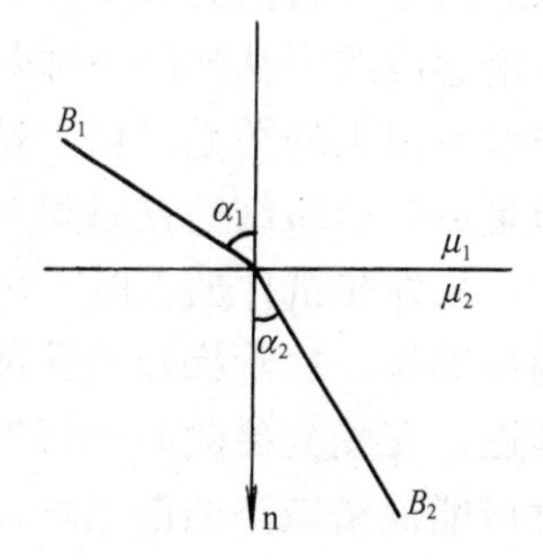

图2-33　磁感应线的折射

折射定律表明，在两种磁介质的分界面处磁场将发生改变，磁感应线不再沿着原来的路径行进而发生折射。折射的倾角与两种介质的磁导率有关。当磁感应线由磁导率较大的磁介质通过分界面进入磁导率较小的磁介质时（例如从钢进入空气），磁感应线将折向法线，而且变得稀疏。当磁感应线从较小磁导率的介质进入较大磁导率的介质时（例如从空气进入钢中），磁感应线将折离法线，变得比较密集。以磁感应线由钢铁进入空气或由空气进入钢铁为例，在空气和钢铁的分界面处，磁感应线几乎是与界面垂直的。这是由于钢铁和空气的磁导率相差 10^2～10^3 的数量级的缘故。

例：已知某钢相对磁导率为1000，在钢中，磁场方向与空气分界面的法线成88°角，求在空气中磁场折射的方向？

解：设钢和空气的磁导率分别为μ_1和μ_2，根据折射定律有

$$\tan\alpha_2 = \frac{\mu_2}{\mu_1}\tan\alpha_1 = \frac{1}{1000}\times\tan88° = 0.286$$

$$\alpha_2 = 1.64°$$

2.8.2 漏磁场

在磁路中，如果出现两种以上磁导率差异很大的介质时，在两者的分界面上，由于磁感应线的折射，将产生磁极，形成漏磁场。这里所谓的漏磁场，就是在磁铁的材料不连续处或磁路的截面变化处形成磁极，磁感应线溢出工件表面所形成的磁场。

如果一个环形磁铁两端完全熔合，便没有磁感应线的溢出，也不会出现磁极。因而也没有漏磁场产生。如果磁铁上有空气隙存在，则气隙两端将产生磁极而具有磁性吸力。这种吸力与空气隙的大小有关。在相同磁场情况下，空气隙增宽，其吸力将减弱。也就是磁阻增大而磁场力降低。这时若要想保持一定的磁场力只能增加磁势或减小间隙。磁粉检测中使用的电磁轭磁化实际是电磁铁应用的一个例子。

还有一种漏磁场被叫做试件中缺陷的漏磁场。这种漏磁场为试件材料的不连续性——缺陷（如裂纹等）所产生，影响了材料的使用。图 2-34 表示了环形磁铁上有无缺陷时的磁场情况。

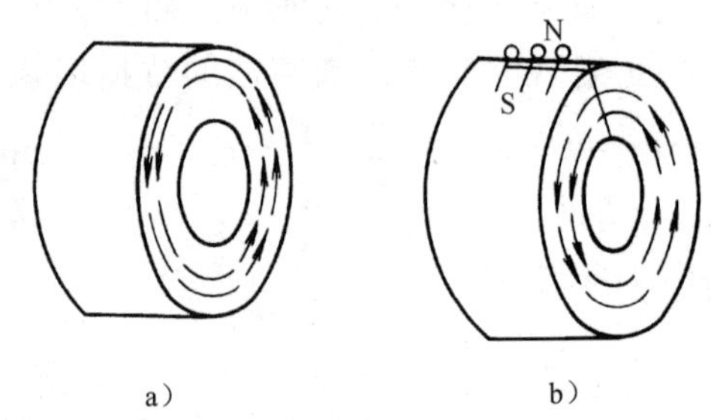

图2-34　环形磁铁上的磁场
a）表面无缺陷时　b）表面有缺陷时

这种缺陷的漏磁场有一个显著的特点，即通过磁路的磁感应线不是全部从分界面上向空气折射，而是一部分磁感应线从缺陷外 N 极进入空气再回到 S 极，形成漏磁场；另一部分磁感应线则从缺陷下部基体材料的磁路中“压缩”通过，通过的多少与磁路的磁感应强度有很大的关系。由于试件中的缺陷一般相对都较小，这些漏磁场形不成大的磁力，但足以吸引微细的铁磁粉末以显示它的存在。

另外在试件加工时也可能有产生漏磁场的因素。一些工件由于使用的需要，往往人为地制作一些阶梯或槽孔或不同磁导率材料的界面，这些不同界面破坏了金属材料的连续性，在受到磁化时就将产生磁感应线的折射形成漏磁场，这些漏磁场在磁粉检测时有时可能混淆缺陷的漏磁场。这是值得注意的。

2.8.3 缺陷处的漏磁场分布

钢铁材料制成的工件磁化后，磁感应线将沿着工件构成的磁路通过。如果工件上出现了材料的不连续性，即工件表面及其附近出现缺陷或其它异质界面，这时材料的不连续性将引起磁场的畸变，形成磁感应线的折射，并在不连续处产生磁极。以一个表面上有裂纹并已磁化的工件为例，假设磁化的方向与裂纹垂直，如图 2-35 所示。由于裂纹的物质

是空气，与钢的磁导率相差很大，磁感应线将因磁阻的增加而产生折射。部分磁感应线从缺陷下部钢铁材料中通过，形成了磁感应线被“压缩”的现象；一部分磁感应线直接从工件缺陷中通过；另一部分磁感应线折射后从缺陷上方的空气中逸出，通过裂纹上面的空气层再进入钢铁中，形成漏磁场，而裂纹两端磁感应线进出的地方则形成了缺陷的漏磁极。

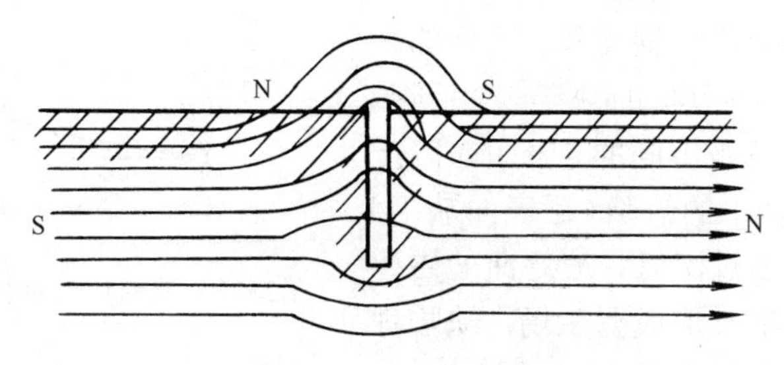

图2-35　漏磁场的形成

缺陷漏磁场的强度和方向是一个随材料磁特性及磁化场强度变化的量。缺陷处的漏磁通密度可以分解为水平分量 B_x 和垂直分量 B_y。水平分量与钢材表面平行，垂直分量与钢材表面垂直。图 2-36 表示了缺陷处的漏磁场。从图中可以看出，垂直分量在缺陷与钢材交界面最大，是一个过中心点的曲线，磁场方向相反。水平分量在缺陷界面中心最大，并左右对称。如果两个分量合成，就形成了缺陷处的漏磁场的分布。

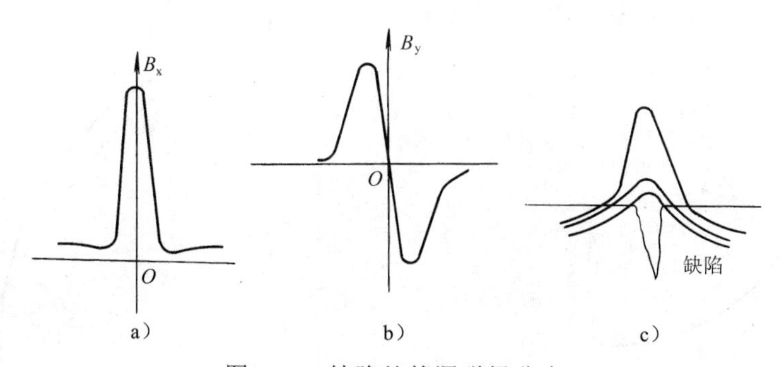

图2-36　缺陷处的漏磁场分布

a）水平分量　b）垂直分量　c）合成漏磁通

2.8.4　影响缺陷漏磁场的因素

真实的缺陷具有复杂的几何形状，计算其漏磁场是困难的。但这并不是说漏磁场是不可以认识的。可以对影响缺陷漏磁场的一般规律进行探讨。影响缺陷漏磁场的主要因素有：

（1）外加磁化场的影响　从钢铁的磁化曲线中可知，外加磁场的大小和方向直接影响磁感应强度的变化。而缺陷的漏磁场大小与工件材料的磁化程度有关。一般说来，在材料未达到近饱和前，漏磁场的反应是不充分的。这时磁路中的磁导率 μ 一般都比较大，磁化不充分，则磁感应线多数向下部材料处“压缩”。而当材料接近磁饱和时，磁导率已呈下降趋势，此时漏磁场将迅速增加，如图 2-37 所示。

（2）工件材料磁性的影响　不同钢铁材料的磁性是不同的。在同样磁化场条件下，它们的磁性各不相同，磁路中的磁阻也不一样。一般说来，易于磁化的材料容易产生漏磁场。

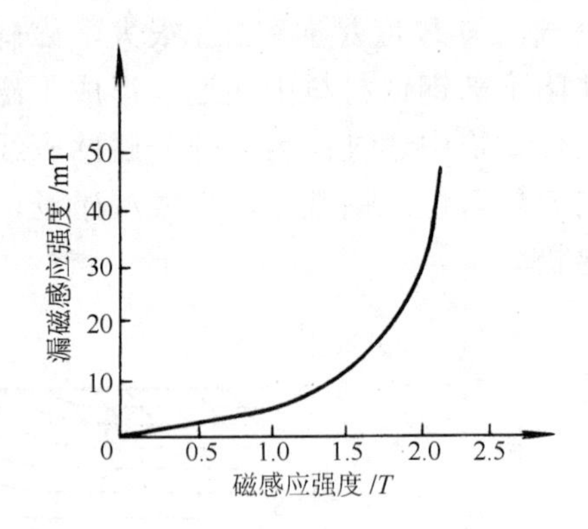

图2-37　漏磁场与钢材磁感应强度的关系

（3）缺陷位置及形状的影响　钢铁材料表面和近表面的缺陷都会产生漏磁场。同样的缺陷在不同的位置及不同形状的缺陷在相同磁化条件下漏磁场的反映是不同的。表面缺陷产生的漏磁场较大，表面下的缺陷（近表面缺陷）漏磁场较小，埋藏深度过深时，被弯曲的磁感应线难以逸出表面，很难形成漏磁场。缺陷埋藏深度对漏磁场的影响见图 2-38。

缺陷方向同样对漏磁场大小有影响。当缺陷倾角方向与磁化场方向垂直时，缺陷所阻挡的磁通最多，漏磁场最强也最有利于缺陷的检出。而缺陷方向与磁化场成某一角度时，漏磁场主要由磁感应强度的法线分量决定。缺陷倾角方向与磁化场方向平行时，所产生的漏磁场最小，接近于零。其下降曲线类似于正弦波曲线（图中虚线）。图 2-39 表示了缺陷倾角与漏磁场大小的关系。

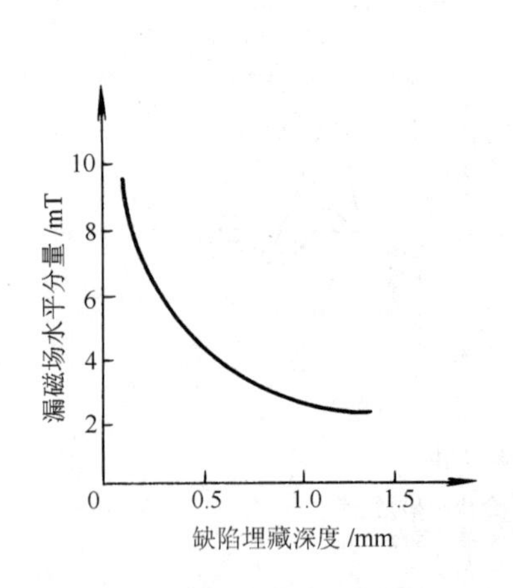

图2-38　缺陷埋藏深度对漏磁场的影响

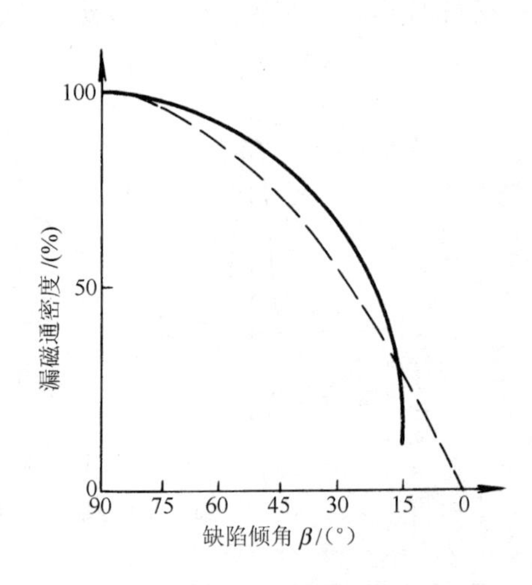

图2-39　漏磁场与缺陷方向的关系

同样宽度的表面缺陷，如果深度不同，产生的漏磁场也不一样。在一定范围内，缺陷深度与漏磁场增加成正比关系。同样深度缺陷，缺陷宽度较小时，则漏磁场易于表现。缺陷深度与宽度之比值（深宽比）是影响漏磁场的重要因素。深宽比愈大，漏磁场也愈强，缺陷也易于被发现。若宽度过大时，漏磁通反而会有所减小，并且在缺陷两侧各出现一条磁痕。一般要求缺陷深宽比应大于 5。表面下的缺陷也是一样，气孔比横向裂纹产生的漏磁场小。球孔、柱孔、链孔等形状都不利于产生大的漏磁场。图 2-40 表示了剩磁法时缺陷深宽比与检出的所需磁场的关系。

（4）钢材表面覆盖层的影响　工件表面覆盖层会导致漏磁场在表面上的减小，图

2-41 为漆层厚度对漏磁场的影响。若工件表面进行了喷丸强化处理，由于处理层的缺陷被强化处理所掩盖，漏磁场的强度也将大大降低，有时甚至影响缺陷的检出。

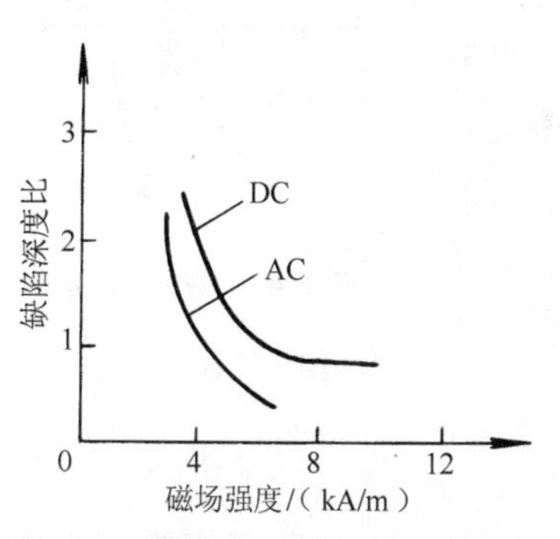

图2-40　漏磁场与缺陷深宽比的关系

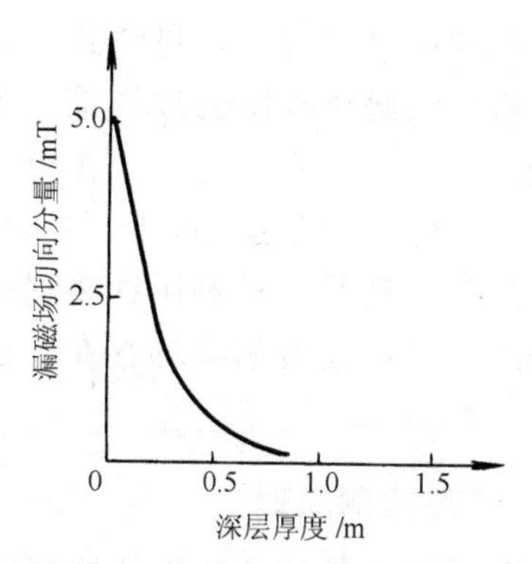

图2-41　漆层厚度对漏磁场的影响

（5）磁化电流类型的影响　不同种类的电流对工件磁化的效果不同。交流电磁化时，由于集肤效应的影响，表面磁场最大，表面缺陷反映灵敏，但随着表面向里延伸，漏磁场显著减弱。直流电磁化时渗透深度最深，能发现一些埋藏较深的缺陷。因此，对表面下的缺陷，直流电产生的漏磁场比交流电产生的漏磁场要大。

2.9　磁粉检测原理

2.9.1　磁粉在漏磁场中受力

在磁粉检测中，漏磁场是用磁粉显示的。所谓磁粉，是一种粉末状的磁性物质，有一定的大小、形状、颜色和较高的磁性。它能够被漏磁场所磁化，并受到漏磁场磁力的作用，形成由磁粉堆积的图像，即所谓“磁痕显示”。

磁粉被漏磁场的吸引可以这样描述：

设一工件表面有一狭窄的矩形槽。当工件被平行于表面的磁场磁化时，矩形槽将产生漏磁场，其漏磁在空间的分布见图 2-42。

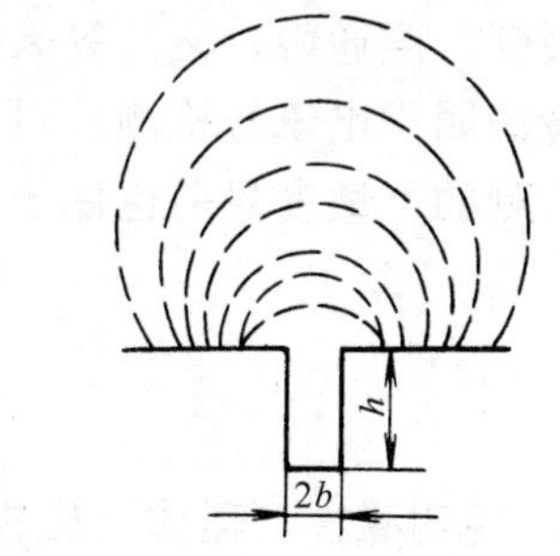

图2-42　矩形槽漏磁场的空间分布

随着磁化场强 H 的增大，缺陷上漏磁场也将适当加强。由于磁粉是一个个的活动的磁性体，在磁化时，磁粉的两端将受到漏磁场力矩的作用，产生与吸引方向相反的 N 极与 S 极，并转动到最容易被磁化的位置上来；同时磁粉在指向漏磁场强度增加最快方向上的力的作用下，被迅速吸引向漏磁场最强的区域。

图 2-43 表示了磁粉在漏磁场处被吸引的情况。可以看出，当有磁粉在磁极区通过时将被磁化，并沿磁感应线排列起来。当磁粉的两极与漏磁场的两极相互作用时，磁粉就会被吸引并加速移到缺陷上去。漏磁场磁力作用在磁粉微粒上，其方向指向磁感应线最大密度区，即指向缺陷处。

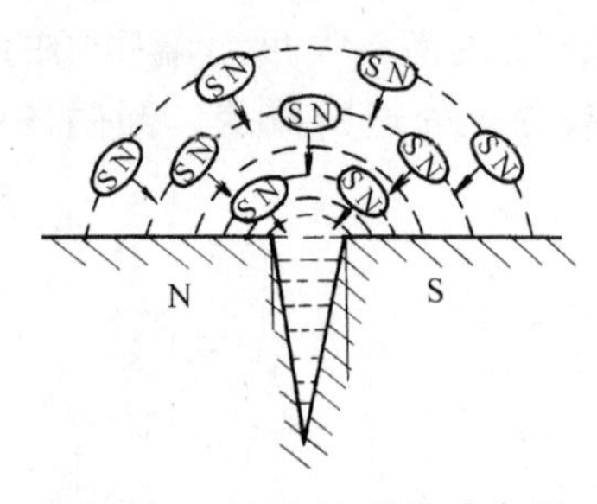

图2-43　缺陷处磁粉受力图

磁粉在缺陷漏磁场处堆积形成的磁痕显示是一种放大了的缺陷图像，它比真实缺陷的宽度大数倍到数十倍。磁痕不仅在缺陷处出现，在材料其它不连续处都可能出现。

磁粉被漏磁场吸附的过程是一个复杂的过程。它受到的不仅是磁力，还有重力、液体分子的悬浮力、摩擦力、静电力等的作用。但这些作用都是以漏磁场产生为条件的。因此，磁粉探伤是一种利用铁磁材料漏磁场吸引磁粉显示出缺陷的方法，没有漏磁场存在，磁粉检测便发现不了缺陷。

2.9.2　磁粉检测原理

磁粉检测的基础是缺陷处的漏磁场与磁粉的相互作用。它利用了钢铁制品表面和近表面缺陷（如裂纹、夹渣、发纹等）磁导率与钢铁磁导率的差异，磁化后这些材料不连续处的磁场将发生畸变，形成部分磁通泄漏出工件表面产生了漏磁场，从而吸引磁粉形成缺陷处的磁粉堆积 —— 磁痕，在适当的光照条件下，显现出缺陷的位置和形状。对这些磁粉的堆积加以观察和解释，就实现了磁粉检测。

磁粉检测有三个必要步骤：

1）被检验的工件必须得到磁化；

2）必须在磁化的工件上施加合适的磁粉；

3）对任何磁粉的堆积必须加以观察和解释。

磁粉检测不能用于检查工件埋藏较深的缺陷。因为磁感应线只能在内部缺陷处产生畸变，逸不出工件表面，形成不了漏磁场，更不会吸引磁粉，缺陷也就检测不出来。磁粉探伤的检测显示元件是磁粉。除磁粉外，也可以利用如霍尔元件、磁敏效应器件、磁敏二极管、磁通门、磁带等来检测漏磁场，利用这些元件可以制成漏磁探伤检验设备。漏磁检测属于电讯号检测，可实现自动化。但只适用于几何形状比较规则的原材料和工件，检测的灵敏度目前也低于磁粉探伤。

复　习　题

1. 说明磁性、磁体、磁极、磁力和磁场的概念。

2. 磁力线有哪些特征?

3. 什么是磁场强度、磁通量和磁感应强度?用什么符号表示?在 SI 和 CGS 单位制中单位是什么?如何换算?

4. 什么是磁导率?在磁粉检测中，常用到哪些磁导率?其物理意义是什么?

5. 铁磁性材料、顺磁性材料和抗磁性材料的区别是什么?

6. 铁磁材料的磁化曲线、磁滞回线的特点和剩磁感应强度、矫顽力、最大磁导率的物理意义。

7. 影响铁磁材料磁性的主要因素的哪些?

*8．试用磁畴来解释钢铁材料有磁化过程。

9．磁性材料是怎样进行分类的?各类材料有何特点?

10．叙述通电导体和通电螺管线圈产生的磁场特点。

11．什么是居里点?居里点对铁磁材料磁性有何影响?

*12．什么是退磁场?影响退磁场大小的因素有哪些?如何计算工件的长径比?

*13．磁极化强度是如何定义的?其物理意义是什么?

*14．如何确定组合磁场的大小和方向?

*15．什么是磁路定理?影响磁路的因素有哪些?写出磁路定理的数学表达式。

16．磁力线通过不同物质的界面时，将会发生什么现象?

17．试叙述工件上有缺陷的地方漏磁场的形成原因?

18．影响漏磁场的因素有哪些？它们是怎样影响漏磁场的?

19．简述磁粉检测原理。

20．磁粉检测的三个必要步骤是什么?

第 3 章　磁粉检测的设备和器材

3.1　设备的分类

3.1.1　磁粉探伤机的命名方法

磁粉检测设备是产生磁场、对工件实施磁化并完成检测工作的专用装置，是磁粉检测中不可缺少的。磁粉检测设备通常叫作磁粉探伤机。按照《JB/T 10059 试验机与无损检测仪器型号编制方法》的规定，磁粉探伤机应按以下方式命名：

C　×　×　——　×
↓　↓　↓　　　↓
1　2　3　　　4

第 1 部分 ——C，代表磁粉探伤机；
第 2 部分 —— 字母，代表磁粉探伤机的磁化方式；
第 3 部分 —— 字母，代表磁粉探伤机的结构形式；
第 4 部分 —— 数字或字母，代表磁粉探伤机的最大磁化电流或探头形式。
常见的磁粉探伤机命名的参数意义见表 3-1。

表 3-1　磁粉探伤机命名的参数

第一个字母	第二个字母	第三个字母	第四个数字	代表含义
C				磁粉探伤机
	J			交流
	D			多功能
	E			交直流
	Z			直流
	X			旋转磁场
	B			半波脉冲直流
	Q			全波脉冲直流
		X		携带式
		D		移动式
		W		固定式
		E		磁轭式
		G		荧光磁粉探伤
		Q		超低频退磁
			如 1000	周向磁化电流 1000A

如 CJW—4000 型为交流固定式磁粉探伤机，最大磁化电流为 4000A；又如 CZQ—

6000 型为直流超低频退磁磁粉探伤机，最大磁化电流为 6000A；CEE—1 为交直流磁轭式磁粉探伤仪，形式为第一类等等。

在 JB/T 8290《磁粉探伤机》等标准中，根据探伤机结构的不同，将磁粉探伤机按其结构分为一体型和分立型两大类。其中，一体型是由磁化电源、夹持装置、磁粉施加装置、观察装置、退磁装置等部分组成的一体型磁粉探伤机；分立型是将探伤机中的各组成部分，按功能制成单独的分立的装置，在探伤时组成系统使用，分立装置一般包括磁化电源、夹持装置、退磁装置、断电相位控制器等。在通常使用中，一般按设备的使用和安装环境，将探伤机分为固定式、移动式和便携式以及专用设备等几大类。

3.1.2　通用固定式磁粉探伤机

这是一种安装在固定场所的磁粉探伤机。其最大磁化电流从 1000A 到 10000A 以上，电流可以是直流电流，也可以是交流电流。采用直流电流的设备多数是用低压大电流经过整流得到。随着电流的增大，设备的输出功率、外形尺寸和重量都相应增大。它主要适用于中小型工件的批量探伤，在机械制造业中得到广泛地应用。

固定式磁粉探伤机的使用功能较为全面，有分立和一体型两种。各个主要部分都紧凑地安装在一台设备上的为一体型，在固定式探伤机中应用最多。

这类设备一般装有一个低电压大电流的磁化电源和可移动的线圈（或固定线圈所形成的极间式磁轭），可以对被检工件进行多种方式的磁化。如对工件进行直接通电周向磁化或使电流穿过中心导体使工件得到感应磁化，或用通电线圈及极间磁轭对工件进行纵向磁化，有的还可以产生合成磁场对工件进行各种形式的多向磁化，还能用交流电或直流电对工件退磁。在磁化时，工件水平（卧式）或垂直（立式）夹持在磁化夹头之间，磁化电流可从零至最大激磁电流之间进行调节。设备所能检测工件的最大截面受最大激磁电流的限制。探伤机的夹头距离可以调节，以适应不同长度工件的夹持和检查。但是，所能检查的工件长度及最大外形尺寸受到磁化夹头的最大间距和夹头中心高的限制。

固定式磁粉探伤机通常用于湿法检查。探伤机有储存磁悬液的容器及搅拌用的液压泵和喷枪。喷枪上有可调节的阀门，喷洒压力和流量可以调节。这类设备还常常备有支杆触头和电缆，以便对搬上工作台有困难的大型工件实施支杆通电法或电缆缠绕法探伤。

图 3-1 为部分探伤机采用不同磁化电流的磁化原理图。

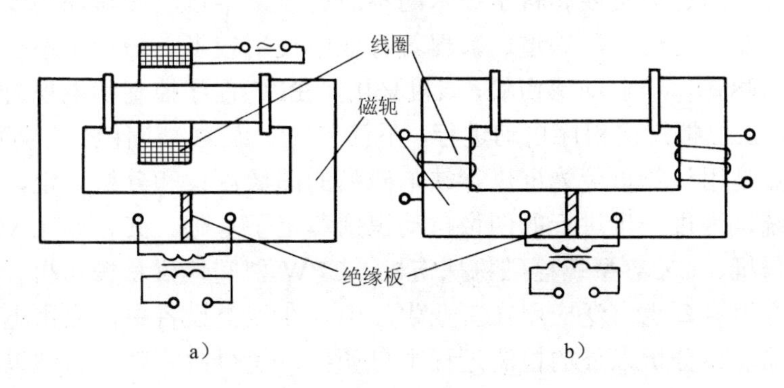

图3-1　磁化原理图

a）交流周向和线圈纵向磁化　b）交流周向和磁轭纵向磁化

由于电子技术的发展，国内外磁粉探伤机普遍采用了晶闸管整流技术和计算机程控技术，使得磁粉探伤机体积向小型化、多功能化方向发展。大功率直流磁化装置、快速断电控制器、强功率紫外线灯及高亮度荧光磁粉的应用使得固定式设备应用更为广泛，一些原来由人工控制的磁化电流调节及浇液系统已实现自动控制，包括适配的计算机化的数据采集系统和激光扫查组件在国外也开始使用。

常见的国产通用固定式磁粉探伤机有 CJW、CEW、CXW、CZQ 等多种形式，它们的功能比较全面，能采用多种方法对工件实施检查，但与专用半自动化探伤机相比较检测效率不如后者。

表 3-2 列出了部分国产通用固定式磁粉探伤机的型号。

表 3-2　部分国产通用固定式磁粉探伤机的型号

交流型	交直流型	复合磁化型	直流探伤－超低频退磁型	多功能型
CJW－2000 型	CEW－2000 型	CXW－2000 型	CZQ－6000 型	CDG－1000 型
CJW－4000 型	CEW－4000 型	CXW－4000 型	CZQ－9000 型	CDG－2000 型
CJW－6000 型	CEW－6000 型	CXW－6000 型	CZQ－10000 型	CDG－6000 型
CJW－9000 型	CEW－9000 型	CXW－9000 型		CDG－10000 型

注：以上各种型号根据使用要求的不同又有 A、B、C、D、E、H 等类型之分。如：CJW－2000A、CEW－4000C、CDG－6000E 等。

3.1.3　专用及半自动化磁粉探伤机

半自动磁粉检测设备多为专用的一体化固定磁粉探伤机。此类设备是除人工观察缺陷磁痕外其余过程全部采用自动化。即工件的送入、传递、缓放、喷液、夹紧并充磁、送出等都是机械自动化处理，其特点是检查速度快，减轻了工人的体力劳动，适合于大批量生产的工件检查。但检查产品类型较单一，不能适用多种类型工件。

半自动化磁粉探伤机过去多采用逻辑继电器进行控制。近年来，不少固定式磁粉探伤机采用了微机（单片机）可编程程序控制，使操作过程实现了自动化，探伤检查速度大为提高。操作过程不仅可以手动分步操作，还可以实现自动操作及循环，或按规定程序单周期工作。对缺陷磁痕拾取也采用了工业电视观察系统。

随着工业生产的迅猛发展和科学技术的不断进步，半自动磁粉探伤专业设备广泛使用，特别是在汽车、内燃机、铁道、兵器等行业中使用较多，增加了不少的品种。如最新研制成功的炮弹弹体半自动探伤机，该机采用了 PLC 程序控制和电视自动聚焦扫描摄像系统，检测各工位按规定程序自动进行，不仅节约了人力，还保证了检测工作的质量。该机的最大特点是用计算机荧光屏进行缺陷磁痕的图像观察和分析评定，信息储存也利用了计算机系统，为进一步进行的图像自动识别奠定了基础。其它如 CXG 型半自动连杆荧光磁粉探伤机、CXW 型螺栓磁粉探伤机、CEW 型阀体磁粉探伤机、CJL 型半自动弹簧探伤机等专用设备也广泛应用在工业生产中。在该类设备中，应用电子技术和微电脑技术实现了除观察分析以外的检测过程半自动化，使得检测效率和结果的正确性大为提高。表 3-3 列出了国产部分专用磁粉探伤机的型号与名称。

表 3-3　部分专用磁粉探伤机的型号与名称

型　号	名　称	型　号	名　称
CDG－1000	微机控制荧光磁粉探伤机	CXW－1000	螺栓磁粉探伤机
CDG－2000	微机控制荧光磁粉探伤机	CXW－2000	缸套磁粉探伤机
CDG－6000	微机控制磁粉探伤机	CXW－2000A	铁帽磁粉探伤机
CDG－10000	多功能智能磁粉探伤机	CXG－3000	半自动连杆荧光磁粉探伤机
CJW－4000	微机控制圆环链磁粉探伤机	CXG－U	管端荧光磁粉探伤机
CJW－1	轿车稳定杆磁粉探伤机	CXW－E	齿轮磁粉探伤机
CEW－2000	钢板弹簧荧光磁粉探伤机	CXD－U	轴颈磁粉探伤机
CJL－2000	半自动弹簧磁粉探伤机	CDG－U	叶片半自动荧光磁粉探伤机
CJL－2000C	连杆荧光磁粉探伤机	CDG－2000A	微机控制曲轴磁粉探伤机
CZX－1	钻井钻具磁粉探伤装置	CFW－3×4000A	阀体磁粉探伤机
CJZ－5000	轴承零件磁粉探伤机	CDW－2000Z	标准件专用磁粉探伤机

注：部分型号有序列号，A、B、C、D 等。

3.1.4　移动式磁粉探伤机

移动式磁粉探伤机是一种分立式的探伤装置，具有较大的灵活性和良好的适应性。它的体积较固定式小，重量比固定式轻，能在许可范围内自由移动，便于适应不同检查要求的需要。移动式磁粉探伤机主体是一个用晶闸管控制的磁化电源，配合使用的附件为支杆探头、磁化线圈（或电磁轭）、软电缆等。设备装有滚轮或配有移动小车，主要检查对象为不易搬动的大型工件。如对大型铸锻件及多层式高压容器环焊缝和管壁焊缝的质量检查。

该类型设备的磁化电流和退磁电流从 1000A 到 6000A，甚至可以达到 10000A。磁化电流可采用交流电和半波整流电。表 3-4 列出了部分国产移动式磁粉探伤机的型号。

表 3-4　部分国产移动式磁粉探伤机的型号

交流型	交直流型	全波直流、超低频退磁型
CJD－1000 型（手提式）	CED－1000 型（手提式）	CEQ－1000 型（手提式）
CJD－2000 型（手提式）	CED－2000 型	CEQ－2000 型（手提式）
CJD－3000 型	CED－3000 型	
CJD－5000 型	CED－5000 型	
参考型号：DCF 型、EM 型	参考型号：CYD－3000 型、CYD－5000 型 DCF 型	其它：CBD 型

3.1.5　便携式磁轭探伤装置

便携式磁粉探伤机比移动式更灵活，体积更小，重量更轻，可随身携带，适用于外场和高空作业，一般多用于锅炉和压力容器的焊缝检测、飞机的现场检测，以及大中型工件的局部检测。

便携式设备以磁轭法为主，也有用支杆触头方法的。磁轭有“Π”型磁轭及十字交叉旋转磁轭等多种，也有采用永久磁铁磁轭型式的。国外有的便携式触头磁化装置可以提供 2000A 的半波直流或 1800A 的交流电流，并配置有专用磁化线圈。表 3-5 列出了几种常见的便携式探伤设备。

表 3-5 部分国产便携式磁粉探伤机型号

交直流磁轭探头	旋转磁场磁轭探头	其它
CDX 型	CXX 型	CZX 型
CEX 型		CJX 型
CJE 型 CEE 型		
参考型号： CYE 型 DCF 型 CT－C 型 CT－F 型	参考型号： CT－E 型 XK 型 XCEY 型	其它多功能型： XDYY 型

3.2 磁粉检测设备的主要组成

不管是一体化磁粉探伤机还是分立式磁粉探伤机，它们都是由磁化电源装置、夹持装置、指示与控制装置、磁粉施加装置、照明装置和退磁装置所组成。

3.2.1 磁化电源装置

磁化电源装置是磁粉探伤机的核心部分，它的作用是产生磁场，使工件磁化。在不同的磁粉探伤机中，由于磁化方式和使用方式的不同，可以采用不同电路和结构的的磁化电源。磁化电源的主要及其辅助形式有：低压大电流产生装置、磁化线圈、交叉线圈、固定式或便携式磁轭、脉冲放电装置以及断电相位控制器及快速断电试验器等。常用的型式有：降压变压器式、电磁铁式、线圈式、磁轭式、电容充放电式及晶闸管控制单脉冲式等。

（1）低压大电流产生装置　这种电路在固定式磁粉探伤机中广泛采用。它利用降压变压器将普通供电的工频交流电转换成低电压、大电流输出，主要实现对工件的周向磁化。也可以通过线圈实现对工件的纵向磁化。可以进行交流电磁化，也可以经过整流后实现直流电磁化。其基本组成如图 3-2 所示。

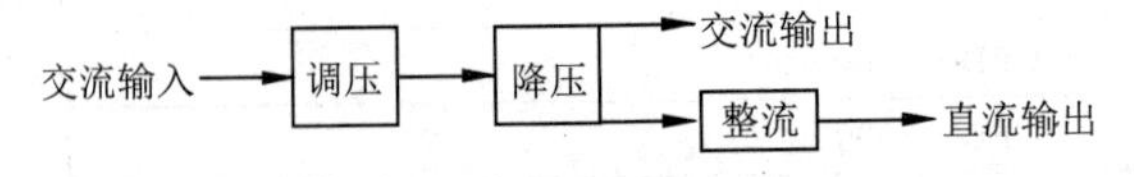

图3-2　降压变压器式磁化装置工作原理

其工作原理是：由普通电源输入的交流电（380V 或者 220V）通过调压器改变后供给降压变压器，降压变压器将其变为低电压大电流输出，可直接对工件进行交流磁化，也可以再通过整流器变成直流电对工件磁化。降压变压器式磁化装置电流调节有三种方式：变压器分级抽头转换方式、感应电压调节（自耦变压器）方式以及晶闸管控制方式。第一种方式是通过转换降压变压器输入端抽头的位置，改变变压器线圈的匝数比来调节磁化电流的大小。第二种方式是将电压调节器与降压变压器串联，当改变它的电压时，便能改变降压变压器的一次电压，从而获得所需要的低压大电流。晶闸管控制是在降压变压器一次侧接入晶闸管元件，利用调整晶闸管导通角的大小来调节磁化电流的大小。

三种调节方式的电路原理图见图 3-3。

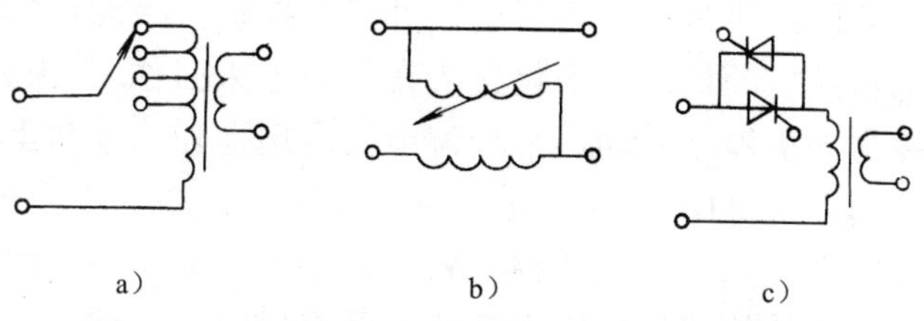

图3-3　降压变压器式磁化装置电流调节原理

a）变压器抽头式　b）感应电压调压式　c）晶闸管控制式

（2）磁轭式或线圈式磁化装置　这类装置产生的磁化磁场为纵向磁场，可通入交流电或直流电（整流电）。线圈磁化为开路磁化，有直流和交流两种。直流线圈匝数较多，电磁吸力较大；交流线圈为克服电感的影响，通常导线匝数较少而电流较大。磁轭式磁化有工件整体磁化（极间式磁化）和局部磁化（便携式磁轭磁化）两种。其原理图见图 3-4。

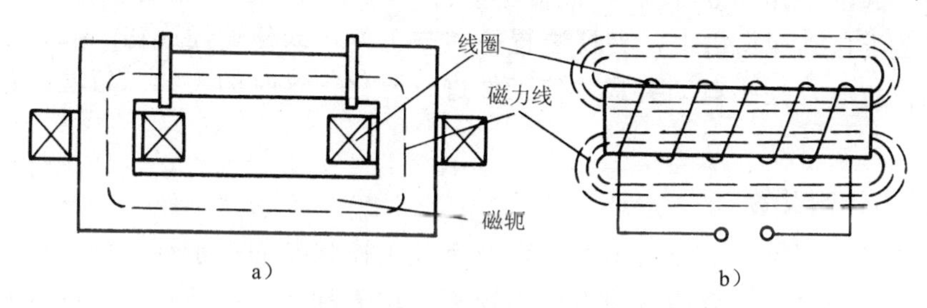

图3-4　磁轭式及线圈式磁化电源原理

a）磁轭式　b）线圈式

（3）交叉磁轭（线圈）旋转磁场式磁化电路　这是一种组合式磁化电路，磁轭（线圈）俗称磁头。在其中不同部分通入不同相位的交流电流，其磁场组成一个按某种规律变化的多向磁场使工件得到磁化。

（4）单脉冲磁化电路装置　这种装置能产生脉冲式冲击电流，可在瞬时间内获得较大的磁化电流，常用于剩磁法探伤检查。可以产生脉冲式冲击电流的方法很多，较常用的是利用电容器充放电或晶闸管控制的磁化电路。

（5）断电相位控制器　断电相位控制器是用来对交流电断电时的相位进行控制的，通常加在交流探伤机大电流产生装置上，用于交流电剩磁探伤。它主要是一个晶闸管控制装置，利用逻辑电路控制触发器，保证交流电一定在 π 或 2π 处断电，使剩磁稳定，检测结果可靠。断电相位控制器可装在磁化电源中，也可单独作成分立器件。

（6）快速断电试验器　快速断电试验器是针对三相全波整流电线圈磁化工件所用的，是一个能突然切断磁化电流的器件。它能迅速切断施加于线圈的直流电，使迅速消失的磁场在工件中产生低频涡流，使其有利于查找工件端部的横向缺陷，以克服线圈纵向磁化时的端部效应。快速断电试验器仅限于在三相全波整流时采用。

3.2.2　工件夹持装置

夹持装置又叫做接触板，是用来夹紧工件，使其通过电流的电极或通过磁场的磁极装置。在固定式磁粉探伤机中，夹持装置是夹紧工件的夹头。为了适应不同工件探伤的需要，探伤机夹头之间的距离是可以调节的，并且有电动、手动、气动等多种形式。电动调节是利用行程电机和传动机构使磁化夹头在导轨上来回移动，由弹簧配合夹紧工件，限位开关会使可动磁化夹头停止移动。手动调节是利用齿轮与导轨上的齿条啮合传动，使磁化夹头沿导轨移动，或利用手推磁化夹头在导轨上移动，夹紧工件后锁定。移动式或便携式探伤机没有固定夹头，它是一种与软电缆相连，并将磁化电流导入和导出工件的手持式棒状电极，与工件的接触多用人工压力及电磁吸头。便携式磁轭也没有夹头，它利用磁轭自身与工件接触，有的（如旋转磁轭）还装有一对滚轮，以便于磁轭在工件上的移动。

为了保证工件与夹头之间接触良好，夹头上装有导电性能良好的铜板或铜网（接触垫），以及软金属材料（铅板等），防止通电时起弧或烧伤工件。

有些探伤机的夹头作成转动式，用于观察时需将工件转动的场合。工件夹紧后，可与磁化夹头一起沿轴作 360° 旋转，但在转动时一般不允许进行磁化。

在专用及半自动探伤机上，夹持装置往往与工件自动传输线连在一起，工件沿导轨行进至夹头位置时，夹头自动夹紧并使工件进行磁化，这时的夹持装置实际已成为传输夹持装置。

3.2.3 指示与控制装置

指示装置是指示磁化电流大小的仪表及有关工作状态的指示灯。由于磁化电流一般都很大，故常采用带互感器或分流器的电流表。电表和指示灯装在设备的面板上。交流多采用有效值表，也有将有效值换算成峰值的电流表；直流采用平均值表；现在也有采用数字显示的数字电流表。

控制电路装置是控制磁化电流产生和磁粉探伤机使用过程的电器装置的组合。有磁化电路、液压泵电路、照明电路等的启动、运转和停止。过去，国内磁粉探伤机上普遍采用的是由继电器、接触器、熔断器及按钮等控制电器和电动机等组合成的电路。一般说来，控制电路有主控电路和辅助电路之分。主控电路是控制磁化电流产生及磁化主要动作以及退磁时所需要的电路，辅助电路一般是液压泵、夹头移动电动机、照明以及其它所需要的电路。由主控电路和辅助电路器件一起构成了整个电路系统。随着电子技术的普及，近年来国内外一些厂家广泛在探伤机上采用了晶闸管整流技术和 PLC 程序控制对检测过程进行机电一体化控制，使磁粉探伤机实现了半自动或自动检验。

3.2.4 磁粉和磁悬液喷洒装置

在固定式磁粉探伤机中，磁悬液搅拌喷洒装置是由磁悬液槽、液压泵、导液软管和喷嘴以及回液盘组成。液压泵工作时叶片将槽中的磁悬液搅拌均匀并以一定压力将其通过喷嘴浇到工件上，在工件的表面形成一个磁悬液薄层。多余的磁悬液可通过回液盘及回收管道注入液槽循环使用。回液盘上装有过滤网，以防止污物等进入循环泵。半自动磁粉探伤机上磁悬液喷洒多采用程序控制定时定量自动喷淋方式，其喷洒系统常常作成多个喷头同时喷洒。使用前应对各喷头喷淋方向、范围及压力进行调整，使之能有效地覆盖整个检查面。

移动式和便携式磁粉探伤机上没有固定式的搅拌喷洒装置。在湿法探伤时，常采用电动喷壶或手动喷洒装置，如带喷嘴的塑料瓶，使磁粉或磁悬液均匀地分布在工件表面。干法探伤时可用压缩空气或专用的橡皮磁粉散布器来撒布磁粉。

3.2.5　照明装置

缺陷磁痕显示是在一定光照条件下进行的。按照使用磁粉的不同，照明观察装置有非荧光磁粉探伤用的白炽灯或日光灯以及荧光磁粉探伤专用的紫外线灯等。

白炽灯或日光灯产生的是可见光，它的波长范围为 760～400nm，包括了红、橙、黄、绿、青、蓝、紫等多种颜色。对于此类光源要求能在工件上有一定的照度，并且光线要均匀、柔和，不能直射观察人的眼睛。

荧光磁粉探伤专用的紫外线灯又叫黑光灯，它产生的是一种长波紫外线，当黑光照射到表面包覆一层荧光染料的荧光磁粉上时，荧光物质便吸收紫外线的能量，激发出黄绿色的荧光。由于人眼对黄绿光的特殊敏感，大大增强了对磁痕的识别能力。紫外线灯的结构形式有多种，国内常用的一种称为高压汞蒸气弧光灯。其结构见图 3-5 所示。它由石英内管和外壳组成，内管装有汞和氩气，两端各有一个主电极，主电极旁边还装有一个引燃用的辅助电极，电极处串联一个限流电阻；玻璃外壳起保护石英内管和聚光的作用。这种灯一般用电感性镇流器稳流。镇流器通过对灯两端电压自动调节，使灯泡的放电电弧稳定。当通电时，主电极并不立即工作，而是辅助电极和一个主电极之间发生辉光放电，使管内温度升高，汞逐渐汽化，到汞汽化到一定程度，两主电极间发生汞弧光放电，产生紫外线。此时石英管内的汞蒸气压力达到约 100～400kPa（1～4 个大气压）。

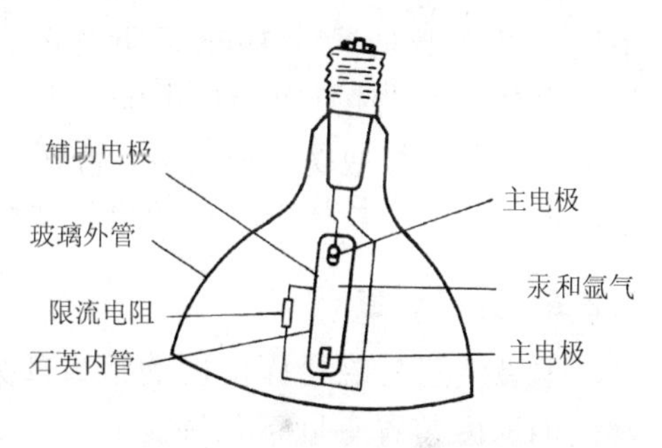

图3-5　紫外线灯结构图

常用的自滤光紫外线灯外壳用深紫色镍玻璃制成，镍玻璃能吸收可见光和抑制短波紫外线通过，仅让波长 320～400nm 的长波紫外线（黑光）通过，起到滤光片的作用。灯的外壳锥体内镀有银，可起到聚光作用，大大提高紫外线灯的辐照度。目前国外流行使用的黑光灯本身不用滤光玻璃，仅靠灯前可更换的滤光片滤光，灯后装有冷风扇，灯的使用寿命更长，使用也更为舒适。

紫外线灯发出的光是由一些不连续的光谱组成，既包括不可见的紫外辐射，也包括可见光。激发荧光磁粉所需要的紫外光中心波长在 365nm 附近，为了控制可见光及短波紫外线对人体的影响，应采用滤光片将不需要的光线滤掉。

使用紫外线灯时必须与镇流器串联使用，如图 3-6 所示。

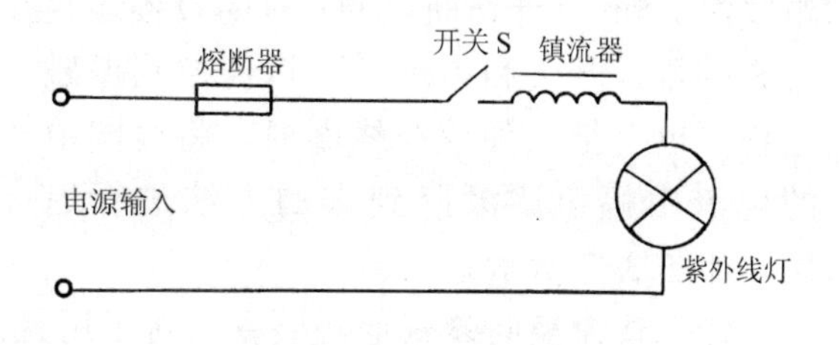

图3-6　紫外线灯电路

镇流器在紫外线灯线路中起镇流作用，在主、辅电极放电和两主电极放电时，都起着阻止电流增加的作用，使放电电流趋于稳定，保护紫外线灯不致过载。在主、辅电极放电转为两主电极放电的一瞬间，主、辅电极断电，在镇流器上产生一个阻止电流减小的反电动势，这个反电动势加到电源电压上，使两主电极之间的放电电压高于电源电压，有助于紫外线灯的点燃。

紫外线灯点燃并稳定工作后，石英内管中的水银蒸气压力很高，在这种状态下关闭电源时，在断电的一瞬间，镇流器上产生一个阻止电流减小的反电动势，这个反电动势加到电源电压上，使得在断电的瞬间，两主电极之间电压高于电源电压，由于此时管内汞蒸气压力很高，会造成紫外线灯处于瞬时击穿状态，减少灯的寿命，每断电一次，灯的寿命减少很多，所以应尽量减少灯的开关次数。

紫外线灯的辐射照度规定为离工件表面 40cm 处不低于 1000μW/cm^2。其强度可以用紫外辐射照度计进行测定。

近年来，国外紫外线灯发展很快，能在白光下进行观察的超强度的紫外线灯已经面世，一些适用于多种用途的紫外线灯也广泛使用，如强度达 10000μW/cm^2、照射面积达 24in×10in（1in=25.4mm）的强功率灯，自镇流、自滤色、带冷却风扇、交直流两用、无镇流器以及冷光源的紫外线灯都已出现，极大地满足了各种检测工作的需要。

使用紫外线灯时应注意的事项是，灯刚点燃后光的输出未达到最大值（这点与白炽光不同），探伤检验要等 5min 后再进行。使用中要尽量减少灯的开关次数，频繁启动将缩短灯泡寿命。紫外线灯灭后也不能马上启动，需停止 5～6min 后才能重新点燃。限流用的镇流器应与所用灯泡功率相适应，否则也要影响紫外线灯的工作。应该定期测定紫外线灯的辐照度，因为随着使用时间的增长其幅射能量将衰减，一般在点燃 1000h 后下降约 10%。

3.2.6 退磁装置

退磁装置是磁粉探伤机的组成部分。有的作分立件单独设置，有的就装在探伤机上。常用的退磁装置有以下几种。

（1）交流线圈退磁装置　对于中小型工件的批量退磁，常采用交流线圈退磁装置。它是利用交流电的自动换向，离开线圈后磁场强度逐渐衰减的原理进行退磁。线圈的中心磁场强度一般为 16～20kA/m（200～250Oe），线圈框架通常为长方形，尺寸大小与工件相适应，电源电压可用 220V 或 380V。

大型固定式退磁线圈往往装有轨道和载物小车，以便移动和放置工件。退磁时将工件放在小车上，接通电源后从线圈中通过，并沿轨道由近及远地离开线圈，在距线圈 1.5m 以外切断电源。有的设备还装有定时器、开关和指示灯，以便控制退磁进程。也有把工件放在线圈内，将线圈中的电流由幅值逐渐降到零的方法进行退磁，如图 3-7 所示。

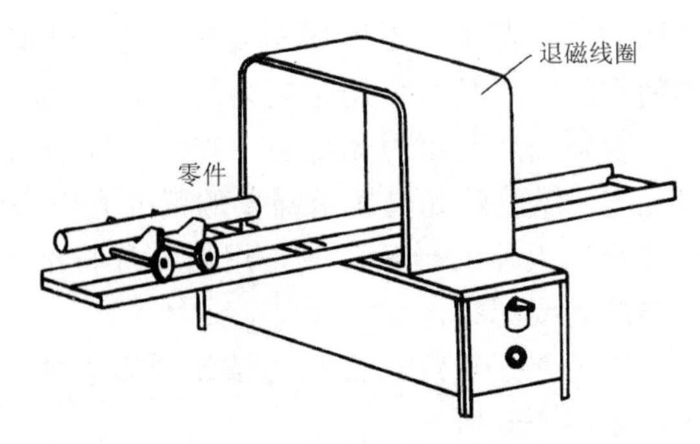

图3-7　交流线圈对工件退磁

（2）直流换向衰减退磁装置　对于用直流电磁化的工件，为了使工件内部能获得良好退磁，常常采用直流换向衰减退磁方法。这种装置通过机械或电子换向变换电的极性，

在电流通过工件时，电流不断地变换电流的方向并逐渐衰减至零。这种直流换向电流频率可以进行超低频调节，故也叫作超低频电流。

直流退磁采用的超低频电流的集肤效应很小，退磁范围可达工件内部。其电流的频率通常为 0.5～10Hz，可利用接触器交替通电换向或晶闸管的交替导通并交换电流方向得到。电流的衰减通过串联不同阻值的电阻得到，也可利用晶闸管的移相，使电流衰减。在这种情况下，晶闸管亦作为换向的无触点开关，在退磁大电流换向时，安全可靠而且噪声小。这类设备在电路上要保证退磁电流在零值时交换，使设备不致损坏。

（3）交流降压衰减退磁装置　除将线圈中的电流由幅值降到零的方法退磁外，也可将通电磁化时的电流由幅值逐渐降到零的方法进行退磁。方法是调节探伤机主变压器的一次电流，使之从大到小逐渐到零。由于交流电本身不断地变换方向，再衰减电流改变磁场的大小，从而达到退磁的目的。交流降压调节方式有两种，一种是机械方法调节，主要是用电动或手动方式控制调压变压器，使其从大到小。另一种是电子调压方式，通过晶闸管的触发电路自动使电路中的电压从大到小直到零，这种方法多用于电子调压的设备中。交流降压衰减退磁常用于用交流电磁化的工件。

另外还有交流磁轭退磁器和扁平线圈退磁器等，主要用于钢板及焊缝探伤后的退磁。

*3.3　常用典型设备举例

3.3.1　固定式探伤机

在工厂生产线上广泛使用固定卧式一体型探伤机。国产最常见的有 CEW、CJW 和 CZQ 等系列。

这些设备的周向磁化是采用低电压大电流的交流电，纵向磁化大都采用高电压小电流的整流电，通过磁轭或线圈进行检测，现在也采用低电压大电流的交流电，通过交流线圈进行检测，有些设备还可对工件同时进行电磁轭的纵向磁化和交流电的周向磁化。两磁化夹头间最大距离从 1m 到 4.5m 甚至更长。电流的调节通过主变压器的一次电压来实现，连续或分级调节，设备的原理见图 3-8，图中 T_1 是调压器，T_2 是主变压器，T_3 是电流互感器，E_1 和 E_2 为固定触头和可动触头，V 是电压表，A_1 是周向磁化电流表，KM_1 是周向磁化接触器，UR 是整流器，KM_2 是纵向交流接触器，KM_3 和 KM_4 是纵向磁化接触器兼退磁电流倒向开关。

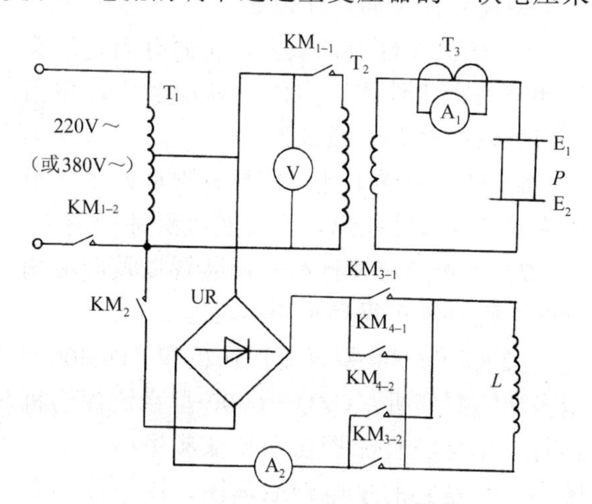

图3-8　CEW 系列设备电路原理图

使用这类设备对工件检测时，调节磁化夹头在导轨上的位置，以适应不同长度的工件。有的设备装有旋转磁化夹头，可根据需要使工件转动一定角度，该类设备可分别进行交流或直流退磁，或交直流联合全自动退磁。设备上均装有磁悬液循环和喷洒装置。

该类设备有的还备有支杆触头，通过软电缆与设备的输出端连接，用以对大型工件进行触头法或绕电缆法探伤。下面以 CEW—4000 型和 CZQ6000 型直流探伤机及 CDG10000 型多功能探伤机为例说明此类探伤机的特点。

（1）CEW—4000 型通用磁粉探伤机　CEW—4000 型通用磁粉探伤机是一种多用途的固定式探伤机。图 3-9 是该机外形图。

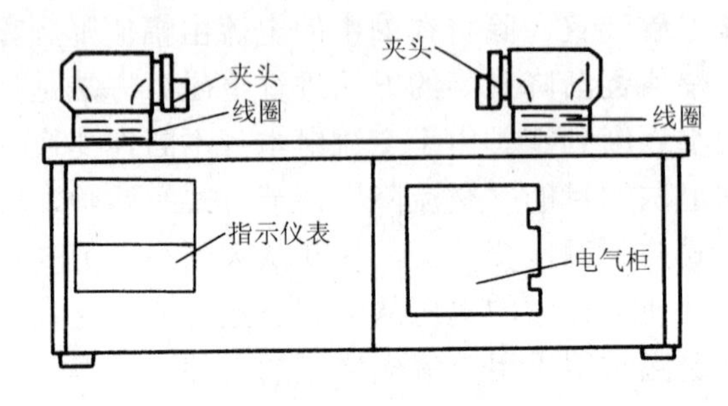

图3-9　CEW—4000型探伤机外形图

该机结构有如下特点：

1）采用水平放置式（卧式）结构，除指示面板、磁化触头和磁悬液喷枪外，其余电源装置、控制装置、磁悬液搅拌装置等都装在机体内部。

2）周向磁化电缆直接联结在磁化触头上，纵向磁化线圈分别装在紧靠触头部位，减少了工作磁路上的压降损失，使工作磁轭上的磁通分布比较均匀。

3）周向磁化采用低电压大电流，纵向磁化采用轭铁与工件闭合构成磁回路。两种磁化既可分别进行，又可综合进行。

4）电源升降压采用电动机进行，可自动或手动调节。通过电动机控制可进行交流降压退磁及直流换向降压退磁。

5）在工作台面导轨上，左面有固定触头为伸缩夹紧工件用，右面为移动触头可用齿轮和手轮螺杆调节锁紧。

6）检测同样工件，只要首次调好工作电压后，可以自动往返，不需要每次进行调节。

7）有磁悬液搅拌和喷洒装置以及回液槽管等，磁悬液可循环使用。

（2）CZQ6000 型直流探伤机和 CDG10000 型多功能探伤机　CZQ—6000 型直流探伤机具有三相全波直流探伤和超低频退磁功能，图 3-10 是它的主电路原理图，图中晶闸管 VT_1～VT_6 与平衡电抗器 L_1 组成带平衡电抗

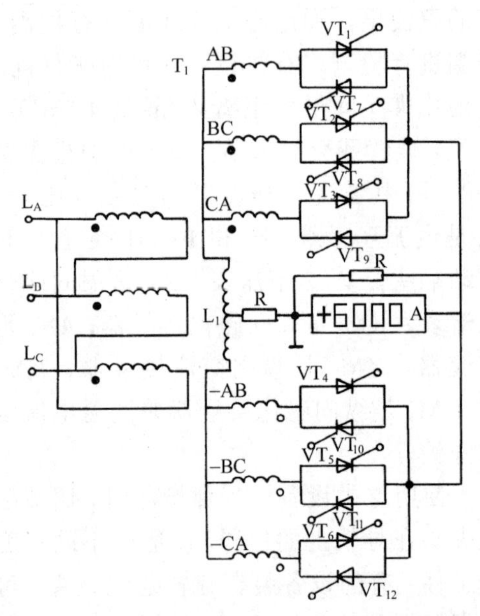

图3-10　CZQ6000型直流探伤机主电路原理图

的双反星形整流电路，晶闸管 VT_7～VT_{12} 与 VT_1～VT_6 组成超低频退磁主电路。

设备具有以下特点：

1）具有三相全波整流电波形。输出平滑的大电流。能检测工件表面和近表面较深的缺陷，磁化电流 0～6000A 连续可调。

2）机内装有集成时序逻辑电路控制的衰减式超低频自动退磁装置，退磁大电流 0～6000A 连续可调，退磁效果好。

3）磁化电流和退磁电流均可预选，并用数字式电表显示。

4）机内装有集成电路能自动调节电流，保持电流基本不变。

5）机内装有集成时序电路构成的时间控制电路，对 2500A 以上电流进行不同工作周期的控制。

6）采用晶闸管带平稳电抗器的双反星形整流和退磁主电路，工作噪声很小。

7）退磁电流频率分为三档：0.39Hz、1.56Hz；和 3.12Hz。退磁一次的时间分三档：0～15s、0～30s 和 0～60s。

CZQ6000 型设备为分立型，设备分三层，下层为主电路，中层为主控抽屉，上层为数字电流表。

CDGl0000 型多功能磁粉探伤机采用与 CZQ6000 型探伤机相同的主电路。由于用单片微机系统作主电路中 12 个晶闸管的触发电路和控制电路，只要把主电路输出端作不同的连接，除了可输出与 CZQ6000 型探伤机相同波形的 0～10000A 三相全波整流磁化电流和 10000～0A 的超低频退磁电流外，还能输出 0～6000A 三相相互间相移 120° 的半波整流电流、可作三相半波整流电复合磁化，或者用其中两相半波整流电与该设备输出的一相 0～6000A 交流电作三相交直流复合磁化。

CZQ6000 型和 CDG10000 型设备作为电源可与各种固定式探伤机配合使用。

国外的磁粉探伤机发展很快，适用于多种检测方法。以美国磁通公司 MD3—2060 系列多向磁粉探伤机为例，该机提供了省时间的多向磁化，有三方向磁化电源 —— 夹头通电、磁化线圈和辅助线圈。用一个工作循环即可检查各个方向上的缺陷。它提供交流、全波直流及半波直流磁化，适用范围很广。探伤机中的可编程控制器（PLC）提高了检测速度和可靠性，降低了操作者的出错率并可书写检测报告和统计检测零件数量，保持工件循环的可重复性和对存储和调出进行应用设置。该机具有人机通信的图形显示界面，使操作控制非常优越，还具有 50 种用户可编程菜单，用于预行编制检验设置（充磁/退磁参数）。其它还有三个独立可调的电流控制电路及快速切断电流线路等，反映了当今世界磁粉探伤机的发展趋势。

3.3.2　触头通电磁化探伤仪

CDX 系列（工厂型号 CYD 及 CLD 等系列）是小型磁粉探伤仪，使用触头法磁化。如 CYD3000 型是移动式探伤仪，其主电路原理见图 3-11。主电路采用晶闸管交流调压，主变压器降压输出。晶闸管接在主变压器电源一侧，只要用移相控制的触发电路，使控制角随触发脉冲的移相而改变，就可连续调节或自动调节磁化或退磁电流，晶闸管又是无触点开关，噪声小、寿命长，由逻辑电路控制的触发脉冲触发晶闸管使断电相位得到控制，用剩磁法检验不会造成漏检。

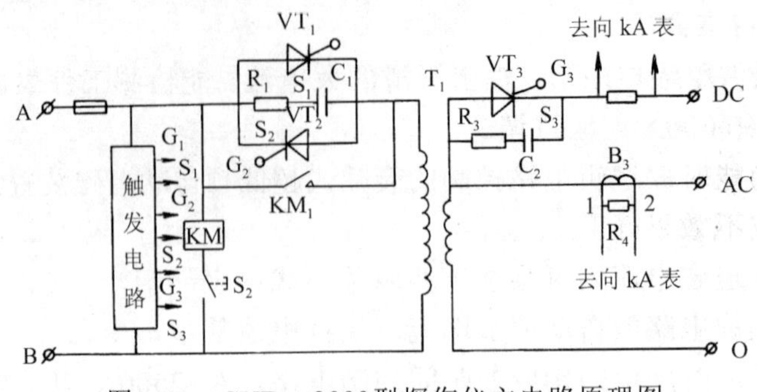

图3-11 CYD—3000型探伤仪主电路原理图

3.3.3 便携式磁轭探伤仪

便携式磁轭探伤仪有Π形磁轭和交叉磁轭两大类型。Π形磁轭有直流和交流两种，外形上有单Π形式和带可调关节式。交叉磁轭有十字交叉和平面交叉两类，都由交流供电，产生旋转磁场。其典型电路见图3-12。

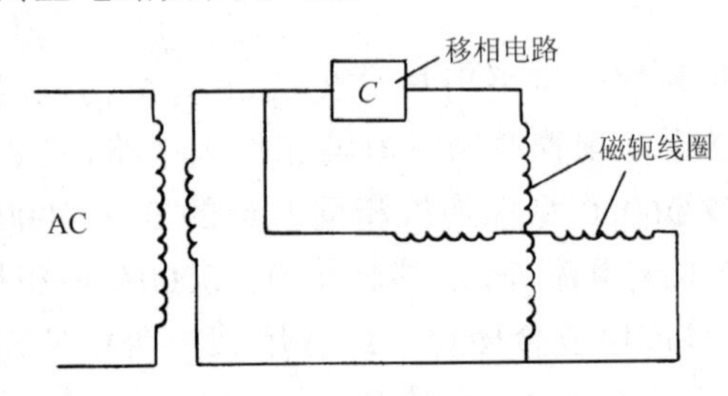

图3-12 交叉线圈旋转磁场电路原理

交叉线圈一般由220V交流供电，通过降压变压器分别对磁轭四线圈供电。为了实现两组线圈电流之间的相位差，对其中一组采用了电容器C对电流相位进行了移相处理，使其能在交叉线圈磁轭上形成旋转磁场。为了能使磁轭很好地在工件上移动，磁轭上还装有可调节角度的滚轮，以便更有利于检测。

3.4 检测设备的安装、使用与维护

3.4.1 磁粉探伤机的选择与安装

1. 磁粉探伤机的选择

磁粉检测设备应能对试件完成磁化、施加磁悬液、提供观察条件和退磁等四道工序。但这些要求，并不一定要求在同一台设备上实现。应该根据检测的具体要求选择磁粉探伤机。一般说来，可以从下面两个方面进行考虑：

1）工作环境。若探伤工作是在固定场所（工厂车间或实验室）进行，以选择固定式磁粉探伤机为宜。若在生产现场，且工件品种单一，检查数量较大，应考虑采用专用的检测设备，或将磁化与退磁等功能分别设置以提高检查速度；若在实验室内，以探伤试验为主时，则应考虑采用功能较为齐全的固定式磁粉探伤机，以适应试验工作的需要。当工

作环境在野外、高空等现场条件不能采用固定式磁粉探伤机的地方，应选择移动式或便携式探伤机进行工作；若检验现场无电源时，可以考虑采用永久磁铁作成的磁轭进行探伤。

2）工件情况。主要是看被检测工件的可移动性与复杂情况，以及需要检查的数量（批量）。若被检件体积和重量不大，易于搬动，或形状复杂且检查数量多，则应选择具有合适磁化电流并且功能较全的固定式磁粉探伤机；若被检工件的外形尺寸较大，重量也较重而又不能搬动或不宜采用固定式磁粉探伤机时，应选择移动式或便携式磁粉探伤机进行分段局部磁化；若被检工件表面暗黑，与磁粉颜色反差小时，最好采用荧光磁粉探伤机，或采用与工件颜色反差较大的其它磁粉。

2. 磁粉探伤机的安装调试

磁粉探伤机的安装主要是指固定式磁粉探伤机。这种设备多为功能较全的卧式一体化装置，并随磁化电流的增加而体积重量增加。在安装这类设备时，应详细阅读设备的使用说明书，熟悉其机械结构、电路原理和操作方法。一般说来，交流磁粉探伤机电路较为简单，多为接触器继电器电路，但由于其耗电量较大，安装时除应选用具有足够大截面的电缆和电源开关外，还应注意对电网的影响，若电网输入容量不足时应考虑磁粉探伤机的使用性能及对其它用电器具的影响。采用功率较大的半波电流探伤机时还要考虑电流对电网中电流波形的影响。

固定式磁粉探伤机应安装在通风（必要时可加强制通风装置）、干燥并具有足够照明的环境的地方。最好能装在单独的有顶棚的房间。在生产线上安装时，应考虑周围留有一定的空间。为了加强机器的散热效果，可在机器下部用硬木将机脚垫高，以利空气流通。对单独使用磁化线圈和退磁线圈的设备，也可单独安装。但应注意操作的方便及对周围的影响。

按照使用说明书安装好设备后，首先应对磁粉探伤机的各部分加以检查。特别是对各电气元件加以仔细检查：观察各电气元件接头有否松动或脱落，检查电气绝缘是否良好，各继电器触点是否清洁等。经检查无误后，再接通电源检查初次使用效果并进行调试。

调试工作可参照下列步骤进行：

1）开启电源，观察各仪表及指示灯指示是否正常。

2）接通电液泵，观察电动机是否正常运转。注入磁悬液后，应有磁悬液流出；否则应检查三相电动机是否相位接反。

3）检查调压变压器是否能够正常调压，发现异常时应进行检查、调整或修理。

4）检查活动夹头在导轨上的移动情况。手动夹头是否灵活，电动夹头是否移动平稳、灵活，限位开关位置是否适当。

5）进行工件磁化试验。可先从小电流开始磁化，逐步加大电流。在磁化过程中，注意观察机器有无异常变化。若发现工作异常时，则应停机检查排除。

6）按使用说明书要求检查及调试结束后，即可投入生产使用。

便携式及移动式磁粉探伤机调试工作可参考使用说明书进行。

3.4.2　磁粉探伤机的使用

磁粉探伤机应按有关的使用说明书的要求进行使用。各种类型的磁粉探伤机的操作方法不一定完全相同。

固定式磁粉探伤机的功能比较齐全，一般可对工件实施周向、纵向和复合磁化。应根据检测工件的技术要求，选择合适的磁化方式和操作方法。下面以 CJW—4000 型磁粉探伤机为例来说明这类设备的使用。

1）使用前的准备工作。

a．接通电源，开启探伤机上的总开关，检查电源电压或指示灯是否正常。

b．开动液压泵电动机，让磁悬液充分搅拌。

2）按照探伤要求，对工件进行磁化并进行检测综合性能的检查。检查时，应按规定使用灵敏度试块或试片，并注意试块或试片上的磁痕显示。

3）根据磁化方法选择磁化开关的工作状态并调节磁化电流。

a．通电磁化。通电磁化是利用电流通过工件时产生的磁场对工件进行磁化的，通电磁化时，将工件夹紧在两接触板之间，选择磁化开关为“周向”，预调节升（降）压按钮使电压至一定值时，踩动脚踏开关，检查周向电流表是否达到规定指示值；未达到或已超过时，应重新调节电压后再进行检查，使磁化电流达到规定值。

b．通磁磁化。通磁磁化方法与通电磁化方法相同，只不过磁化开关选择为“纵向”，所观察电流表为指示面板下部中间的纵向电流表（该表中间为零位）。通磁磁化时，工件可以不安装。这与通电磁化调节不同，前者一定要将工件夹紧才能有电流显示。后者虽有电流显示，但应以装上工件后的电流为磁化电流。

c．多向磁化。根据检测资料要求，分别调好有关磁化参数。再将磁化开关选择为“复合（多向）”方式。

4）根据不同检验方法（连续法或剩磁法）的要求，在磁化过程中或磁化后在工件上浇洒磁悬液。

5）当工件上磁痕形成后，立即进行观察、解释和评价、记录。

6）对要求进行退磁的工件，若在本机上进行退磁，则按动退磁按钮，调压器将自动由高到低地调节电压到零。但再次磁化时，应重新调节电压到相应位置。

对退磁后的工件应进行分类和清洁处理。

7）检测工作结束后断开探伤机电源并进行卫生工作。

移动式和便携式磁粉探伤机多是分立型装置，使用方法同固定式探伤机有所不同，其主要是应用触头支杆通电或磁头通磁进行磁化，应根据设备使用说明书要求进行具体操作。

3.4.3 磁粉探伤机的维护与保养

使用磁粉探伤机时，应该注意设备的维护和保养。下面以固定式磁粉探伤机为例，介绍维护和保养工作。

1）正常使用时，若按钮不起作用，应检查按钮接触是否良好，各组螺旋熔断器是否松动，各个接线端子是否紧固，否则应进行检查修理。

2）如若整机带电，应查找每个行程开关、电动机引线、按钮开关及其它接线是否有相线接壳的地方，若有则应排除。

3）进行周向磁化时，若两探头夹持的工件充不上磁，电流表无指示，应检查伸缩探头箱上的行程开关是否调节合适；或者检查夹头与工件是否接触良好。

4）行程探头、螺管线圈的电缆线绝缘极易磨损，使用时必须注意保护，遇有损坏之处应将其包扎好，以保证安全。

5）探伤机在使用时必须经常保持清洁，不应有灰尘混入磁悬液，并要定期更换磁悬液，否则在零件检测时会因污物产生假象，影响检查效果。

6）被检工件表面必须进行清洁处理，否则也会污染磁悬液而影响检测。

7）两接触板与工件接触处的衬板很容易损坏或熔化，应经常检查并及时更换。

8）对探伤机的行程探头、变速箱、导轨及其它活动关节应定期检查润滑。

9）调压器的电刷与线圈的接触面，必须经常保持清洁，否则电刷移动时易产生火花。

10）探伤机工作之后应将调压器电压降到零，断开电源并除去工作台面上的油污，戴好机罩。

3.5　磁粉

3.5.1　磁粉的种类

探伤用的磁粉是一种粉末状的铁磁物质，有一定大小、形状、颜色和较高的磁性。磁粉是磁粉探伤中的漏磁场检测材料，同其它的磁敏元件一样，它能够反映出工件上的材料非连续处的漏磁场情况，并能直观清晰地显示出缺陷的大小和位置。作为换能传感器件，磁粉质量的优劣直接影响探伤的效果，应该正确地选择和使用磁粉，才能保证检测工作的质量。

（1）非荧光磁粉　这是一种在可见光（白光）下进行磁痕观察的磁粉。有黑色、红褐色、灰色、蓝色和白色等颜色。其主要成分是用物理或化学方法制成的四氧化三铁（Fe_3O_4）或三氧化二铁（Fe_2O_3）粉末，并用染色及其它方法处理成不同的颜色。这种磁粉适用于各种工件探伤。

按使用情况，非荧光磁粉又有干式磁粉和湿式磁粉之分。干粉是一种直接喷洒在被检工件表面进行检测用的磁粉，适用于干法检验。湿粉在使用时应以油或水作分散剂，配制成磁悬液后使用，适用于湿法检验。

（2）荧光磁粉　这是一种在紫外线（黑光）照射下进行磁痕观察的磁粉。它是以磁性氧化铁粉、工业纯铁粉、羰基铁粉等为核心，再在外面粘合一层荧光染料树脂制成。在紫外光的照射下，能发出波长为 510～550nm 为人眼接受的最敏感的鲜明的黄绿色荧光，与工件表面颜色形成很高的对比度。荧光磁粉具有很高的检测灵敏度，可见度及与工件表面的对比度都远大于非荧光磁粉，容易观察，能提高检测速度，使用范围也很广泛。在我国，荧光磁粉多用于湿法检验。

（3）特种磁粉　有特殊用途或用于特别环境的磁粉。如高温磁粉可以在几百摄氏度高温下使用；固着磁粉可以长期附着在工件上；特种磁粉一般采用非荧光磁粉。

磁粉一般都以干粉状态供货，但用于湿法使用的磁粉也有以磁膏（膏状磁粉）或浓缩磁悬液的形式出售，使用时应按比例进行稀释。

3.5.2 磁粉的性能

磁粉的性能主要包括磁性、粒度、形状、流动性、密度、识别度等。对于荧光磁粉，还包括磁粉与荧光染料包覆层的剥离度。

（1）磁性 磁粉被磁场吸引的能力叫磁粉的磁性，它直接影响缺陷处磁痕的形成。磁粉磁性应该是：有高的磁导率、极低的剩磁和矫顽力。具有上述性能的磁粉，能保证在微弱磁场作用下被吸引，保证了检测过程中磁粉的移动性。如果矫顽力过高或剩磁过大，磁粉在强烈地磁化后会因磁粉剩磁间的吸引而聚集成大的磁粉团，形成工件上背景对比度变差及粘附在悬液槽等处造成磁粉损失及阻塞管道等。

（2）粒度 磁粉颗粒的尺寸大小为粒度。粒度大小影响磁粉在磁悬液中悬浮性和缺陷处漏磁场对磁粉颗粒的吸附能力。选择粒度时应考虑缺陷的性质、尺寸、埋藏深度及磁粉的施加方式。

理论上讲，磁粉粒度与缺陷宽度相同或为其二分之一时具有最大的吸附能力。实际上缺陷宽度不是一个定值，对磁粉粒度要求也不能一样。检验暴露于工件表面的缺陷时，宜用粒度细的磁粉；检验表面下的缺陷宜用较粗的磁粉，因为粗磁粉的磁导率较细磁粉高。检验小缺陷宜用粒度细的磁粉，细磁粉可使缺陷的磁痕线条清晰，定位准确；检验大的缺陷要用较粗的磁粉，粗磁粉可跨接大的缺陷。采用湿法检验时，宜用粒度细的磁粉，因为细磁粉悬浮性好；采用干法检验时，要用较粗的磁粉，因为粗磁粉容易在空气中散开，如果用细磁粉，会像粉尘一样滞留在工件表面上，尤其在有油污、潮湿、指纹和凹凸不平处，容易形成过度背景，影响缺陷辨认或掩盖相关显示。实际使用时，缺陷并不是一个确定的量，各种不同大小和深浅的缺陷往往同时存在，因此使用时多采用各种粒度磁粉的混合物，这样对各类缺陷可获得较均匀的灵敏度。湿法用的非荧光磁粉粒度应在1～10μm之间，最大不超过50μm。荧光磁粉由于表面有包覆层，粒度一般为5～25μm之间，干法探伤使用的磁粉粒度较大，为10～50μm，最大不超过150μm，空心球形磁粉粉粒直径一般为10～130μm。

粒度可以用显微镜观察或酒精悬浮法确定。

磁粉粒度有时也用“目”来表示。它是将磁粉在规定面积的不同孔目的筛子上过筛，能通过的则为合格。孔目数越大磁粉越细。常用的非荧光磁粉中，干法磁粉多用80～160目，而湿法磁粉则用300目或300目以上。

另外，目前一些厂家为了用户使用方便，将配制磁悬液的一些添加剂也包覆到磁粉上，此时的粒度大小不能用上述方法进行测量。

（3）形状 磁粉有各种各样的形状，如条形（长锥形）、椭圆形、球形或其它不规则形状。

理论上说来，磁粉形状以呈长锥形为好。这种形状的磁粉在漏磁场中易于磁化形成磁极，容易在缺陷处聚集。但长锥形磁粉的自由移动性很差，最好与球状颗粒的磁粉按一定比例混合施用。因为球形磁粉缺乏形成和保持磁极的倾向，移动性较好。当混合使用时，容易跨接漏磁场，形成明显的磁痕。

（4）流动性　为了能够有效地检出缺陷，磁粉必须能在受检工件表面流动，以便被漏磁场吸引形成磁痕显示。磁粉的流动性与磁粉的形状与施加的方式和电流形式有关。

在湿法检验中，是利用磁悬液的流动带动磁粉向漏磁场处分布。在干法检验中，是利用微风吹动磁粉，并利用交流电方向不断改变或单相半波整流电的强烈脉动性来搅动磁粉，促进磁粉流动的。由于直流电不利于磁粉的流动，所以干法不采用直流电流进行检验。

（5）密度　磁粉的密度也是影响磁粉移动性的一个因素。密度大的磁粉难于被弱的磁场吸住，而且在磁悬液中的悬浮性差，沉淀速度快，降低了探伤的灵敏度。一般湿法用的氧化铁磁粉密度约为 $4.5g/cm^3$，空心球形磁粉密度约为 $0.7 \sim 2.3g/cm^3$。

（6）识别度　识别度系指磁粉的光学性能，包括磁粉的颜色、荧光亮度与工件表面颜色的对比度。对于非荧光磁粉，磁粉相对于工件的颜色对比越明显越好，这样有利于提高缺陷鉴别率。对于荧光磁粉，在紫外光下观察时，工件表面呈暗紫色，只有微弱的可见光本底。而磁痕则呈黄绿色，色泽鲜明，能提供最大的对比度和亮度。因此它适用于不带荧光背景的任何颜色的工件。在荧光磁粉的检查中，荧光亮度是一个值得重视的参数，在无专业仪器情况下，通常采用对比法进行检查。近年来，国外出现的高荧光亮度磁粉，与高强度紫外线灯配合，可以在较明亮的光线下进行检测。

总的说来，影响磁粉使用性能的因素有以上六个方面，但这些因素是相互关联、相互制约的，不能孤立地追求单一指标，否则会导致检测的失败。最可靠的性能检查方法是通过综合性能试验来衡量磁粉的性能。

3.5.3　磁粉的性能测定和验收

磁粉是磁粉检测中用以显示缺陷形态的显示物质，它的性能对检测效果影响很大。应对其性能进行检定后才能使用。磁粉性能应符合 JB/T 6063—1992《磁粉探伤用磁粉技术条件》标准中的规定。主要指标有磁粉的磁性、粒度（颗粒尺寸）、颜色、杂质、悬浮性等。

（1）磁性的测定　磁粉的磁性应由磁粉微粒的磁导率、剩磁及矫顽力等参数来评定。通常是采用测定大量磁粉微粒集合体的整体磁性来评价磁粉的磁性。

JB/T 6063—1992《磁粉探伤用磁粉　技术条件》标准规定了一种用磁吸附的方法从磁悬液中检查磁粉的方法。原理是用电磁铁吸附载液中的磁粉以检查吸附能力。电磁铁用工业纯铁制成，在规定的尺寸下用直径 2mm 的漆包铜线绕 25 圈，通以 15A 的直流，然后在一定容积的烧杯中装入搅拌均匀的磁悬液并进行检查，以杯底无残留物为好。

磁粉磁性的测定过去还用磁性称量法和磁粉束长度测量法进行测量。

称量法采用磁粉磁性称量仪来测定磁粉磁性。其原理是采用一个额定电磁吸力的电磁铁对干燥的磁粉进行吸引，而被吸引的磁粉重量即为磁性称量。这种方法由于简单实用在过去得到广泛采用，但由于该方法对粒度无法控制而不再被推荐使用。

磁粉束长度测定法是将标准磁铁吊进磁悬液中，然后一面搅拌磁悬液，一面向磁悬液内添加磁粉，直到磁铁上所吸附的磁粉束长度最大（饱和）为止，测定磁粉束的长度或重量便代表磁粉的磁性。

（2）粒度及悬浮性的测定　磁粉粒度的测量方法有过筛法、显微镜法和酒精沉淀法。过筛法是用筛孔一定的金属丝网对磁粉过筛，如果有85%以上的磁粉通过，就算合格。过筛的磁粉用筛的孔数“目”来表示，目数越大，磁粉越细。常用的200～300目筛的孔径为0.071～0.050mm之间。显微镜观察法是把磁粉分散于加了表面活性剂的水中，然后放到光学显微镜下观察，定向测量1000个以上的磁粉微粒的直径，将结果整理后绘制成累计数曲线并根据不同检测要求来判定磁粉粒度是否合适。酒精沉淀法是常用的测量方法，测量时，先在一根长400mm、内径10mm的玻璃管内注入150mm高的酒精，并加入3g干燥磁粉后摇晃，然后再次注入酒精到300mm处，用橡皮塞堵住管口，通过上下颠倒和充分摇晃使磁悬液变得均匀，这时，立即将玻璃管垂直放置，静置数分钟后测量磁悬液中明显分界处的磁粉柱的悬浮高度，悬浮高度不低于180mm的磁粉粒度为合格。本书10.2介绍了利用酒精沉淀法测定磁粉粒度的具体方法。

（3）缺陷显示程度的检查　缺陷显示程度采用标准试块或缺陷试样件进行，在规定电流和磁悬液的情况下，缺陷上的磁痕应能清晰地观察到规定的孔径及形状。在采用直流标准试块或交流标准试块时，应分别显现5个孔或1个孔的磁痕显示。

本书10.1介绍了用人工标准试块（片）对缺陷显示程度的检查方法。

（4）磁粉污染情况检查　磁粉污染用磁悬液进行目视法检查。方法是将应检查的磁粉配制成试验磁悬液，在充分搅拌后静置30min，然后观察磁悬液，不应有外来物、结块和浮渣。

（5）荧光磁粉的检查　荧光磁粉除进行磁性和粒度检查外，还要进行荧光颜色、衬度（对比度）及稳定性检查。

1）荧光颜色　在环境光照度小于20 lx的暗区内，用紫外辐照度不小于1000μW/cm^2、波长为320～400nm，中心波长为365nm的紫外光激发荧光磁粉，磁粉应发黄绿色光。

2）对比度检查　对比度检查在规定的紫外光照射下并由标准试块的缺陷显示情况来表示。缺陷显示应清晰明显，缺陷周围的背景荧光应该是既不遮盖缺陷，又不给检查缺陷造成困难。

3）稳定性检查　荧光磁粉稳定性是指其耐久性和长时耐久性。测定方法是将至少400mL合格磁悬液注入一个1L容量的恒速搅拌设备，以每分钟10000～12000转搅拌10min后，再断续搅拌2min后停5min，如此累积10min后再停5min，取出磁悬液进行灵敏度试验，荧光磁粉应保持原有灵敏度、颜色和亮度。

长时耐久性是将一升完全混合的新配磁悬液在室温下静置两星期以上，荧光磁粉应保持原有的灵敏度、颜色和亮度不变为合格。

3.6　磁悬液

3.6.1　磁悬液的性能要求

磁悬液是磁粉悬浮液的简称。磁粉检测中的湿法是用磁悬液进行的。所谓磁悬液，

是将一定量的磁粉或膏状磁粉与某种液体（载液）混合，让磁粉颗粒在液体中成分散状，这样在探伤时由于工件表面漏磁场的吸引，将分散在液体中的磁粉聚集在缺陷处形成磁痕。用来悬浮磁粉的液体叫做载液。磁悬液有油剂和水剂两大类。一般油剂磁悬液采用无味煤油、变压器油等配制。水剂磁悬液采用清洁的水加上各种添加剂配制而成。

对磁悬液有以下要求：

1）有合适的粘度，使磁粉具有较好的悬浮性能，能均匀地分布在载液中。

2）浓度必须适宜，以保证检测的可靠性和灵敏度。

3）液体介质的色度要清。

4）分散剂的闪点要高，蒸发率和含硫量要低。

5）磁悬液应无毒、无臭味，以及有良好的防腐性能。

6）水磁悬液应有良好的润湿性、防锈性及消泡性等。

不同的磁悬液性能有所差异，但应符合相关技术标准的要求。

3.6.2　载液

载液的作用是将磁粉在液体中分散和悬浮，又叫做磁粉分散剂。GJB 2028 中对载液有明确的要求，其中用油的为油基载液，用水的为水基载液。若用于磁粉探伤－橡胶铸型法应使用无水乙醇载液。

（1）油基载液　油基载液的要求是：具有低粘度、高闪点、无荧光、无臭味和无毒性等，其主要技术要求是：

1）粘度　按 GB/T 265—1988 测定 38℃时，运动粘度不大于 $3.0mm^2/s$，使用最低温度下不大于 $5.0mm^2/s$。

2）闪点　按 GB/T 261—1983 测定时，应不低于 94℃。

3）荧光　不应超过 0.1mol/L 硫酸中含 0.00002%（重量）二水硫酸奎宁溶液所发出的荧光。

4）颗粒物　按 SH/T0093 测定，应不大于 1.0mg/L。

5）总酸值　按 GB/T258 测定，应不大于 0.15mgKOH/L。

6）气味　不应有令人讨厌的刺激性气味。

7）毒性　无毒性。应有毒性检验证明。

（2）水基载液　水基载液是在水中添加润湿剂（乳化剂）、防锈剂、必要时还要添加消泡剂。保证水基载液有合适的润湿性、分散性及防锈性及稳定性。

由于普通水的表面张力较大，不能很好地润湿工件表面，造成工件表面“水断”现象。添加润湿剂后水磁悬液应能迅速地润湿工件表面。合适的润湿性能应由水断试验确定。试验方法是：将水基载液施加在零件表面，停止浇注后，如果零件表面的液体薄膜是连续的，说明润湿性能良好；反之，液体薄膜断开，说明润湿性能不良，应再添加润湿剂，使之能够完全湿润。磁悬液的 pH 值应在 8.0～10.0 之间。

3.6.3　磁悬液浓度及其测定

磁粉在磁悬液中的含量叫磁悬液浓度。磁悬液的浓度必须适宜。通常是以磁粉重量与载液容积之比（g/L）或每 100 毫升磁悬液中磁粉的沉淀容积（mL/100mL）来表示。前者叫做磁悬液的配制浓度，后者叫做磁悬液的沉淀浓度。

磁悬液的浓度对显示缺陷的灵敏度影响很大，浓度不同，检测灵敏度也不一样。浓度太低，影响漏磁场对磁粉的吸附量，磁痕不清晰会使缺陷漏检；浓度太高，会在工件表面滞留下很多磁粉，形成过度背景，甚至会掩盖对缺陷的显示。

磁悬液浓度大小的选用与磁粉的种类、粒度、施加方式和工件表面状态及检测要求有关，一般磁悬液的浓度可在表 3-6 的范围内选取。

表 3-6　磁悬液的浓度选取（GJB2028—1994 推荐）

磁粉类型	配制浓度/$g \cdot L^{-1}$	沉淀浓度/（mL/100mL）
非荧光磁粉	10～25	1.0～2.5
荧光磁粉	0.5～2.0	0.1～0.3 （最佳 0.15～0.25）

磁粉探伤—橡胶铸型法中非荧光磁悬液的配制浓度推荐 4～5g/L。

对光亮工件及检测要求较高检验 ，应采用粘度和浓度都大一些的磁悬液进行检验。对表面粗糙及灵敏度要求较低的工件，应采用粘度和浓度小一些的磁悬液进行检验。对细牙螺纹根部缺陷的检验，应采用荧光磁粉，磁悬液配制浓度推荐 0.5g/L。

磁悬液的浓度可用磁悬液沉淀管测量。测量时，将搅拌均匀的磁悬液 100 毫升放入垂直放置的沉淀管内。一般情况下，水和无味煤油配制的磁悬液静置沉淀 30min，变压器油配制的磁悬液沉淀 24h 后，读取磁粉的沉淀高度。也可用座标法或计算法来确定磁悬液的浓度。

可按照实验 3 的要求进行磁悬液浓度的测定。

3.6.4　磁悬液的配制

（1）油磁悬液　油磁悬液是在油基载液中加上适量的磁粉配制而成。为了使磁粉在油液中有较好的悬浮性，要求油介质应有适当的粘度。同时还要求磁悬液的表面张力小，有较好的流动性和渗透性，以便比较容易地润湿磁粉，有利于磁悬液中磁粉微粒被漏磁场吸附。如果油载液的粘度太大，磁粉在磁悬液中的阻力增大，难以被漏磁场吸附；而粘度太小，磁粉在载液中悬浮性差，容易产生沉淀。目前，一般推荐轻质无味煤油作油剂载液来配制普通磁粉磁悬液及荧光磁粉磁悬液。如果采用混合油作载液，应注意其粘度不能太大，且应注意载液对产生荧光的影响。

油磁悬液的配制方法是：将少量载液加入称好的磁粉中，搅拌均匀成糊状后再加入余量的载液，继续充分搅拌至合乎要求。

表 3-7 是几种非荧光磁粉油磁悬液配方。

表 3-7　非荧光磁粉油磁悬液配方

配方号	材料名称	比例（%）	磁粉含量/$g \cdot L^{-1}$	运动粘度/$10^{-6}m^2 \cdot s^{-1}$
1	无味煤油	100	10～30	3.5
2	煤油＋变压器油	50+50	10～30	7.5
3	变压器油	100	10～30	16.9
4	煤油＋10#机油	50+50	10～30	11.4

（2）水磁悬液　水磁悬液是在水中掺入一定数量的磁粉配制而成的。水作载液的特点是材料广泛，但水液的缺点是运动粘度低，流动性好，磁粉在载液中的流体阻力小，虽显示缺陷的灵敏度较高，但磁粉在水中沉淀速度快，悬浮性差，加上水对应检测的工件的湿润作用差，容易产生“水断”现象，从而影响探伤的效果。为了改善水磁悬液的性能，常在水中加入润湿剂、消泡剂、防腐防凝剂等添加剂。润湿剂在水中起湿润作用，降低水的表面张力，使磁悬液更好地渗透、扩散于工件表面上。而防腐、防凝、防锈、防沉淀及消泡材料是为了使磁悬液性能稳定，防止腐蚀锈蚀等对工件的损害，同时让磁粉在载液中更好地悬浮减少沉积和表面上的非缺陷附着。应该根据产品需求来调整不同添加剂的比例。

水磁悬液配方见表 3-8。

表 3-8　非荧光磁粉水磁悬液配方

配方号	材料名称	重量或比例	磁粉含量
1	水 100#浓乳 三乙醇胺 亚硝酸钠 消泡剂	1000mL 10g 5g 10g 0.5～2g	15～25g
2	磁膏 水	60～80g 1000mL	

（3）荧光磁悬液　荧光磁悬液是将荧光磁粉和载液混合配制而成的。它有荧光油磁悬液和荧光水磁悬液之分。荧光油磁悬液一般用无味煤油而不用变压器油或混合油作载液，因为后者在紫外光照射下会产生微弱荧光，可能影响工件的本底对比度。配制荧光水磁悬液也要加入各种添加剂，而且要注意防止混入杂物，损坏荧光亮度或使其过早变质。由于荧光磁悬液的检测灵敏度较高，它的浓度比非荧光磁悬液低 5～10 倍。

水荧光磁悬液配方见表 3-9。

表 3-9　水荧光磁悬液配方

配方号	材料名称	重量或比例	荧光磁粉沉淀量（mL/100mL）
1	水 JFC 乳化剂 亚硝酸钠 消泡剂 YC2 型荧光磁粉	1000mL 5g 10 g 0.5～1g 0.5～2g	0.5～2
2	LY 复合荧光磁粉 水	3～5g 1000mL	
3	L Y-10 荧光磁粉浓缩液 水	1：（200～400）	0.2～0.4

实验 4 介绍了磁悬液湿润性能的测定方法。

3.6.5 磁悬液的使用与维护

磁悬液用于湿法探伤。它施加在工件上主要有以下方法：① 喷洒法。将磁悬液装在专门的容器里，利用电泵或手动喷壶将搅拌均匀的磁悬液通过喷嘴喷洒在工件表面。前者多用于固定式磁化装置，后者常用于流动作业。② 刷涂法。可用毛刷浸沾磁悬液后涂布于工件表面上，涂布时应注意磁悬液的流动性和均匀性。该法简便易行，但效率不高。③ 浸泡法。将磁化后的整个工件浸泡在均匀的磁悬液中，数秒后取出。此法多用于小型零件的剩磁探伤。

不管使用何种方法，都应当注意磁悬液的维护，即保持磁悬液的清洁和性能稳定。磁悬液被污染的方式有以下几种：① 不同种类的磁悬液混合使用，如水质磁悬液与油质磁悬液、荧光磁悬液与非荧光磁悬液混合；② 表面有油污的工件直接采用了水质磁悬液；③ 脏物和异物（尘埃、棉纱头等）掉入磁悬液中。

为了防止磁悬液被污染，应当注意：① 不同种类的磁悬液应当分类存放，不能用同一容器盛装不同种类的磁悬液；② 用水磁悬液检测的工件，表面应进行除油清洗；③ 不能用棉纱等擦拭工件，磁悬液用后应加盖防止灰尘污染。

磁悬液的稳定性能应定期检查。磁悬液的污染检查采用比较法，即每次配制时将新磁悬液装上一小瓶做为标准液，在使用过程中按要求（每月或一定时期）将欲测的液体与标准磁悬液比较，当发现污染时即予以更换。一般在连续工作情况下，水磁悬液和荧光磁悬液每三个月应予更换，而油磁悬液每六个月应予更换。在用沉淀法检查磁悬液时，若能看出沉淀物有两个明显的分层，当上层（污染物）的量超过下层（磁粉）的一半时，也应该更换磁悬液。若磁悬液中沉淀的磁粉出现松散的团聚现象而不是紧密的磁粉层，说明磁粉可能被磁化，也应该更换磁悬液。

除了污染影响磁悬液的耐用程度外，磁粉的流失、沉淀、荧光磁粉性能的下降等都会使磁悬液的浓度降低，因此应注意在使用前和使用中充分搅拌磁悬液，以保证磁粉在载液中的适当悬浮。在使用中若出现磁悬液浓度下降的情况应及时补充磁粉，当磁悬液性能变坏（污染和变质）时应及时更换。

3.7 标准试块和试片

3.7.1 标准试片与试块的用途

磁粉检测标准缺陷试片和试块是检测时必备的工具，最常用的试片和试块分为人工制造的标准缺陷试块（人工试块）和带有自然缺陷的试件（自然试块）两种。

标准缺陷试片的主要用途有：

1）用于检查检测设备、磁粉和磁悬液综合性能（系统综合灵敏度）；

2）用于确定被检工件表面的磁场方向，有效磁化范围和确定大致的有效磁场强度；

3）用于考察所用检测工艺规程和操作方法是否恰当；

4）当无法计算复杂工件的磁化规范时，用小而柔软的试片贴在复杂工件的不同部位，可确定大致较理想的磁化规范。

标准缺陷试块的作用主要用来检验检测设备、磁粉和磁悬液综合性能，也可用于考察磁粉检测试验条件和操作方法是否恰当。除特殊制作的专用产品标准缺陷试块外，一般不能确定被检工件的磁化规范，也不能用于考察被检工件表面的磁场方向和有效磁化范围。

3.7.2　人工缺陷标准试片

磁粉检测标准试片又叫磁粉探伤灵敏度试片，我国与日本、美国等都有所使用。日本使用的叫 A 型或 C 型试片，美国使用的试片叫 QQI 质量定量指示器。试片是在纯铁薄片上进行单面刻槽制作为人工缺陷制成。刻槽形式各国不全相同，多数是在试片的深度方向为 U 形槽或近似 U 形，外形为圆、十字线、直线等。我国使用的试片根据刻槽的形状和铁片的大小厚薄，有 A 型、C 型、D 型等多种。JB/T 6065—1992《磁粉探伤用标准试片》中规定了三种试片的技术要求、检验、标志和使用方法。

试片常用规格见表 3-10。其中分母表示板厚，分子表示槽深，单位都是μm。在同一厚度尺寸下槽深越小其相对灵敏度越高。试片的标志蚀刻在有槽一面。左上方是型号的英文字母（A 型试片还应分 A1、A2、A3 三种），右下角是槽深与试片厚度之比的分式。

表 3-10　磁粉探伤标准试片（JB/T 6065—1992）

试片型号	相对槽深/板厚/μm	试片边长/mm	材　质	备　注
A—7/50	7/50	20×20	DT4A 电磁纯铁板，供货状态应符合 GB6985—1986 的规定，轧制到试片厚度后应在 600℃真空下进行退火处理	其中，A 型试片又分 A1、A2、A3 三种型式
A—15/50	15/50			
A—15/100	15/100			
A—30/100	30/100			
C—8/50	8/50	15×5（单片）		
C—15/50	15/50			
D—7/50	7/50	10×10		
D—15/50	15/50			

图 3-13 为三种试片的图形及尺寸。

使用试片时，先洗净试片上的防锈油。C 型试片使用前须先沿分割线剪切成 5mm×10mm 的小片（也可整条片子使用）。用胶带纸或夹具将试片开槽的一面紧贴工件的表面，（紧贴时，注意胶带纸应贴在试片两边缘，不要影响试片背后刻槽的部位），在对工件充磁的同时，对试片浇以磁悬液或喷磁粉，当综合性能合适时，即在试片上显示出磁粉的痕迹。其中，垂直于磁场方向的刻槽痕迹最清晰，平行于磁场方向的刻槽无磁痕。如果继续增加磁化电流，圆弧形磁痕将沿刻槽加长，且磁痕更浓密。

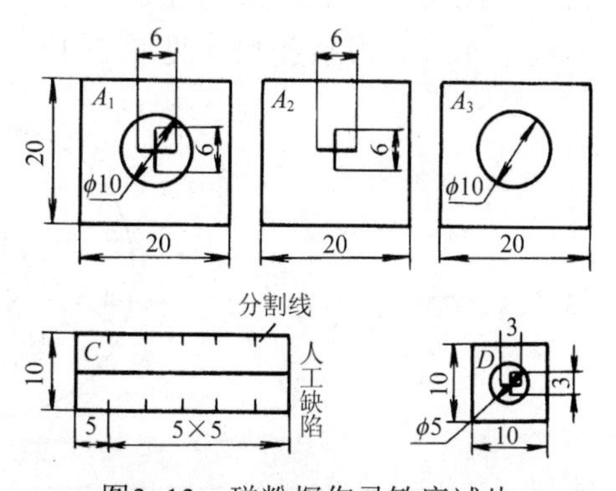

图3-13　磁粉探伤灵敏度试片

在使用试片时，应根据工件检测面的大小和形状，选取合适的试片类型。检测面大时，可选用 A 型。检测面窄或表面曲率半径小时，可选用 C 型或 D 型。同时，应根据工件检测所需要的有效磁场强度，选取不同灵敏度的试片。需要有效磁场强度较小时，选用分数值较大的低灵敏度试片，需要有效磁场强度较大时，选用分数值较小的高灵敏度试片。也可以选用不同类型的试片分别贴在工件上磁场强度要求不同的部位。

近年来，磁粉检测中又出现了一种多功能试片（M1 型），该试片是在片厚 50μm，边长 20mm×20mm 的正方形薄铁片中央，以同心圆方式蚀刻出三个槽深各异的间隔相等的人工缺陷圆槽。三圆槽的直径及槽深分别为：ϕ12、7±1；ϕ9、15±2；ϕ6、30±3。试片材料和热处理条件与 A 型试片相同。它集 A 型试片的三种型号于一身，使用方法相类似，一片多用，操作方便，有利提高工作效率，且三圆槽同片显示磁痕，差别明显，互有联系，互为参照，更有利于准确判断被检工件的磁化状态。

磁粉探伤灵敏度试片只适用于连续法探伤。

3.7.3 人工缺陷标准试块

1. 磁场指示器（八角试块）（GJB2028—1994）

这是一种由八块低碳钢片与铜片焊在一起的磁场方向指示装置，见图 3-14 所示。

使用时将指示器铜面朝上，八块低碳钢面朝下紧贴被检工件，用连续法给指示器铜面施加磁悬液，观察磁痕可以了解试验工件表面上磁场的方向，但不能作为磁场强度大小及磁场分布的定量依据。

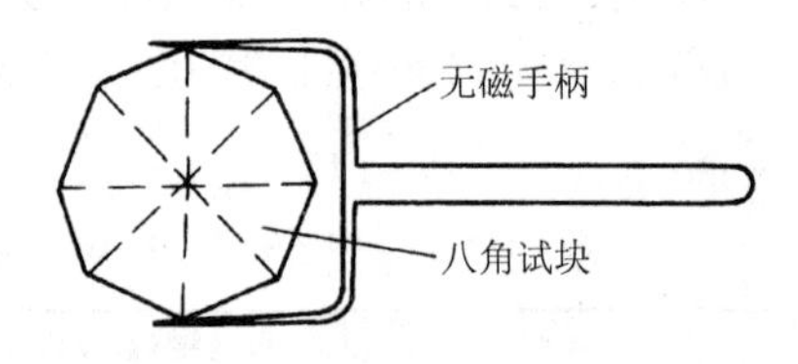

图3-14 磁场指示器

2. 环形标准试块

环形标准试块用于穿棒法及直接通电法检查，如检查轴类或管状零件磁粉探伤的系统综合性能。机械行业标准 JB/T6066—1992 中规定的标准试块有两种，即 B 型标准缺陷试块和 E 型标准缺陷试块。

（1）B 型标准缺陷试块（直流环形标准试块） 这种试块又叫 Betz 环，用于校验直流磁粉探伤机。试块采用经退火处理 9CrWMn 钢锻件，其硬度为 90～95HRB，晶粒度不低于 4 级。形状和尺寸见图 3-15。

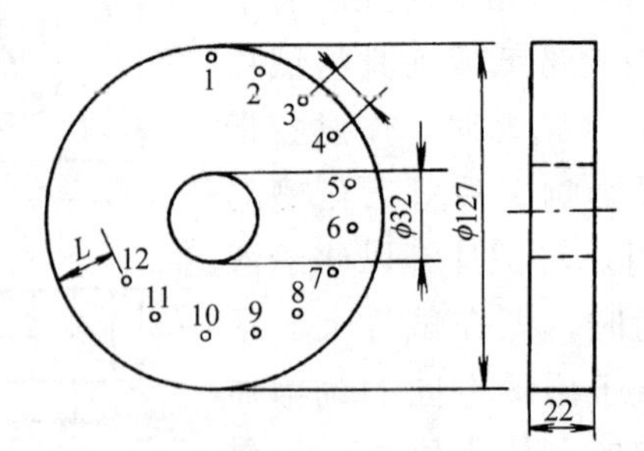

孔号	1	2	3	4	5	6	7	8	9	10	11	12
L	1 .78	3.56	5.34	7.11	8.89	10.67	12.45	14.22	16.00	17.78	19.56	21.34

图3-15 B 型标准缺陷试块

试块上有 12 个 1.78mm 的通孔，距表面的深度从 1.8～21.34mm 按等差排布，相邻两孔间深度差为 1.8mm。试验时将直径为 25mm 的中心导体装入试块中心孔内进行磁化，用湿连续法检查。当通过规定的直流电流时，环的外部边缘上看得见的孔的磁痕最小数量应合符要求。

（2）E 型标准缺陷试块　这种试块用于校验交流磁粉探伤机。试块采用经退火处理，晶粒度不低于 4 级的的 10 钢锻件制成，形状和要求见图 3-16 所示。

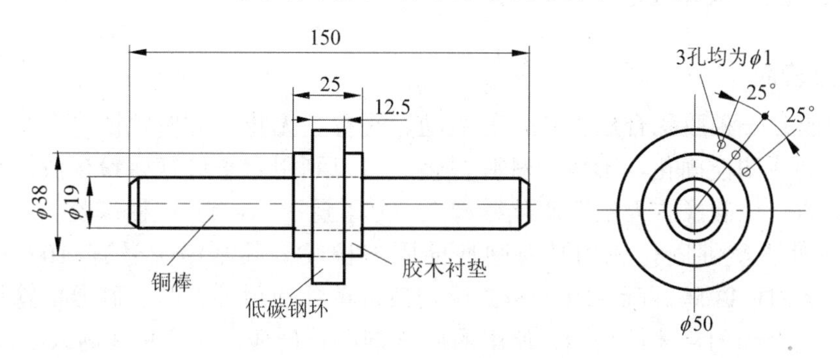

图3-16　E 形标准缺陷试块

试件上钻有三个 1mm 的通孔，孔心距工件表面分别为 1.5、2.0、2.5mm。试验时将标准试块夹于探伤机的两极之间，通以 800～1000A 的电流，用湿连续法检查，应清楚显示一个以上缺陷孔的磁痕。如果不能显示清晰，说明磁悬液不合格或设备处于不正常状态。

3.7.4　自然缺陷试块和专用试块

自然试块不是人工特意制造的，而是在生产制造过程中由于某些原因而在工件上形成的。常见的缺陷有各种裂纹、折叠、非金属夹杂物等，往往根据检测工作的需要进行选择。对带有自然缺陷的试件按规定的磁化方法和磁场强度检验中，如果全部应该显示的缺陷磁痕显示清晰，说明系统综合性能合格，否则应检查影响显现的原因，并调整有关因素使综合性能合乎要求。

自然试块最符合检验的要求。因为它的材质、形状都与被检查的工件一致，最能代表工件的检查情况。建议对固定的批量检查的工件有目的地选取自然试块。但自然试块仅对专门产品有效，使用时应加以注意。

另外，有时为了检查产品的方便，按照产品的形状和检查要求特地制作专用的试块（如在检查炮弹体时在样弹体的有关部位镶嵌人工缺陷等），这种专用试块只能在特殊规定场合下使用，一般只能进行综合性能鉴定。这是在使用时应予以注意的。

3.7.5　试块使用维护注意事项

磁粉检测的试片和试块是一种对磁粉检测整个系统综合参数评价的方法，不同的试块适用于不同的范围，不可以任意换用。在使用试块前应先了解其性能及正确的使用方法，按照工艺规定应用。试块上的磁痕表现了有关条件下的综合性能，可以定性地反映各检测条件的合适与否，一般不作为定量依据。

试片和试块多采用低碳钢制作（自然试块与工件材质相同），硬度较低，使用中不要划伤、折叠、撞击等。在使用试片时，如果工件表面贴片处凹凸不平应打磨平并除去油污，当试片表面锈蚀或有褶纹时，不得继续使用。试片更不能反复弯折或撕拉，以防槽底开裂，影响使用效果。试片和试块使用后应涂上防锈油和安全存放，防止因其锈蚀而影响使用。当试块及试片性能已发生变化不能满足使用要求时，应当停止使用。

*3.8 硫化硅橡胶和反差增强剂

3.8.1 硫化硅橡胶

硫化硅橡胶是一种胶状合成材料，易流动、无毒、无味、无腐蚀性，在加入催化剂后放置一段时间后即能固化，形成一种弹性体。可以利用它来进行磁粉橡胶法探伤。

一般采用的硫化硅橡胶为室温硫化硅橡胶，分子量3～6万。这种橡胶加入适量的硫化剂在室温条件下能够固化成为具有弹性的固态橡胶。其常用牌号有 107-1、106、SDL-1-42 以及 SD-33 等。除 SDL-1-42 橡胶液可单独使用外，其它牌号的橡胶液要按一定的重量比混合均匀后才能使用。使用的硫化剂有正硅酸乙脂（交联剂）、二月桂酸二丁基锡（催化剂）、异辛酸亚锡（催化剂）及 3 号硫化剂等。它们的使用性能可参考 GJB 2028—1994 标准中附录 B 的规定。

硫化硅橡胶有两种使用方式：

（1）磁粉探伤－橡胶铸型法（MT－RC 法） 这种方法是利用硫化硅橡胶记录磁痕，即用磁粉探伤在工件缺陷处形成磁痕后，除去表面多余的磁粉或磁悬液，然后将已加固化剂的未固化的液态橡胶缓缓地注入欲检测的孔或型腔面内，橡胶固化后磁痕就明显地固定在橡胶表面上。从工件上取下橡胶就能用目视或光学显微镜对胶面上的磁痕进行观察和分析。这种方法可对细孔内壁及视力不可达到的部位实施磁粉探伤，检查灵敏度很高，可发现长度为 0.1～0.5mm 的早期疲劳裂纹，且工艺可靠，磁痕与背景对比度高，容易识别。

使用硫化硅橡胶应注意交联剂和催化剂的影响，用量越多固化速度越快。固化时间一般为 10～30min。

GJB 2028—1994 标准中规定了磁粉探伤-橡胶铸型法的检验程序。

该法检测结果直观、明显，能长期保留磁痕，适用于精密产品检查时用。

（2）磁橡胶法（MRI 法） 方法是将磁粉弥散于室温硫化硅橡胶中，让磁粉在未固化的液态橡胶中悬浮。加入固化剂后，倒入经适当围堵的工件受检部位。磁化工件，在缺陷漏磁场作用下，磁粉在橡胶液内迁移和排列，经过一定时间后橡胶固化。取出固化的橡胶铸型 ，即可获得一个含有不连续显示的橡胶铸型，可放在放大镜或光学显微镜下观察分析。这种方法能适应水下检查。但与 MT－RC 法相比，对比度小，灵敏度很低，工艺难以控制，可靠性也较低。

3.8.2 反差增强剂

在检查表面粗糙的焊接或铸造工件时，由于工件表面凹凸不平或者由于磁痕颜色与工件表面的对比度很低时，会使缺陷难以检出，容易造成漏检。为了提高缺陷磁痕与工

件表面颜色的对比度，检测前，可在工件表面先涂上一层白色薄膜。干燥后再磁化工件。同样，在一些经过发蓝、磷化处理等表面暗色的工件探伤时，一般采用荧光磁粉探伤。但在无荧光磁粉探伤的条件时，为了使缺陷磁痕清晰可见，可以在工件磁化前对工件表面均匀涂敷白色薄膜，以提高被检测工件与缺陷磁痕的对比度，然后用普通黑磁粉进行检测。这一层白色薄膜就叫做反差增强剂，反差增强剂可用整体浸涂（小件）或局部刷涂等方式使工件表面均匀涂布一层薄膜，薄膜厚度约在 25～40μm，一般控制在 30μm 左右。

反差增强剂有市售成品，也可以自己配制，推荐配方见表 3-11。

表 3-11　反差增强剂的推荐配方

成　分	工业丙酮	稀释剂 X-1	火棉胶	氧化锌粉
100mL 中的含量	65mL	20mL	15mL	10g

检测结束后应清除掉工件表面的涂布层，可用丙酮与稀释剂（按 3:2 配制）配成的混合液浸过的棉纱擦掉，或将整个工件浸入混合液中进行清洗。

3.9　测量设备与器材

*3.9.1　磁性材料测量仪器

材料的磁性可以用多种方法测定，冲击法是最常用而且精度较高的一种。

冲击法测磁仪器用于测量不同铁磁材料的磁性参数，主要由磁性材料测量仪、磁导仪和冲击式检流计三部分组成。它依据电磁感应原理，用冲击检流计测量被测样品中磁通发生迅速变化时次级线圈内感生的电量，再根据电量与磁通的关系测出其磁性参数。

利用磁性材料测量仪可以测绘出各种钢材的静态磁特性曲线。

3.9.2　表面磁场测量仪器

（1）特斯拉计（高斯计）　特斯拉计又叫高斯计，是采用霍尔半导体元件做成的测磁仪器，可以测量交直流磁场的磁场强度。霍尔元件是一种半导体磁敏器件，当电流垂直于外磁场方向通过霍尔元件时，元件两侧将产生电势差，并与磁场的磁感应强度成正比。国产的特斯拉计就是利用这种原理制成的。它的探头像一只钢笔，其前沿有一个薄的金属触针，里边装有霍尔元件。测量时要转动探头，使仪表读数的指示值最大，这样读数才正确。磁粉探伤中用特斯拉计测量工件上磁场强度和退磁以后剩磁的大小。有电表指针显示和数字显示两种。国产指针式的特斯拉计有 CT3、CT4 等，数字式的特斯拉计有 T6 及 TJSH—035 等多种型号，国外的有 5070 数字式高斯/特斯拉计等。

（2）袖珍式磁强计　袖珍式磁强计是利用力矩原理做成的简易测磁仪。它有两个永久磁铁，一个是固定调零的，一个是测量指示用的，其外形见图 3-17。活动永磁体在外磁场和回零永磁体的双重作用下将发生偏转，带动指针停留在一定位置，指针偏

图3-17　磁强计

转角度大小表示了外磁场的大小。磁强计用于磁粉检测后剩磁测量以及使用加工过程中产生的磁测量。使用时将磁强计靠近被测物体并将外壳上的箭头紧贴被测物体，指针的偏转程度随该处漏磁大小而决定。磁强计旧标称单位为高斯，现为毫特斯拉。国产仪器有 XCJ—A、XCJ—B、XCJ—C 等型号。使用时应注意不能用于强磁场场合。

3.9.3 测光仪器

（1）白光照度计　用于检验工件区域的白光照度值，国内使用有 ST—80（C）型及 ST—85 型照度计。ST—80（C）型测量范围为 1×10^{-1}～1.999×10^{5}lx，分辨 0.1lx；ST—85 型测量范围为 1×10^{-1}～1999×10^{2}lx，分辨 0.1lx。使用时探头的光敏面置于待测位置，选定插孔将插头插入读数单元，按下开关窗口显示数值即为照度值。

（2）紫外光辐射照度计　又称紫外辐照计或黑光辐照计，是通过测量离黑光灯一定距离处的荧光强度间接测出紫外光的辐射照度。它有一个接收紫外光的接收反射板，反射板吸收紫外光后将它转变成为可见的黄绿色荧光并把它反射到硅光电池上，通过光电转换，变成电流输出，再经过技术处理后在电表上指示出来。其指示值与光的强度成正比。目前国外出现了一类用装有仅对 320～400nm 波长响应的带通滤波器作传感器（探头）的直接测量紫外光辐射照度的仪器，如 DM—365X 型及 UV—A 型等，用于测量波长范围为 320～400nm，中心波长为 365nm 的紫外光辐射照度。其测量范围为 0～199.9mW/cm^2，可分辨最小为 0.1mW/cm^2。

另外，还有黑白两用照度计，如美国光谱公司 Spectronics Corporation 生产的 DSE—100X 型及 DSE—2000A/L 等型号，可用于对黑光及白光强度的测定。

3.9.4 磁粉与磁悬液测定仪器与装置

磁粉与磁悬液测定仪器与装置包括磁粉磁性检查装置、磁粉粒度测试装置和磁悬液浓度检查装置等。

（1）磁粉磁性检查装置　磁粉磁性检查方法有多种，常用的有磁性称量和磁吸附方法。一些标准对这些方法作了介绍。但在实际工作中，主要是对磁粉的综合性能进行试验，要求能在标准缺陷处出现清晰的磁粉显示。

（2）酒精磁粉粒度检查装置　酒精磁粉粒度检查装置是用来测定磁粉悬浮性，用以反映磁粉的粒度。测量装置见图 3-18。该方法是用一个长 40cm 的玻璃管，其内径为 10±1mm，可在支座上用夹子垂直夹紧。管子上有两处刻度，一处在下塞端部水平线上，另一处在前一处刻度 30cm 处，支座上竖有刻度尺，其刻度为 0～30cm。使用时在管内装上一定量的酒精并倒入规定量的磁粉试样摇晃均匀，利用酒精对磁粉的良好湿润性能，测量磁粉在酒精中的悬浮情况来表示磁粉粒度大小和均匀性。一般规定酒精磁粉悬浮液在静止三分钟后磁粉沉淀的高度不低于 180mm 为合格。具体测定见实验 2。

（3）磁悬液沉淀管　测量装置为一梨形或圆锥形，其上大下小，下部封口，测量液体从上部开口处注入。磁悬液在平静时，磁粉将发生沉淀，随时间的增长而沉淀量增多，当达到一定时间后，将完成全部沉淀。通过观察磁粉沉淀量及确定其与磁悬液浓度的关系，就能得到所测磁悬液的浓度。

图 3-19 为磁悬液沉淀管示意图。实验 3 给出了磁悬液浓度的测定方法。

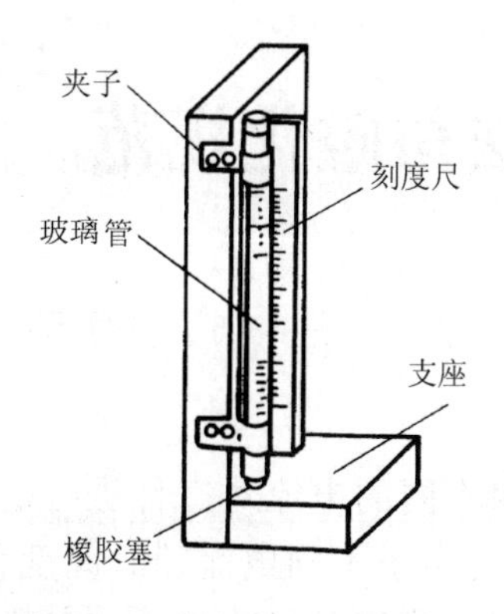

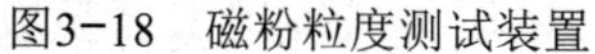

图3-18　磁粉粒度测试装置

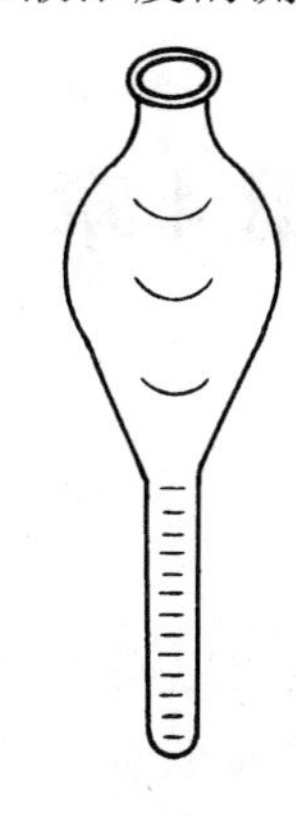

图3-19　磁粉沉淀管

复　习　题

1．磁粉检测设备分为几类?各类的使用范围如何?
2．磁粉检测设备主要由哪几个部分组成?各部分都有哪些功能?
3．可见光、黑光和荧光的区别是什么?波长范围各多少?
4．简述紫外灯的结构和紫外线的产生。
5．如何选用磁粉检测设备?
6．怎样使用磁粉探伤机?要注意哪些问题?
7．磁粉有哪几方面的性能要求？
8．为什么要使用荧光磁粉?
9．磁悬液怎样分类?有哪些主要要求?
10．简述载液的作用及其主要要求。
11．磁悬液浓度是如何测定的?荧光与非荧光磁悬液浓度有何不同?
12．简述磁悬液的使用与维护。
13．标准缺陷试片的主要用途有哪些?
14．怎样正确使用标准缺陷灵敏度试片?
15．我国常用有哪几种标准试块与试片？用途如何？
16．使用试块应注意哪些事项？
17．常用的磁粉检测测量设备与器材有哪些?各有何用途?

第 4 章　磁化方法与磁化规范

4.1　磁化电流

在磁粉检测中是用电流来产生磁场的，常用不同的电流对工件进行磁化。这种为在工件上形成磁化磁场而采用的电流叫做磁化电流。由于不同电流随时间变化的特性不同，在磁化时所表现出的性质也不一样，因此在选择磁化设备与确定工艺参数时，应该考虑不同电流种类的影响。常用的磁化电流有交流电流、直流电流（整流电流），在一些特殊的地方，还使用高压脉冲电流。

4.1.1　交流电流（AC）

交流电具有大小和方向的周期变化，在磁场特性上也是随时间作有规律变化。交流电具有集肤效应，其表面附近的磁场较为显著，可以提高工件表面缺陷检查的灵敏度，而且工件磁化后也容易退磁。

通常所用的交流电流是由交流发电机产生。这种电流由于它随时间按正弦规律变化，所以叫做正弦交流电（图 4-1），一般简称为交流电。用符号 AC 表示。

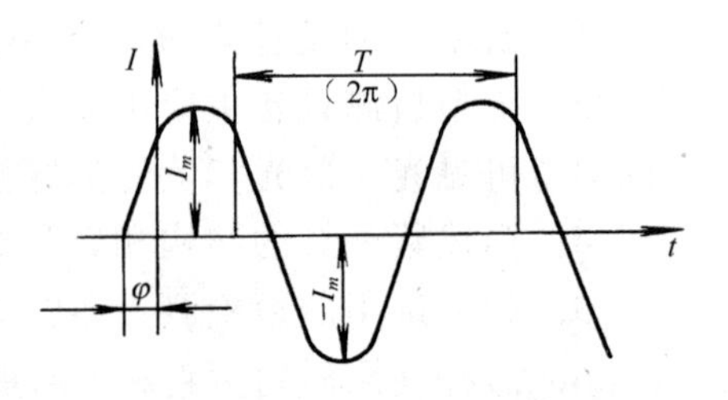

图4-1　正弦交流电

正弦交流电主要有以下特点：

1）电流（或电压）的大小和方向都随时间按正弦规律变化，有一定的周期（T）。其变化的最大瞬时值叫峰值（I_m）。而每秒钟电流变化的次数叫做频率（f）。频率和周期互为倒数。在我国，交流电的频率为 50Hz。在一个周期内，各个瞬时的交流电流大小和方向都不会完全相同，即存在着相位。起始时的相位叫做初相角（φ）。峰值、频率和初相角是决定一个正弦电流的三个要素，用公式表示正弦交流电瞬时值（i）为

$$i=I_m\sin(2\pi f t+\varphi) \tag{4-1}$$

一个周期的电角度为 2π，$2\pi f$ 则叫做电角频率，记作 ω，则式（4-1）可表示为

$$i=I_m\sin(\omega t+\varphi) \tag{4-2}$$

同样交流电压瞬时值（u）也可用公式表示：

$$u=U_m\sin(\omega t+\varphi) \tag{4-3}$$

式中，U_m 为正弦交流电压的最大值。

2）在交流电的半个周期（π）范围内，各瞬间电流（或电压）的算术平均值称为平均值。在实际应用中，交流电流（或电压）是采用有效值进行计量的。所谓有效值，是用交流电与直流电在热效应方面相比较的方法来确定的。若两种电流在相同时间内分别

通过相等电阻所产生的热量相等，则该直流电流的值为所比较的交流电流的有效值。

交流电流的有效值等于

$$I=\sqrt{\frac{1}{T}\int_{0}^{T}i\mathrm{d}t} \quad (4\text{-}4)$$

式中　I —— 交流电流的有效值（A）；

　　　i —— 交流电流的瞬时值（A）；

　　　T —— 交流电的周期。

对于交流电压和交流电动势，也是采用有效值进行计量的。

通过计算得到，正弦交流电的电流、电压以及电动势的最大值为其有效值的 $\sqrt{2}$ 倍，或近似等于 1.414 倍。即

$$I_{\mathrm{m}}=\sqrt{2}I\approx 1.414I \quad (4\text{-}5)$$

通常所说的照明电压 220V，电动机 380V 等交流电压都是指有效值，它们的峰值应分别为 311V 或 537V，即为有效值的 1.414 倍。或有效值为最大值的 0.707 倍。

交流电的平均值（I_{d}）与峰值的关系是

$$I_{\mathrm{d}}=(2/\pi)I_{\mathrm{m}}\approx 0.637I_{\mathrm{m}} \quad (4\text{-}6)$$

由于交流电在一个周期中存在着正反两个方向，故在一个周期中平均值为零。

3）交流电通过不同的负载时，由于负载的特性不同，所产生对电流的阻力也不一样。根据负载的特性，有电阻性、电容性和电感性三种。对电阻性负载来说，交流电与直流电相似，而对电容性及电感性负载则将产生容抗或感抗。这二者与电阻不同，是一个与电频率有关系的量。电阻和电抗合成的阻抗在电流通过时将引起电流或电压相位的超前或滞后的变化，从而引起磁化电流大小的变化，进而对激磁磁场发生影响。

以螺管线圈为例，在直流电工作时由于其阻力主要以电阻方式存在，因而在一定电压下产生的电流可用直流欧姆定律计算。而在交流电工作时，不仅要考虑线圈的电阻，还要考虑线圈电感产生的感抗。而后者往往对电流产生很大的影响。在同样的线圈及相同电压下，通入交流电时线圈中的电流一般要比直流电时小得多。

4）交流电流存在着集肤效应。即交流电通过导体时，导体横截面上各处的电流密度（单位面积中流过的电流）不相同。在导体中心，电流密度最小，而在导体表面及近表面的电流密度却很大。这是由于导体在变化着的磁场里因电磁感应而产生涡流，在导体表面附近，涡流方向与原来电流方向相同，使电流密度增大；而在导体轴线附近，涡流方向与原来电流方向相反，使导体内部电流密度减弱。这种导体表面及近表面的电流密度增大的现象叫做交流电的集肤效应。

交流电的集肤效应与电流的频率有关，与导体的磁导率及电导率也有关。交流电的渗入深度可用下式计算：

$$\delta=\frac{500}{\sqrt{f\sigma\mu_{\mathrm{r}}}} \quad (4\text{-}7)$$

式中 δ —— 交流电透入的深度（m）；

f —— 交流电频率；

μ_r—— 相对磁导率；

σ —— 电导率（S/m）。

从上式可以看出，交流电的频率越高，透入的深度越浅。

交流电有单相交流电与三相交流电之分，它们都是由交流发电机产生。单相交流电是三相交流电的一个特殊情形，即采用了相电压方式供电。

在三相交流电路中，同时有三个电动势存在。这三个电动势的最大值相等、频率相同，彼此之间有 120° 的相位差，叫做三相电动势。具有三相电动势的电源与负载按一定方式联接起来就组成三相电路。

图 4-2 表示了三相交流电的曲线及矢量图。

三相交流电具有很多优点，首先它能远距离传输，同时三相电机及变压器制作容易，使用可靠。三相电源也很容易变为单相电源供电器使用。因此三相交流电得到了广泛的应用。

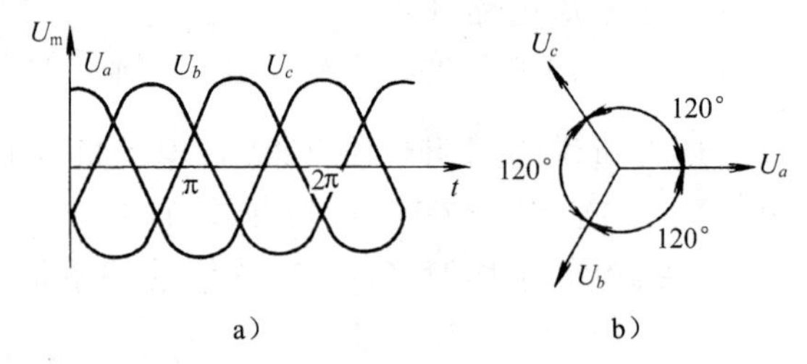

图4-2 三相交流电

a）电压波形图 b）矢量图

在磁粉检测磁化电流中，三相电流主要用作三相全波整流或分别利用其中各二相对周向及纵向磁化交流供电。

*交流断电相位的影响：

在采用交流电作磁化电流时，如果采用剩磁法(一种利用试件残留磁性检测的方法)，由于交流电有大小和方向的变化，在试件断电的瞬间，断电相位不可能停留在满足产生最大剩磁的点上。这样就造成剩磁的不稳定性。为了让试件上有足够的剩磁，应该保证试件断电在合适的电流相位上。

4.1.2 直流电流（整流电流）

直流磁化电流通常指电流方向不变的电流。其中方向和大小都相当稳定的电流，如蓄电池产生的电流，叫稳恒直流。还有一种是交流电通过整流后得到的方向不再变化的单向电流，由于其未经过滤波处理，其电流大小呈波动起伏，通常叫脉动直流电，又叫整流电流。这种电流具有直流电的单一方向性，同时又保留了交流电的部分波动性，因而具有交流电和直流电磁化的特点，可提供检测时的良好灵敏度，检查缺陷的深度也较深，剩磁也可保持稳定。

按整流前交流电的相数来分，有单相和三相整流电之分；按整流后电流的波形来分，有半波和全波整流电之分。在磁粉检测中，单相半波整流常用于供电负荷不大的地方，因其具有直流的渗透性和交流的脉动性，常用于触头法并与干粉法结合，检查表面下的缺陷。单相全波整流电则常用于磁化线圈等装置的电源。二者都具有较稳定的剩磁。但单相整流不如全波整流的使用效率高。

三相整流电也可采用半波和全波整流方式获得。三相全波整流电已近似于稳恒直流

电，在磁粉检测中，往往将它作为稳恒直流看待。

（1）单相半波整流电路 单相半波整流电路及电路中负载上的电压、电流波形如图 4-3 所示。

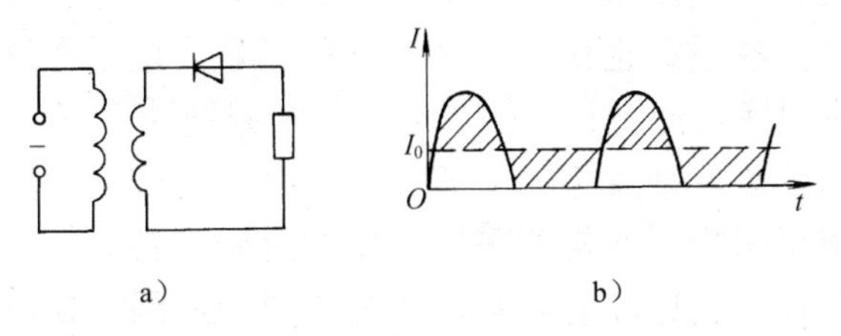

图4-3 单相半波整流电路和波形图

a）电路图 b）波形图

由于整流电路（二极管）的单向导电性，经过整流的交流电保留了一个方向的电流脉冲，反方向的脉冲被截止，在负载上就形成了一个具有时间间隔的跳跃的脉冲波。因为只有正弦波的一半，又叫做半波。通常用符号 HW 表示。

（2）单相全波整流电路 单相全波整流电路有变压器次级中心抽头和单相桥式两种方式。在无损检测设备中，采用单相桥式整流方式较多。

通过桥式电路，在半波整流中被截止的部分电脉冲得到了利用，图 4-4 是其电路及其电流、电压波形图。

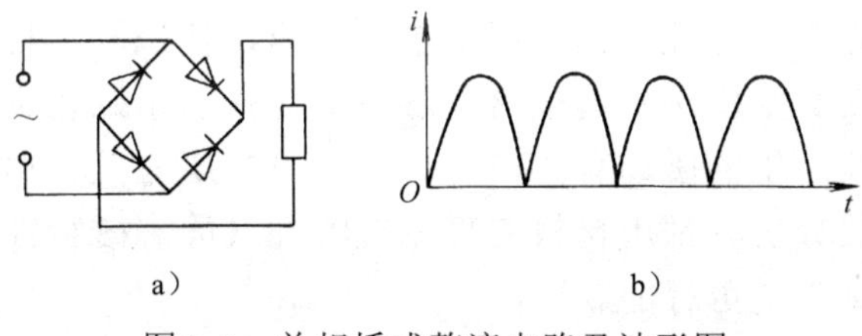

图4-4 单相桥式整流电路及波形图

a）电路图 b）波形图

（3）三相整流电路 三相整流电路同样有半波和全波之分，在实际中常采用三相全波整流电路。图 4-5 表示了它的电路和波形。从波形图中可以看出，三相全波整流的电流波动很小，已经与稳恒直流电相似。三相全波直流用符号 FWDC 表示。

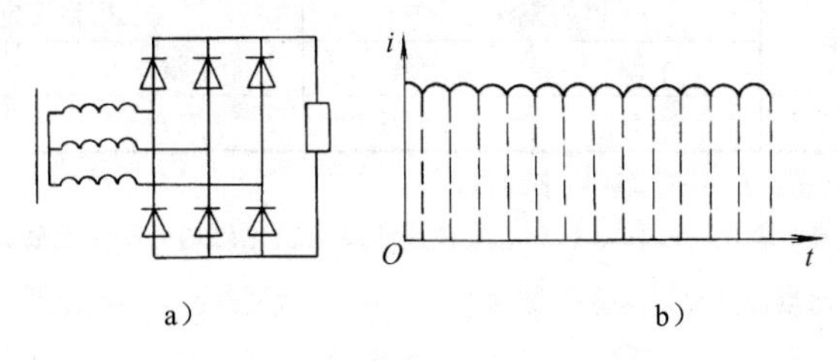

图4-5 三相全波桥式整流电路

a）电路图 b）波形图

除了以上整流电路外，还有倍压整流电路及其它特殊整流电路。这些电路在磁粉检测中应用不多，就不多述了。

4.1.3 其它磁化电流

其它磁化电流通常指稳恒直流及高压脉冲电流等，如蓄电池产生的电流，用电容器产生的放电电流等。磁粉检测所用的稳恒电流多数是经过三相全波整流得到的电流。这种电流方向恒定，电流波纹系数也很小。接近于稳恒直流电。在磁化时，磁场深度渗入较深，因此广泛用于检测埋藏深度较大的缺陷，如对铸钢件皮下气泡可达深度近 10mm。但直流磁化对表面细微缺陷灵敏度不如交流电高，剩磁比较稳定，致使经直流磁化的工件退磁较困难，要想退磁干净，通常要采用超低频退磁设备。

由于直流磁化电源设备制造较为复杂，加之历史的原因，在我国，应用直流磁化方法还不够广泛，但随着电子技术的发展与国际交往的逐步扩大，采用直流电进行磁化的方法正在推广，特别是在航空等部门，已经得到了比较广泛的应用。

高压脉冲磁化电流是用电容器的充放电获得的电流。这种电流的充放电电压很高，但放电时间很短，瞬间电流可达 1～2 万安培。由于在极短的放电时间中磁粉来不及向缺陷处移动，因此只能用于剩磁法检验。

4.1.4 磁化电流的选择

交流电、整流电及冲击电流都是随时间变化的电流，它们产生的磁场不再是稳恒不变的静磁场。以正弦交流电为例，它产生的是一个方向和大小都随时间变化的交变磁场。钢铁材料在这种交变磁场下磁化时，由于涡流和磁滞现象的存在，单纯的直流磁性已不能完全反映材料的实际工作特性。涡流产生集肤效应，使磁场沿材料截面作不均匀分布并产生热损失；磁滞在交变磁场中造成材料磁性变化落后于磁化场的变化，产生剩磁。这些都与电流的性质及产生的磁场有关，与材料自身性质有关。由于磁粉检测中所用的交流电频率很低，一般分析时都用材料的直流磁特性（静态磁特性）代替其交流磁特性作近似计算，这在实际中是可行的。

另外，对于钢铁的磁化来说，起作用的不是磁化电流的有效值或平均值，而是峰值。由于探伤机上的电流表多用有效值（交流）和平均值（直流）进行计算，因此存在一个峰值与其它值间的转换关系，见表 4-1。

表 4-1 不同磁化电流的电流峰值（I_m）

电流 项目	正弦交流电	单相整流电		三相整流电		稳恒直流电
		半波	全波	半波	全波	
计算式	$1.414I_{有}$	$3.14I_d$	$1.57I_d$	$1.21I_d$	$1.05I_d$	I_d

注：1. $I_{有}$ —— 交流电有效值；I_d —— 直流电平均值。

2. 由于峰值在不同电流中表现不一样，不一定能有效地反应磁化磁场的持续及磁粉的堆积，有的标准就采用有效值或平均值进行测量或计算，这是值得注意的。

不同磁化电流在磁粉检测中应用是不同的，它们具有不同的特点。

用交流电磁化时，电流的方向和大小不断发生变化，它所产生的磁场方向和大小也不断地沿一直线方向来回地变化。这种变化能够搅动磁粉，有助于磁粉的迁移，提高检测的灵敏度。同时，由于交流电存在着相位变化，当两个或多个不同相位的磁场在不同的方向上叠加时，容易实现复合磁化或感应磁化。但由于交流电方向变化时大小也发生

变化，因此存在着剩磁不稳定的现象。若采用交流电进行剩磁法检查时，可能造成漏检。为了克服这一不足，可以在交流磁粉探伤机上配备断电相位控制装置。

交流电流在磁化时除了剩磁不够稳定外，由于集肤效应的影响，对表面下的缺陷检测灵敏度随缺陷埋藏深度增加而显著降低，因而对距工件表面较深的缺陷就很难检查出来。

在工业生产中，由于交流电供电方式较为普及，加之交流磁化设备也容易制作，同时交流电对表面缺陷检测灵敏度也较高，因而交流磁粉探伤机（特别是固定式设备）还是得到了广泛的应用。

整流电（特别是三相整流电）则不同，由于它具有直流成分，电流的集肤效应减弱，能产生较稳定的剩磁，有利于发现离表面较深的缺陷，故常用于对铸钢件、球墨铸铁毛坯以及焊接构件检测，以发现表层气孔或夹杂物。但它也存在退磁较困难、变截面工件磁化不均匀等缺点。半波整流电具有上述电流的优点，具有一定的渗透性和脉动性，能探测表面下较深的缺陷，能搅动干燥磁粉，有利于磁粉的移运，剩磁也较稳定。但它变压器利用效率不高，不易产生很强的电流，也不适应线圈磁化，常用于通电局部磁化及干法检测。

4.2　磁粉检测灵敏度和磁化参数

4.2.1　缺陷磁粉显示和检测灵敏度

磁粉检测效果是用磁粉的堆积来显示的，是以工件上不允许存在的表面和近表面缺陷能否得到充分的显示来评定的。而这种显示又与缺陷处的漏磁场的大小和方向有密切关系。检测时被检材料表面细小缺陷磁粉显现的程度叫做检测灵敏度，或叫做磁粉检测灵敏度。

根据工件上缺陷显现的情况，磁粉的显示可分为四种情况：

（1）显示不清。磁粉聚集微弱，磁痕浅而淡，不能显示缺陷全部情况，重复性不好，容易漏检，其检测灵敏度也是最低，不能作为判断缺陷的依据。

（2）基本显示。磁粉聚集细而弱，能显示缺陷全部形状和性质，重复性一般。其检测灵敏度表现亦欠佳，做为缺陷判断依据效果不佳。

（3）清晰显示。磁粉聚集紧密、集中、鲜明，能显示全部缺陷形状和性质，重复性良好，能达到需要的检测灵敏度。这是磁粉检测判断的标准。

（4）假显示。缺陷处磁粉聚集过密，在没有缺陷的表面上有较明显的磁粉片或点状附着物。有时金属流线、组织及成分偏析、应力集中、局部冷作硬化等成分组织的不均匀现象也有所显示。伪显示影响缺陷的正常判断，是检测灵敏度显示过度的反映，应该注意排除。

以上四种显示并不是孤立的，在不同的检测条件下各种缺陷显现的情况并不一致，检测灵敏度也不一样。一般情况下较大的缺陷显示较为清晰，而细微缺陷磁痕则较模糊或不能显示。应该根据产品设计要求及工艺制度等来确定磁粉检测的检测灵敏度，使在工艺许可的条件下规定检查的缺陷的磁痕能够清晰显示。

影响磁粉检测灵敏度的主要因素有：① 正确的磁化参数（包括工件磁化的方向和磁场大小的确定）；② 合适的检测时机；③ 适当的磁化方法和检验方法；④ 磁粉的性能和磁悬液浓度及质量；⑤ 检测设备的性能；⑥ 工件形状与表面粗糙度；⑦ 缺陷的性质、形状和埋藏深度；⑧ 正确的工艺操作；⑨ 检测人员的素质；⑩ 照明条件等。其中，合理地选择磁化方法和磁化规范的工艺参数是保证磁粉检测灵敏度的关键因素。即是说，要保证磁粉检测灵敏度，必须选择能够显示缺陷的最佳磁化方向的方法，以及能够在这种方法下清晰显示缺陷的磁化电流规范。

4.2.2 最佳磁化方向的选择

（1）磁场方向与发现缺陷的关系　工件磁化时，与磁场方向垂直的缺陷最容易产生足够的漏磁场，也就最容易吸附磁粉而显现缺陷的形状。当缺陷方向与磁场方向大于45°角时，磁化仍然有效；当缺陷方向平行于或接近平行于磁场方向时，缺陷漏磁场很少或没有。必须对工件的磁化最佳方向进行选择，使缺陷方向与磁场方向垂直或接近垂直，以获得最大的漏磁场。但是，工件中的缺陷方向是不确定的，可能有各种取向。这些方向有时难于预计。为了发现所有的缺陷，于是发展了各种不同的磁化方法，以便在工件上建立各种不同方向的磁场。磁粉探伤时，应该根据工件的加工工艺和使用历史对缺陷作一个预计，以寻找合适的磁化方向，即在工件上建立适合的工作磁路，以得到需要的磁化场。

（2）选择磁化方法应考虑的因素　选择工件磁化方法实际就是选择工件的最佳磁化方向。一般说来，选择工件磁化方法主要应考虑的因素有：

1）工件的尺寸大小。对于尺寸较小的工件，通常选用整体磁化的方法；而对于尺寸较大的工件，则选择局部磁化方法。

2）工件的外形结构。外形结构简单的工件，通常采用单一的磁化方法。而形状比较复杂的工件，往往采用一种磁化方法缺陷难于完全显示，有必要采用多种磁化方法或多向磁化的方法。特别是一些体积较大而形状又较复杂的工件更是如此。

3）工件的表面状态。工件表面比较粗糙的工件可以采用直接通电的磁化方法。但有的工件直接通电会影响工件表面形态或使用效果，则只能采用感应磁化的方法。

4）工件检查的数量。对于数量较少的工件，可采用一般规定的磁化方法（如分两次或多次磁化）；但对于大批量的检查，则往往采用多向磁化或半自动化检查方法。

5）预计工件可能产生缺陷的方向。如原材料缺陷多采用周向磁化，使用中的工件多考虑应力集中处的疲劳裂纹常采用纵向磁化或多向磁化等。

对于以上因素，其基本要求都是要根据工件设计要求和过去使用中断裂的情况，结合材料应力和加工中容易出现的缺陷方向，选择适当的磁化方法。

4.2.3 磁化方法的分类

根据工件磁化时磁场的方向，可以分为周向磁化、纵向磁化和多向磁化三种。

图 4-6 所示的是周向磁化主要磁化方法。

纵向磁化的纵向磁场可由磁化线圈（螺线管）产生，也可由电磁轭或永久磁铁产生，其主要磁化方式如图 4-7 所示。

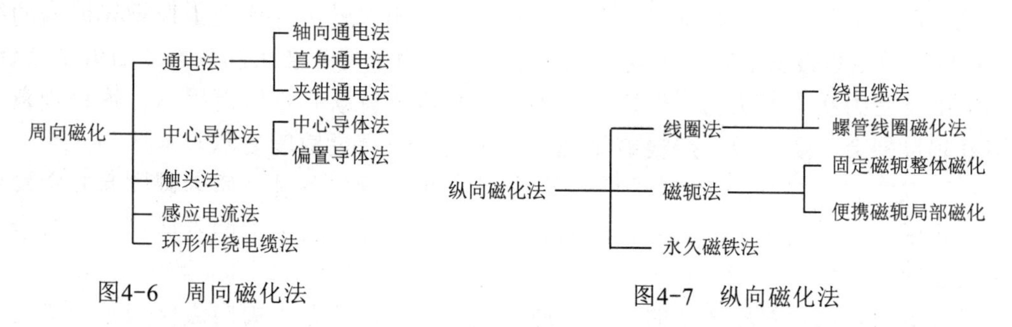

图4-6　周向磁化法　　　　图4-7　纵向磁化法

随工件在纵向磁化中的磁路闭合情况的不同，纵向磁化可分为开路磁化和闭合磁化。开路磁化中工件没有形成完全通过铁心闭合的磁路，磁力线可能通过相当长的一段空气隙后形成闭合。此时，工件两端将有磁极产生。而磁极产生的退磁场则将直接影响工件的磁化。一般在线圈中进行磁化的工件都属于此类。

为了能够一次磁化发现工件各个方向上的缺陷，根据磁场叠加的原理，可以采用两个或两个以上变化的磁场对工件同时进行磁化。当叠加的合成磁场方向不断变化时，工件中产生了一个大小及方向随时间成圆形、椭圆形或其它形状轨迹的多向组合磁场。因此可以发现多于一个方向上的缺陷。多向磁化方法又称组合磁化法或复合磁化法。主要有螺旋形摆动磁场磁化法、十字交叉磁轭旋转磁场磁化法以及线圈交叉旋转磁场磁化法等。

周向磁化和纵向磁化是指磁化时磁场的方向，通电磁化和间接磁化（通磁磁化）是指工件磁化时电流磁场产生的方式。

所谓通电磁化，是指工件在磁化时自身全部或局部通过电流，工件的磁化是由通过工件电流的磁场完成的。这种磁化的方法有轴向通电磁化法、直角通电磁化法、触头通电磁化法以及感应电流磁化法等。前三种方法中工件作为电路的一部分由专门电极磁化；后一种则是利用电磁感应的原理在工件上感应出电流，使工件得到磁化。

间接磁化是利用磁场感应原理将铁磁工件磁化，所以也叫通磁磁化。这种磁化磁场可以是周向磁场（中心导体法），也可以是纵向磁场（线圈或磁轭），可能是由电流导体产生，也可由永久磁铁所产生。当工件置于这种磁场中，工件本身将被磁化。磁化工件的磁场又叫磁化场，它是外加的，不管有无工件这种磁化场都存在，除非人为取消它；而通电磁化的磁场在电流通过工件时产生，电流消失就没有了。这是二者的差别。

通电磁化的磁场多属周向磁化，而感应磁化的磁场有可能是周向磁场，也可能是纵向磁场。

4.2.4　磁化规范分级及其确定原则

要保证磁粉检测的灵敏度，必须要合理地选择磁化方法和磁化规范。所谓磁化规范，是在工件上建立必要的工作磁通时所选择的合适的磁化磁场或磁化电流值。实际应用时，磁化规范按照检测灵敏度一般可分为三个等级：

（1）标准磁化规范。在这种情况下，能清楚显示工件上所有的缺陷，如深度超过 0.05mm 的裂纹，表面较小的发纹及非金属夹杂物等，一般在要求较高的工件检测中采用。通常把标准磁化规范叫做标准灵敏度规范。

（2）严格磁化规范。在这种规范下，可以显示出工件上深度在 0.05mm 以内的微细裂纹，皮下发纹以及其它的表面与近表面缺陷。适用于特殊要求的场合，如承受高负荷、应力集中及受力状态复杂的工件，或者为了进一步了解缺陷性质而采用。这种规范下处理不好时可能会出现伪像。严格磁化规范有时也叫做高灵敏度规范。

（3）放宽磁化规范。在这种规范下，能清晰地显示出各种性质的裂纹和其它较大的缺陷。适用于要求不高工件的磁粉检测。由于其检测灵敏度较上两种低，故有时也叫做低灵敏度规范。

根据工件磁化时磁场产生的方向，通常又将磁化规范分为周向磁化规范和纵向磁化规范两大类。而根据检测时的检验方法又有连续法磁化和剩磁法磁化规范之分，不同的方法所得到的检测灵敏度也不尽相同。以连续法与剩磁法为例，连续法是在工件磁化的同时施加磁粉介质的方法，它适用于各种磁性材料，能在工件表面获得最大的检测灵敏度，但若磁化不当时也可能产生磁粉的假显示；剩磁法是利用材料磁化后的剩余磁场进行检测的，它能得到足够的检测灵敏度，但这是在工件材料保证有充分剩磁的情况下才有可能。另外，磁粉检测中的多向磁化是在各单向磁化磁场合成的基础上进行的，选取磁化规范时应注意在磁场变化周期内的各个瞬时的合成磁场矢量对工件的磁化情况。

根据磁粉检测的原理可知道，工件表面下的磁感应强度是决定缺陷漏磁场大小的主要因素。换句话说，应根据工件磁化时所需要的磁感应强度（磁通密度）的数值来确定相应的外加磁化场强度的大小。

在制定一个工件的磁化规范时，需要综合考虑被检测工件的材质、热处理状态、形状与几何尺寸、技术要求及磁化方法等多种因素。具体地说，制定一个工件的磁化规范时，首先要根据材料的磁特性和热处理情况，确定是采用连续法还是剩磁法进行检验，然后根据工件尺寸、形状、表面粗糙度以及缺陷可能存在的位置及形状大小确定磁化的方法，最后再根据磁化后工件表面应达到的有效磁场值及检验的要求确定磁化电流类型并计算出大小。不同的工件所采用的不同的方法以及不同的技术要求检测条件所选取磁化规范是不相同的。但根本的目的都是使工件得到技术条件许可下的最充分磁化。

4.3 周向磁化方法及磁场分布

4.3.1 通电磁化法

通电法又叫直接通电法，属周向磁化。方法是将工件夹在探伤机的一对接触板（电极）之间，使低电压的较大电流通过两电极进入被检测的工件。这时，在工件表面和内部将产生周向磁场，如图 4-8 所示。

通电时电流可沿着工件的任何夹持方向流动。如果工件截面是圆形，便产生环状磁场；长方形截面则产生椭圆形磁场。电流和磁场在方向上遵从通电导体右手螺旋法则。工件通过电流有几种形式：沿工件轴向通过磁化电流叫轴向通电法，垂直于工件轴向通电磁化叫直角通电法；还有一种工件不便于采用探伤机上的固定接触板而采用夹钳夹住工件需要通电的部位进行磁化的方法叫夹钳通电法；直角通电法和夹钳通电法见图 4-9

和图 4-10。

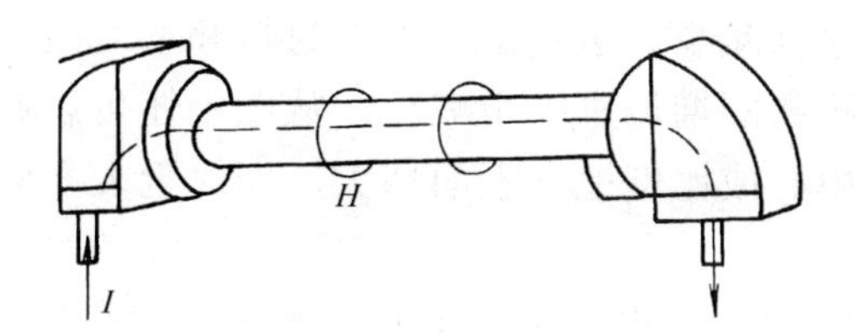

图4-8　通电法

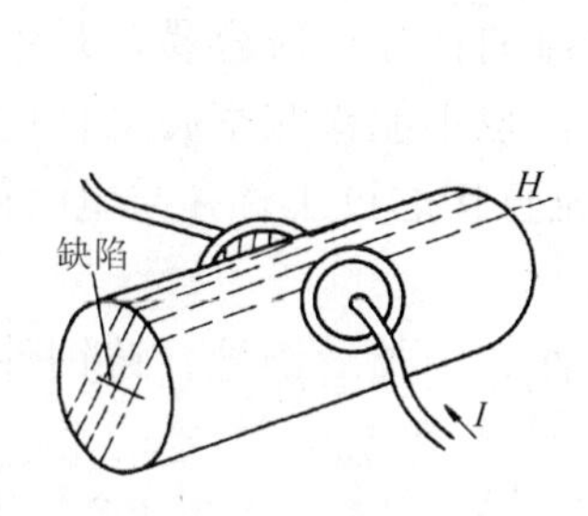

图4-9　直角通电法

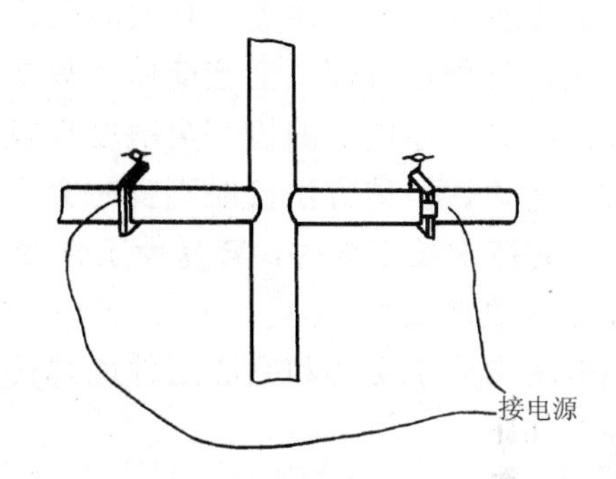

图4-10　夹钳通电法

通电法主要用来发现与磁场方向垂直而与电流方向平行的缺陷。工件通电时，磁感应线流经的途径全部通过工件，磁场封闭在工件的轮廓内。若表面和近表面材料连续，就没有磁极产生，也就不能形成漏磁场；若工件表面有缺陷或材料有不连续处，磁力线将产生折射而形成漏磁场。

通电法是一种最常用的有效的磁化方法，这种方法在多数情况下都能使磁场与缺陷方向成一个角度，对缺陷反应灵敏，具有方便快速的特点。特别适用于批量检验。只要控制通入工件电流的大小，就可以控制产生磁场的大小。

通电法的磁化电流可以采用任何一种电流。图 4-11 表示了实心圆钢件和空心圆钢件通电法磁化时磁场分布的情况。

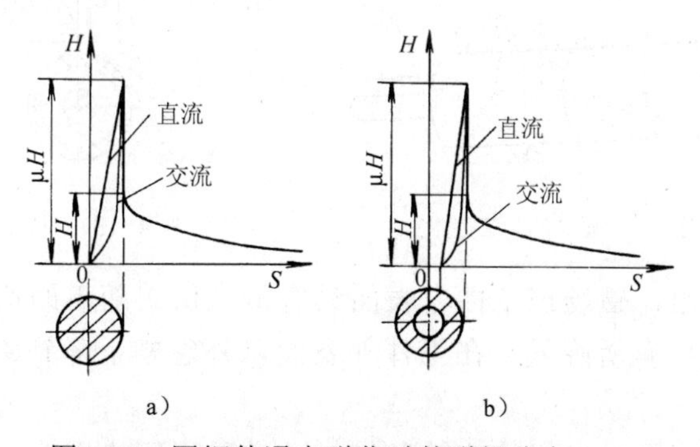

图4-11　圆钢件通电磁化时的磁场分布

a）实心圆钢件　b）空心圆钢件

从图中可以看出，实心工件中心和空心工件内壁磁感应强度为零，随着距工件中心距离的变化，磁感应强度逐渐增大，在工件外表面达到最大值。当磁场从工件上进入到空气中时，磁感应强度急剧减少。这是由于钢铁材料和空气磁导率不一样的缘故。在空气中，磁感应强度随着距离的增加进一步减少。从图中还可以看出，交流磁场在表面附近最大，而直流磁场从中心成比例地向表面增大，即对近表面的缺陷检出能力强于交流电。

从图 4-11 中还可知，直接通电的空心工件内表面不存在磁场分布，因此直接通电方法不适用于工件内表面的磁粉检测。

通电法能对各种工件实施有效的磁化。它磁场集中，无退磁场，能对工件整体全长实施磁化；且操作方便，工艺简单，只要电流足够，短时间可进行大面积磁化，检测效率较高；同时，通电法的检测灵敏度也较高，磁化电流的计算也较容易，是最常使用的磁化方法之一。但该方法接触不良时会产生烧伤工件，也不能检测空心工件内表面的不连续性，夹持细长工件时，容易使工件变形。由于电流直接通过工件，通电时间过长时，工件发热现象严重。

通电法常用于实心和空心工件如焊接件、机加工件、轴类、钢管、铸钢件和锻钢件的磁粉探伤。

4.3.2 中心导体法

中心导体法是将导体（心棒或电缆）穿入空心钢件的孔中，并置于孔的中心使电流从导体上通过，利用导体产生的周向磁场来使工件得到感应磁化。这种方法又叫穿棒法或心棒法，也叫电流贯通法，如图 4-12 所示。

心棒通过电流时，在心棒周围产生的磁场在工件上形成了闭合的工作磁通。其磁场分布见图 4-13。

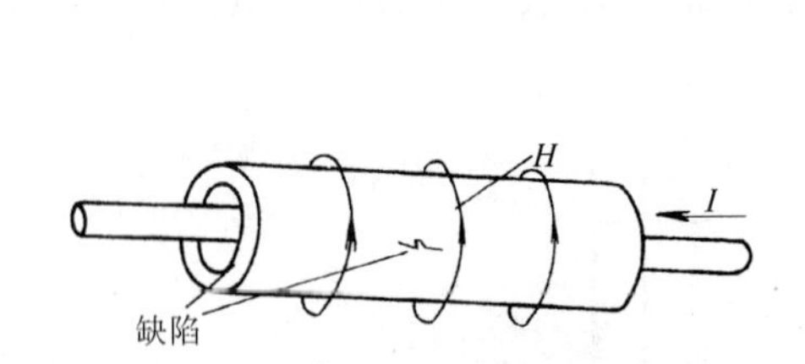

图4-12　中心导体法磁化

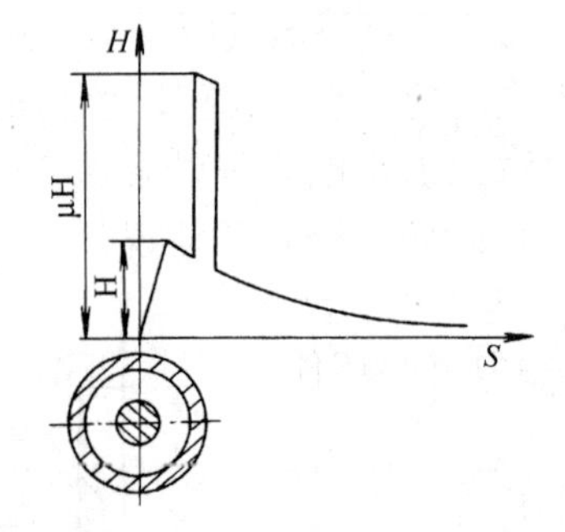

图4-13　中心导体法的磁场分布

从图中可以看出，磁场在工件内表面具有最大值。随着距心棒中心距离的增加，工件中的磁感应强度值有所降低。在工件外表面以外急剧下降到磁场强度值，然后与距离成反比减少。

心棒材料一般用导电良好的非铁磁材料，常采用铜或铝棒。

中心导体法主要用来检查工件沿轴向（平行于电流方向或小于 45° 范围内）的缺陷。由于它是感应磁化，工件内外表面的轴向缺陷及两端面的径向缺陷都可以发现。

中心导体法在中空工件检查中广泛使用，如钢管、空心圆柱、轴承圈、齿轮、螺帽、环形件、管接头以及较大法兰盘的孔等的检查中。它的最大优点是采用感应磁化，工件中无电流直接通过，不会产生电弧烧伤工件的情况；在磁化过程中，工件内外表面和端面都能得到周向磁化；对小型工件，可在心棒上一次穿上多个进行磁化以提高效率；工艺简单、检测效率高并且有较高的检测灵敏度。其不足处在于只能检查中空的零件，并且内外表面的检测灵敏度不一致，对于管壁较厚的工件更是如此。

如果管状工件的直径过大或有某些特殊形状，在采用中心导体法时应作适当调整，如：

1）大直径工件时可采用偏置心棒分段进行磁化。由于大直径工件整体磁化时需要电流过大，普通检测设备难于达到。这时可采用偏置心棒法进行磁化。方法是将导电心棒置于工件孔中并贴近内壁放置，电流从心棒流过并在工件上形成局部周向磁场（见图 4-14），该磁场能够检测出空心工件心棒附近内外表面与电流方向平行和端面径向的不连续性。检查时，应采用适当的电流值对工件进行磁化，有效检查范围约为心棒直径的 4 倍。为了全面检查工件，使用中应转动工件或移动心棒，以检查整个圆周。为防止漏检，每次检查区域间应有 10%的覆盖。

2）一端有封头的工件，用心棒穿入作为一端，封头作为另一端，通电磁化，如图 4-15 所示。

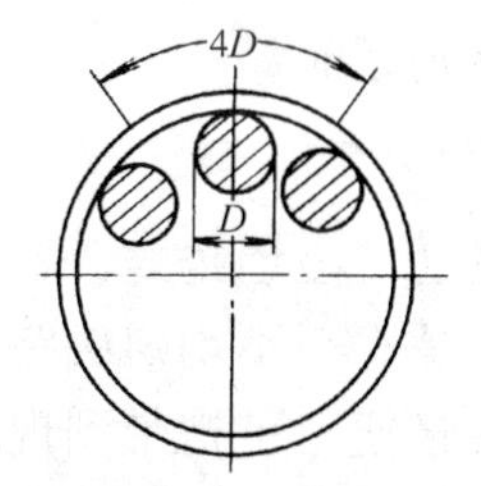

图4-14 偏置心棒法及其磁场分布

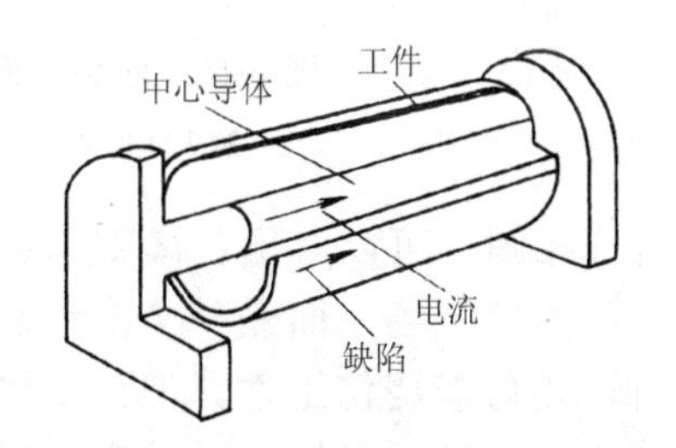

图4-15 有封头工件的穿棒检查

3）大型工件的螺钉孔、法兰盘的固定孔等可用电缆穿过对孔周围实施检查。

4）弯曲内孔的工件可用柔性电缆代替刚性心棒检查。

5）小型空心环件，可将数个工件穿在心棒上一次磁化，如图 4-16 所示。

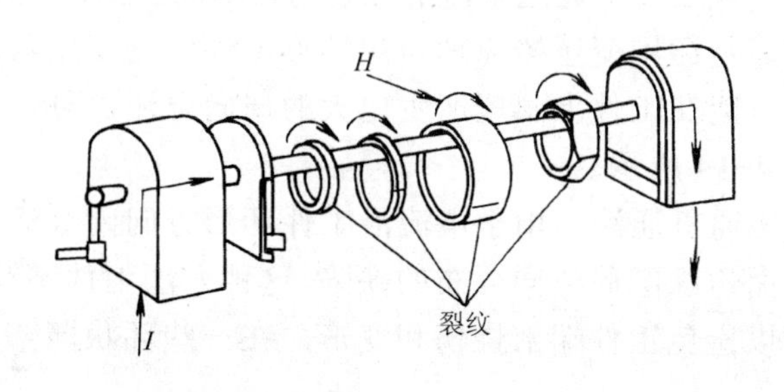

图4-16 小型环件一次多个磁化

此外，还可以采用立式磁化（工件和心棒直立），以检查内壁等。

4.3.3 触头通电法

触头通电法又叫支杆法、尖锥法或手持电极法。它是直接通电磁化的又一形式，它与轴向通电法的不同之处是将一对固定的接触板电极换成了一对可移动的支杆式触头电极，以便对大工件进行局部磁化，用来发现与两触头连线平行的不连续性。如图 4-17 所示。

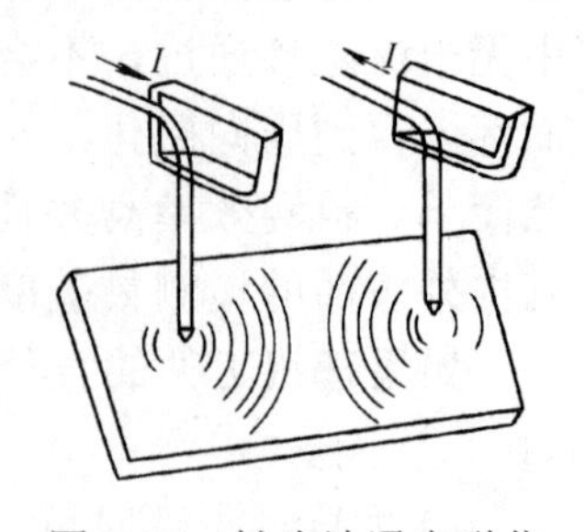

图4-17 触头法通电磁化

运用触头法可用较小的电流值在局部得到必要的磁化场强度。方法是调节两触头电极间的距离。一般间距可取 15～20cm，特殊时可至 30cm，但最短不宜小于 5cm。图 4-18 是用触头法检查时两触头间的磁场分布和电流分布。

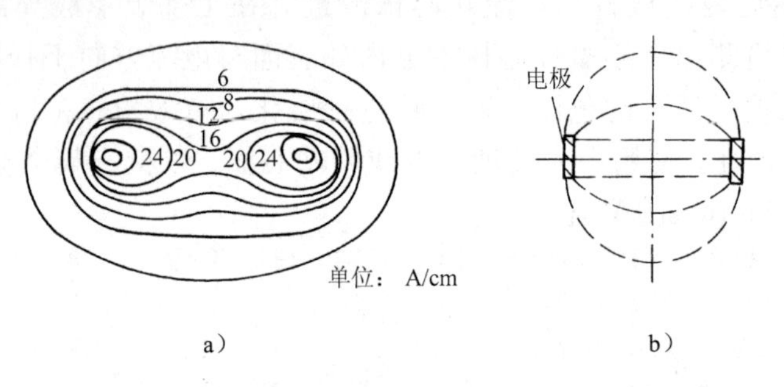

图4-18 触头法的磁场分布和电流的分布

a）触头间的磁场分布 b）触头间的电流分布

从电流分布图中可以看出，离触头电极中心连线越远，磁场越弱。触头法形成的磁场不是真正的周向磁场，而是一个变形磁场，其磁路也是一个不均匀磁路；触头与工件接触不良时，还可能烧伤工件。但由于触头法检查设备轻便，可携带到现场检验，每次检查一个较小的范围，灵敏度也较高。对于一些易于出现缺陷的区域采用触头法是较好的，特别是在焊缝检查和各种大中型设备的局部检查中更是经常采用。

触头法探伤时可用各种电流对工件进行磁化。采用半波整流电磁化效果更好。

4.3.4 感应电流法

感应电流法也是一种工件中通过电流的磁化方法。不过它不是直接用电极从电网（或设备）中得到电流，而是运用变压器原理，把环形工件作为变压器的次级线圈，当工件中磁通发生变化时就可能在工件上感应产生出大的周向电流，形成一个闭合的工作磁路。感应电流法原理如图 4-19 所示。

感应电流法又叫磁通贯通法。由于电流沿工件环形方向闭合流动，适合于检查工件内外壁及侧面上沿截面边缘圆周方向分布的缺陷。这种方法工件不与电源装置直接接触，也不受机械压力，可以避免工件端部烧伤和变形。在一些环状薄壁工件（如轴承环）检查时经常用到。

对一些较小的环状工件也可以采用另一种感应电流磁化的方法。即工件放在线圈中，线圈中心插入一根铁心，利用其交变磁通在工件上感应出电流。如图 4-20 所示。

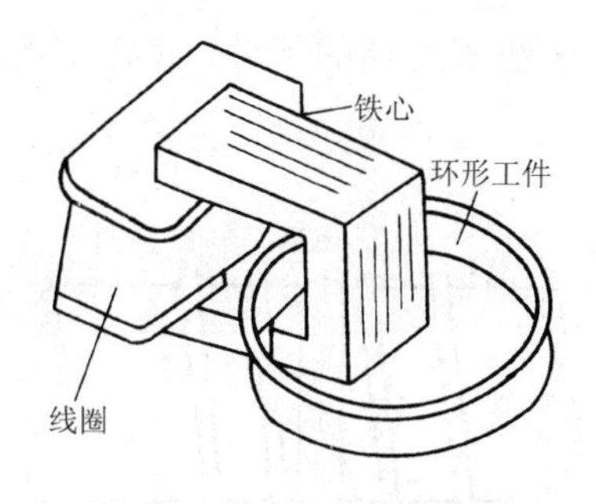

图4-19　感应电流磁化原理

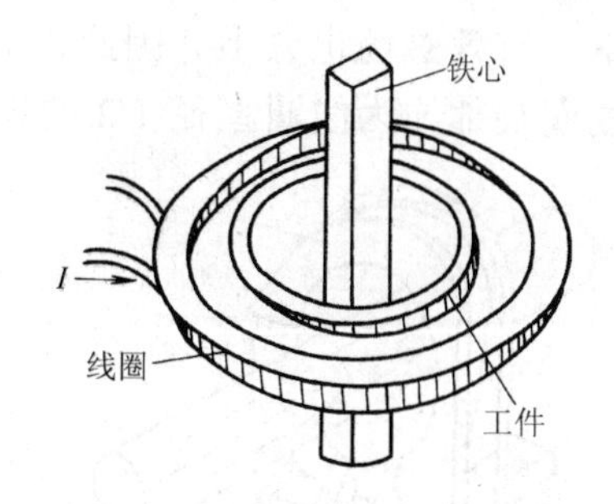

图4-20　利用棒形铁心的感应磁化

采用感应电流方法磁化工件时，工件上的感应电流与磁通量的变化率成正比。为此，激磁线圈的磁势应足够大，才能产生合适的感应电流。

感应电流法一般用交流电产生磁场，工件上产生的电流结合连续法可运用于检查软磁或剩磁小的工件。如果工件材料具有较大的剩磁时，也可以用快速切断电路的方法使电流迅速中断，其结果是磁通量也迅速变化消失。于是在工件中可感应出一个沿工件圆周方向的、安培值很高的单脉冲电流。这样，工件就被环形磁场磁化，具有剩磁，即可采用剩磁法检验。这时，磁化用的电流为直流电流。

4.3.5　环形件绕电缆法

为了发现环形工件内外壁上沿圆周方向上缺陷，可以采用绕电缆的方式进行磁化，如图 4-21 所示。由于磁路是一闭合铁磁体，无退磁场产生，工件易于磁化。但由于线圈绕制不方便，该法仅适用于检查批量不大的地方。环形件绕电缆法发现的缺陷正好与感应电流法相垂直，故可将两种方法结合成多向磁化方法进行检查。

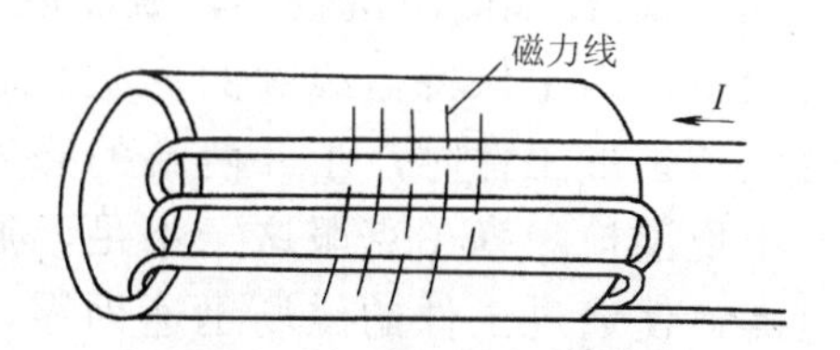

图4-21　环形件绕线圈磁化

4.4　纵向磁化方法及磁场分布

4.4.1　线圈法

线圈法有固定线圈和柔性电缆缠绕线圈两种方法。固定线圈是指线圈外形、匝数、使用条件都确定的线圈，在磁粉探伤中多采用短螺管线圈。柔性电缆缠绕线圈是指根据工件形状的不同而临时缠绕电缆形成的磁化线圈。如图 4-22 和图 4-23 所示。

当电流通过线圈时，线圈中产生的纵向磁场将使线圈中的工件感应磁化。能发现工件上沿圆周方向上的缺陷，即与线圈轴垂直方向上的横向缺陷。采用快速断电方法还可以检查工件端面的横向不连续性。线圈法磁化时工件上无电流通过，操作方法也比较简单，有较高的检测灵敏度，是磁粉检测的基本方法之一。

磁粉检测中多用短螺管线圈，它的磁场是一个不均匀的纵向磁场，工件在磁场中得到的是不均匀磁化。在线圈中部磁场最强，并向端部进行发散，离线圈愈远，其磁场发散愈严重，有效磁场也愈小。因此，对于长度远大于线圈直径的工件，其有效磁化范围仅在距线圈端部约为线圈直径 1/2 的地方。

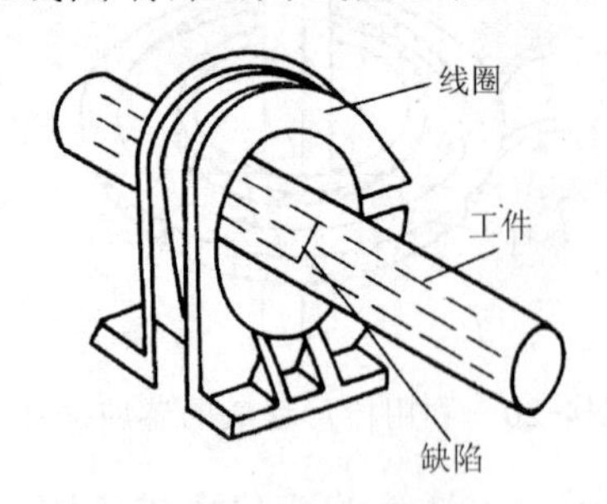

图4-22　固定线圈磁化

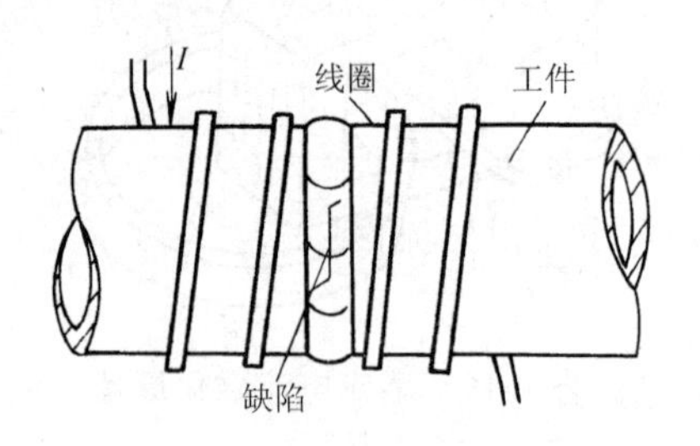

图4-23　缠绕线圈磁化

线圈磁化方法在工件两端产生了磁极，形成了退磁场。工件在线圈中是否容易被磁化，除与工件的材料特性相关外，更与工件的长度和直径之比（L/D）有密切关系。L/D 值愈小退磁场越强，工件也就愈难于磁化。另外，工件与线圈的截面积大小的比值也影响磁化效果。这是由于工件对激磁线圈的反射阻抗和工件表面退磁场增大的缘故。这个比值（$S_{工件}/S_{线圈}$）叫填充系数，用 η 表示。一般说来，$\eta<0.1$ 时，这种影响可以忽略不计。

*在线圈法中，由于使用电流的不同，有交流线圈和直流线圈之分。交流线圈受电感的影响，通常匝数较少，磁化电流也较大，多采用大导线或铜条单层绕制（间绕或密绕）。这样线圈阻抗较小，激磁磁场可以较大。直流线圈由于只有电阻，线圈匝数相对较多，为了保持短线圈的形状，通常采用多层密绕方式。在采用三相全波整流线圈磁化长条形工件时，工件两端的磁力线可能垂直于工件表面，工件两端表面的缺陷可能出现漏检。为了克服这一不足，通常采用快速断电方式切断线圈中的三相全波整流电流，使通过工件的磁场迅速为零，在工件内部形成非常大的低频涡流，同时在工作表面建立一种封闭的环形磁场，使工件端面的横向缺陷得以显现。快速断电效应可采用快速断电试验器测量验证。另外，为了适应一些较大工件的批量检查，也有将交流线圈作成间绕开合方式。但应注意间绕方式磁场的不均匀性。

4.4.2　磁轭法

磁轭法是纵向磁化的又一种形式。它利用电磁轭或永久磁铁对工件感应磁化。在磁轭法中，工件是闭合磁路的一部分，在两个磁极之间磁化。根据设备装置的不同，又有固定式磁轭和便携式磁轭之分。

固定式磁轭又叫做极间法。它是将工件夹在电磁轭的两个磁极之间。两个磁极的位置可作相对调整，工件就在这两个磁极间被整体磁化。在固定式磁轭中，磁路是在铁心中闭合的，除微小的空气隙外，磁路中磁通的损失较小。在磁化时，工件上的磁力线大体平行于两磁极间的连线，如图 4-24 所示。

固定式磁轭的磁化线圈多装在磁极两端（也有装在中部的）。这样可以提高磁极间的磁压使工件得到较高的磁感应强度。磁轭的铁心一般作得较大并选用软磁材料，以减少其中的磁阻。在检测中，如果工件长度较长，工件中部由于离磁极较远，有可能得不到合适的磁化。有时将工件夹持在两极间，并在工件中心放上线圈，如果此时已形成闭合

磁路，则也是一种极间式磁轭检测。

在固定式磁轭中，一般多采用整流电流磁化方式。这是由于铁轭在交流电磁化容易受磁滞影响并产生磁滞损耗和涡流损耗，且交流磁化电流较大，线圈制作困难及散热不容易控制。

便携式磁轭是一种轻便的适用于野外工作操作的电磁铁，主要用于对工件施行局部磁化。有直流和交流两种供电形式，其外形如图 4-25 所示。

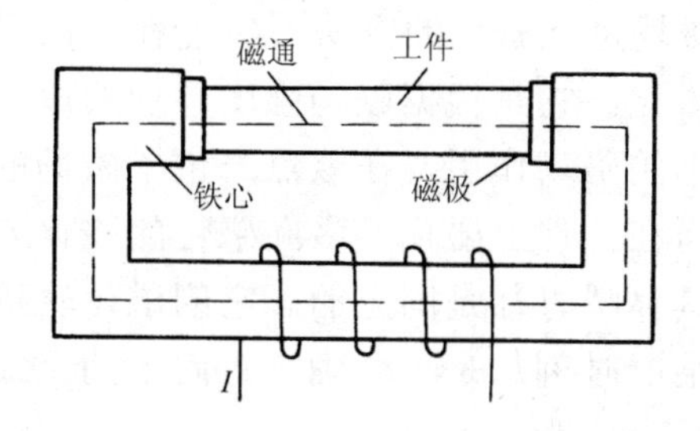

图4-24　固定式极间磁轭

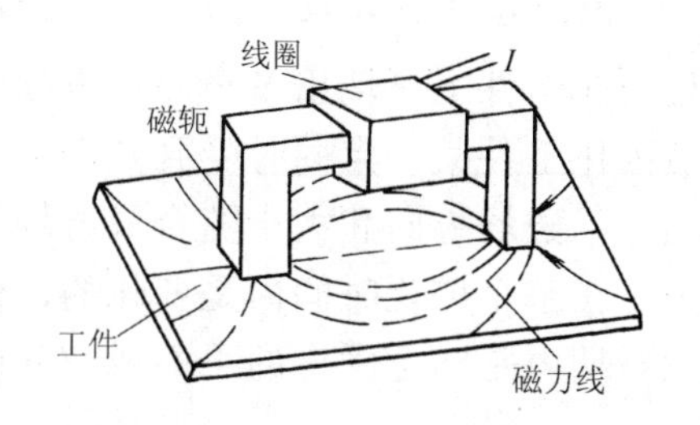

图4-25　便携式电磁轭

便携式磁轭由一个专用的磁化线圈产生磁场，“Π”形磁轭形成两极。两极间的磁力线不是均匀的，图 4-26 表示了这种不均匀磁场。

利用便携式电磁轭检测时，检测的有效范围取决于检测装置的性能、检测条件以及工件的形状。一般是以两极间的连线为短轴的椭圆形所包围的面积，如图 4-27 所示。

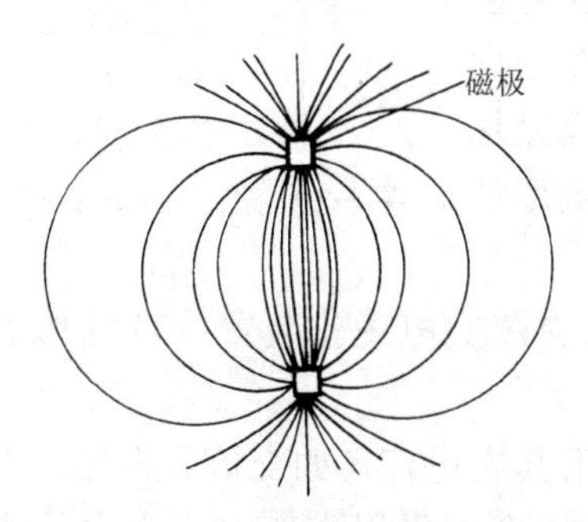

图4-26　便携式电磁轭两极间的磁力线

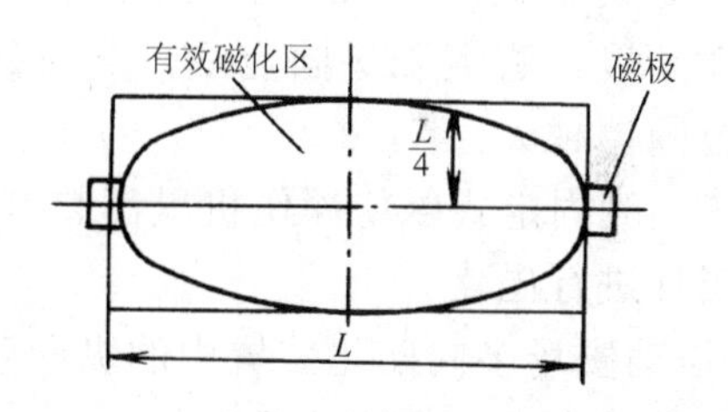

图4-27　便携式电磁轭探伤有效范围

工件上的磁场分布取决于磁极间的距离（极间距）。在磁路上总磁势一定的情况下，工件表面的磁场强度随着两极距离的增大而降低，图 4-28 表明了这种情况。

便携式磁轭的间距有固定式和可调式两种。可调关节越多，关节间的间距越大，则磁轭上的磁阻也越大，工件上得到的磁化场强度越弱。为了防止磁化不足的情况产生，通常采用规定电磁吸力的方法来限制磁场，以保证检测工作的正常进行。

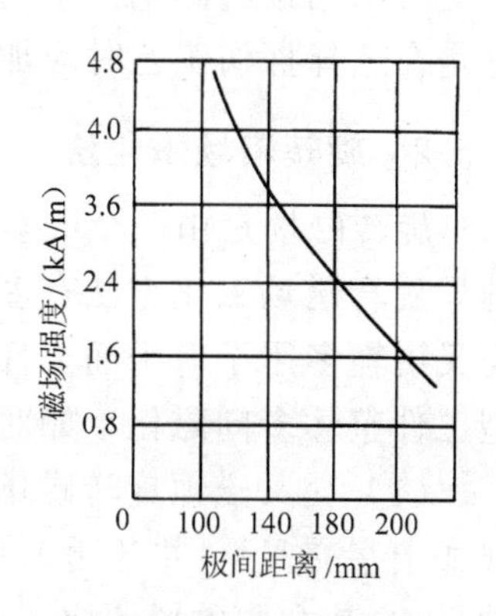

图4-28　磁轭间距与磁场关系

4.4.3　永久磁铁法

永久磁铁法同便携式磁轭相似，只是取消了用来产生磁场的激磁线圈。其特点是可用于缺少电源的地方进行检查，但一般永久磁铁磁性都较电磁铁产生的磁场弱，且磁化后与工件断开困难，磁极附近吸附较多的磁粉也不易去除，除特殊场合一般很少使用。

4.5 多向磁化及其它磁化方法

多向磁化法是一种能在工件上获得多个方向磁场进行磁化的方法，它能在一次磁化过程中在工件上显现出多个磁化方向使工件得到磁化。它是根据磁场强度叠加的原理，使被磁化工件某一点同时受到几个不同方向和大小的磁场作用，在该点产生了磁场的矢量相加，磁场方向和大小随合成磁场周期性改变而在工件上磁化。多向磁化的磁化方向和大小在整个磁化时间内是变化的，但在某一个具体瞬时却是固定的。它的磁化轨迹在磁化周期内是一个固定的平面或空间的图形，在某一时刻却是一个确定方向上的直线。

4.5.1 螺旋形摆动磁场磁化法

该方法是一个固定方向的磁场与一个或多个成一定角度的变化磁场的叠加，其原理见第 2 章。这种磁化有多种方式，最常用的是对工件同时进行直流磁轭纵向磁化和交流通电周向磁化。其磁化装置如图 4-29 所示。

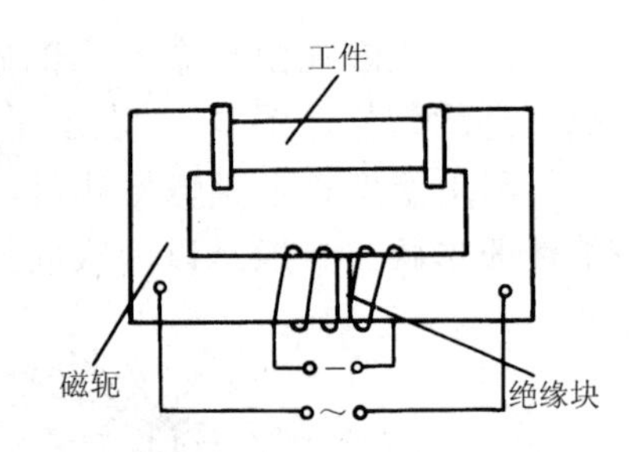

图4-29 摆动磁场多向磁化装置

磁化时，工件上纵向磁场不变，周向磁场大小和方向随时间而变化。二者合成了一个连续不断地沿工件轴向摆动的螺旋状磁场。调节交流电流值就能调整合成磁场的摆动角度。直流磁场固定后，交流磁场越大，磁场的摆动范围也越大。

在一般固定式磁粉探伤机里都装有直流线圈和交流通电磁化装置，可以形成摆动磁场对工件进行磁化。

*摆动磁场多向磁化装置中的纵向磁场也可以用其它电流（如交流）产生，不过此时磁场不再是一个方向连续摆动的磁场。如果纵向和横向都采用交变电流产生的磁场，由于交流电相位的影响，中间可能会产生磁场过弱现象，即出现磁化轨迹的不连续现象，这是在选择探伤工艺时应加以注意的。

4.5.2 旋转磁场磁化法

旋转磁场是由两个或多个不同方向的变化磁场所产生，它的磁场变化轨迹是一个椭圆。旋转磁场磁化方法有多种，其中应用最多的是交叉磁轭磁化和交叉线圈磁化两种。交叉磁轭多用于对平面工件进行多向磁化，如对平板对接焊缝；交叉线圈则多用于对小型工件整体多向磁化，如对一些机加工零件进行检查等。

（1）交叉磁轭旋转磁场　交叉磁轭旋转磁场是将两个电磁轭以一定的角度进行交叉（如十字交叉），并各通以有一定相位差的交流电流（如$\pi/2$），由于各磁轭磁场在工件上的叠加，其合成磁场便成了一个方向随时间变化的旋转磁场。图 4-30 是交叉磁轭外形图。

交叉磁轭旋转磁场的强度大小决定于两个不同相位电流的大小和相位差。若通入的两个电流大小一样，相位角差π/2 时，其旋转磁场是一个平面上的正圆，如图 4-31 所示。

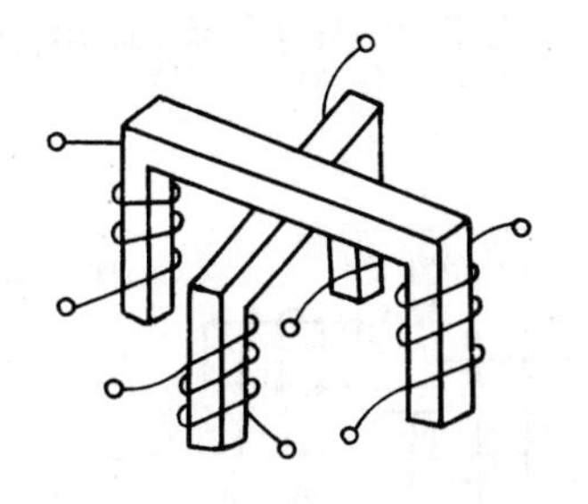

图4-30　交叉磁轭旋转磁场

图4-31　交叉磁轭旋转磁场的产生

*（2）交叉线圈旋转磁场　用一组相交成一定角度的两只线圈，分别通入一定相位差的交流电流，由于各线圈磁场的变化，合成磁场将是空间上某一个方位上的旋转磁场。工件在线圈中通过时，就受到旋转磁场的磁化。若将线圈按不同的方位（如 X、Y、Z 轴向）交叉组合并相应通以合适的电流，就形成了空间任一方向上的旋转磁场。交叉线圈旋转磁场能一次发现工件上各个方向的材料不连续性，但由于工件磁化时各个方向上的退磁场并不一致，因此旋转磁场所产生的椭圆轨迹的长短轴也不相同。

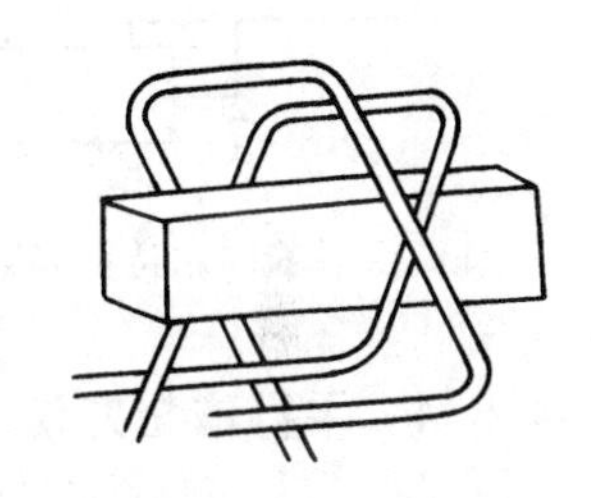

图4-32　两线圈交叉的旋转磁场装置

图 4-32 是一组交叉线圈组成的旋转磁场的示意图。

通入线圈的磁化电流的大小和相位差以及交叉线圈的交叉角度决定了旋转磁场的形状。若交叉角为π/3，而相位角为 2π/3 时，多向磁场为一椭圆，如图 4-33 所示。

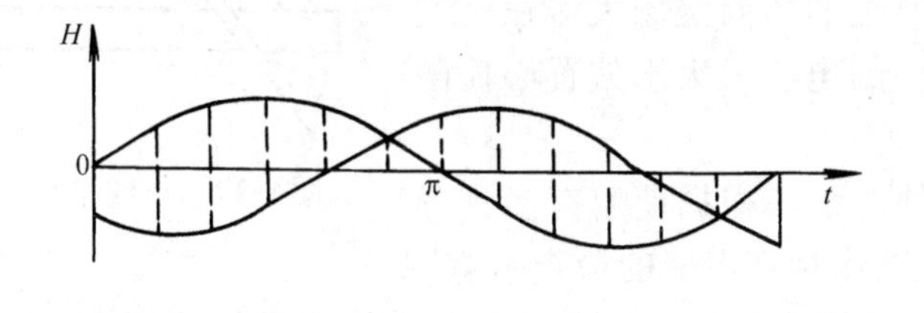

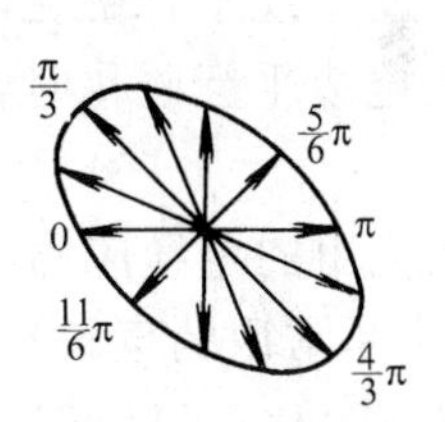

图4-33　椭圆旋转磁场

*4. 5. 3　其它组合磁场磁化法

还有许多方法可以产生多向磁场，如以下两例。

（1）感应多向磁化。图 4-34 所示的是另一种形式的旋转磁场，它对环形工件磁化可一次发现各个方向上的缺陷。该法采用交变磁场在环形工件中感应出周向电流，同时对磁轭又通以交流电，使工件产生周向磁场。在交流电相位差π/2 时，沿环截面的周向磁场和环圆周方向的磁场相叠加形成工件上的旋转磁场，使环形工件得到各个方向上的磁化。

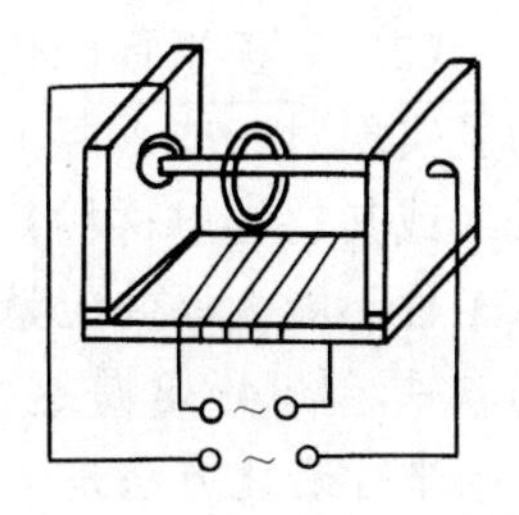

图4-34　感应多向磁化

（2）有相移的整流电多向磁化。在工件的两个互相垂直的方向上同时通以不同相位的单相半波整流电，如图 4-35 所示。

或者在采用三相电源时，其中两个单相半波整流电流在工件的两个互相垂直的方向上通过，另一个单相半波整流电流通入绕在工件上的线圈中，如图 4-36 所示，均可使工件得到多向磁化。

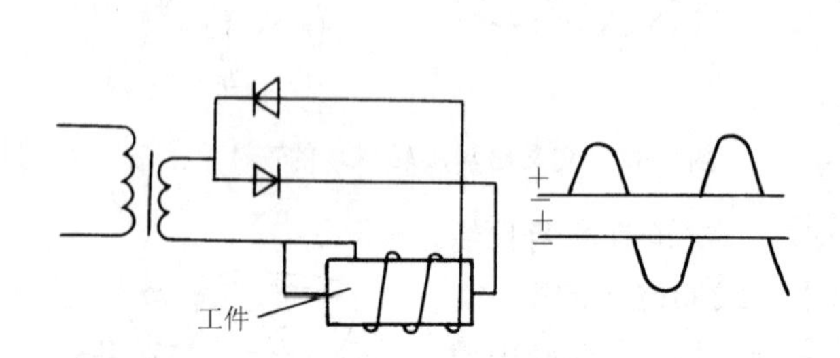

图4-35　不同相位的单相半波整流电复合磁化

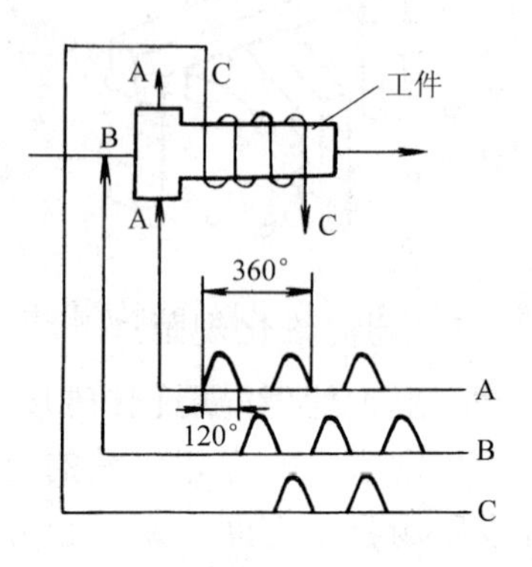

图4-36　三相半波整流电复合磁化

*4.5.4　平行磁化方法

（1）电缆平行磁化法。电缆平行磁化法又叫电缆贴近表面磁化法，是一种感应磁化方法。它是将工件受检部分置于通电导体附近，利用导体在工件上产生的畸变周向磁场使工件局部得到感应磁化，其原理与偏置心棒通电磁化类似。不过偏置心棒形成的周向磁场可以通过圆管的磁路部分闭合，而电缆平行磁化时产生的周向磁场大多在空气中闭合。故电缆平行磁化时需要的电流远大于偏置心棒磁化的电流。

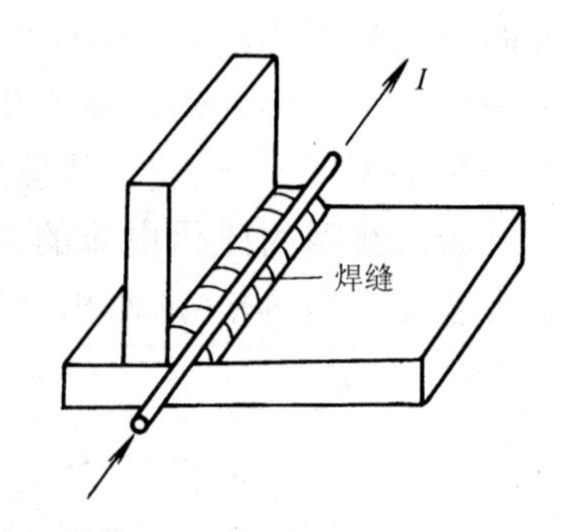

图4-37　电缆平行磁化法

平行磁化用的电缆应与工件绝缘。根据使用有多种形式。图 4-37 是常用的直长平行磁化对角焊缝的检查示意图。

采用平行磁化可以实现工件的无电接触，避免了工件的烧伤或机械损伤，同时可检测范围较磁轭法大。但该法采用的是畸变磁场探伤，磁场分布不均匀，所用电流值也较大。在进行检测前应充分试验探索出规律才能用于实际探伤。

（2）平板平行磁化法。作为平行磁化的另一种形式，即平板平行磁化探伤。该法是为了实现对一些小薄工件的检查，避免烧伤工件而采用的。方法是将小薄工件排列在铜板（或其它导电材料）上，利用铜板通电时产生的磁场进行磁化。应用此方法时，要注意工件不能太厚并应紧贴在铜板上。为了强化受检区域的磁场，铜板背面可以嵌一块厚的软铁，图 4-38 是这种方法的示意图。

平行磁化方法是一种辅助磁化的方法，使用平行磁化时应注意磁场大小的确定，一般是用试块或试片进行试验。由于这种方法磁场计算困难和影响因素较多，除特殊场合外，一般不推荐采用。

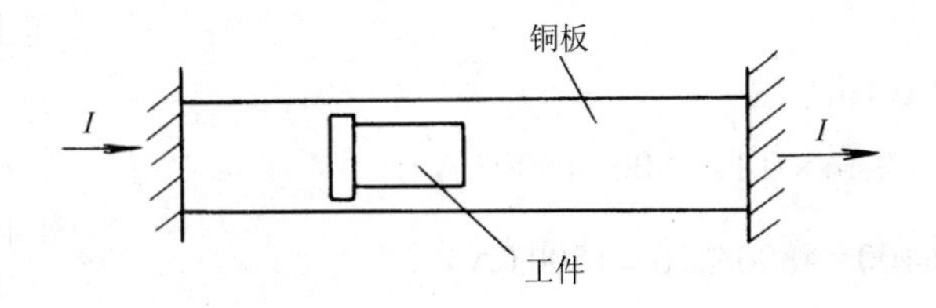

图4-38　平板平行磁化法

4.6 周向磁化规范的选择

4.6.1 周向磁化规范选择计算式

圆形工件周向磁化（通电法或中心导体法）时，工件表面上的磁感应强度用下式表示

$$B=\frac{\mu I}{2\pi R}$$

此时，使工件磁化的外加磁化电流为

$$I=\pi DH \tag{4-8}$$

式中 I —— 通过工件的电流强度（A）；
D —— 被磁化工件的直径（m）；
H —— 外磁场强度（A/m）。

在实际计算中，D 往往采用 mm 计算，则式（4-8）应为

$$I=\pi DH\times 10^{-3}$$

如果采用高斯单位制计算，磁场强度采用奥斯特，直径采用 mm 时，磁化电流公式可写为

$$I=\frac{DH}{4}$$

若将奥斯特化为 A/m，由于 1 奥斯特约等于 80A/m，磁化电流公式可写为

$$I=\frac{DH}{320} \tag{4-9}$$

式中 I —— 通过工件的电流强度（A）；
D —— 被磁化工件的直径（mm）；
H —— 外磁场强度（A/m）。

例 1：一圆形工件直径为 100mm，周向磁化要求表面磁场强度为 4800A/m，求磁化

电流。

解：① 100mm＝0.1m

$$I=\pi DH=3.14\times0.1\times4800=1500\text{（A）}$$

② $I=\dfrac{DH}{320}=100\times4800/320=1500$（A）

如果工件不是圆形而是其它形状时，计算磁化电流所选用的直径应为工件的当量直径。所谓当量直径，是将非圆柱工件的周长折算为相当直径圆柱周长的一种方法。当量直径 D_L 的计算方法为，当工件周长为 L 时，其与圆周率π的比值。即

$$D_L=\frac{L}{\pi}$$

如正方形边长为 a，其周长为 $4a$，它的当量直径就为 $D=4a/\pi$。

在实际计算中，也可以直接使用工件周长进行计算，即

$$I=LH \tag{4-10}$$

L 是工件各边长度之和，单位是 m。若化成 mm，则同样要在结果上除以 1000。

例 2：一长方形工件，规格为 40mm×50mm，要求表面磁场强度为 2400A/m，求所需的磁化电流。

解：工件周长 L＝（40+50）×2＝180（mm）＝0.18（m）

$I=LH=0.18\times2400=432$（A）

*对于非圆工件磁化时应注意，由于圆周不对称，工件面上的磁场并不均匀，变形越大的更是如此。为了保证磁化效果，应对边缘及凸起部分进行灵敏度检查并采用高一级的磁化规范。

在实际检测中，当磁场强度确定后，常常简化上述计算式，即采用工件直径 D 乘以一个系数作为磁化电流值。如常用中低碳钢磁化时的磁场强度一般选择在 2400～4800A/m，换成电流计算式并进行整数化处理则为：

$$I=(7.54\sim15.07)D\approx(8\sim15)D$$

式中　D —— 工件直径（mm）。

对于环形工件电缆缠绕法磁化，计算类似式（4-8），不过此时的电流应采用安匝计算，即

$$IN=\pi DH \tag{4-11}$$

式中　D —— 环形工件直径（m）；

　　　H —— 工件表面磁场强度（A/m）；

　　　N —— 电缆穿过工件空腔所缠绕的圈数。

以上电流选取一般采用直流电流进行计算。在采用交流作为磁化电流时，影响磁场实际大小的交流电的峰值（最大值）。但在实际探伤中，由于工件在交流磁场的磁滞及涡

流损耗等的影响，对工件磁化起作用的不全是峰值电流，故在 GJB2028（国家军用标准）中明确规定交流电流采用有效值代替峰值进行计算。这样磁化电流值实际增大了 0.4 倍，但并不影响检查效果。这在选取磁化规范时是应该注意的。

4.6.2　周向磁化规范选取方法

（1）经验数据法　这种方法又叫经验公式法，它是将钢铁材料作为同一个类别，分别选定其标准、严格和放宽磁化规范，亦即将工件磁化时所需要的磁场强度数据按照经验进行确定，即在 2400～4800A/m 之间。这种方法最大的特点是简便，对于常用的低中碳钢及低中合金钢基本上是适用的。表 4-2 列出了国家军用标准推荐的常用钢周向磁化时的经验数据。

表 4-2　常用钢周向磁化经验数据（GJB 2028—1994）

规范名称	检验方法	工件表面切向磁场强度		工件充磁电流计算公式①		
		安/米	奥斯特	AC	HW	FWDC
标准规范	剩磁法	8000	100	$I=25D$	$I=16D$	$I=32D$
	连续法	2400	32	$I=8D$	$I=6D$	$I=12D$
严格规范	剩磁法	14400	180	$I=45D$	$I=30D$	$I=60D$
	连续法	4800	60	$I=15D$	$I=12D$	$I=24D$

① I=电流值（A）　D=工件直径（mm）　AC=交流电　HW—半波整流电　FWDC=三相全波整流电

使用时应特别注意，经验数据法虽然是生产实践与研究的总结，但钢铁材料之间磁性差异很大，特别是高强度钢及一些新钢种，经验数据就不一定适合。即使是同一个钢种，由于热处理方式的不同磁性差异也很大。因此在使用经验数据时，一定要注意工件材料磁性状态的适应范围和工件的使用要求，否则将会出现大的疏漏。

对于非圆柱形工件可采用当量直径进行计算。

（2）分类磁化数据法　这种方法是将钢铁材料磁特性进行分类选择的一种数据方法。它弥补了经验数据的不足，是一种值得推广的方法。表 4-3 列出了常规材料的分类磁化规范。

表 4-3　钢材分类磁化规范推荐表

材料类别	包　括　范　围	可采用的探伤方法	建议采用的磁化规范	
			磁场 H /（A/m）	电流/A
1	供应状态下的碳素钢(C＜0.4%)及低合金钢；退火状态下的高碳钢（组织为球状珠光体）	连续法	2000～2400	6～8D
2	供应和退火状态的碳素钢（C＞0.4%）低、中合金钢，工具钢，高合金钢（23HRC 以下）以及上述钢在淬火后进行 450℃以上回火者	连续法 部分可用剩磁法	连续法 2400～3200 剩磁法 8000～10000	连续法 8～10D
3	淬火后经 300～400℃回火的中碳钢和中低合金钢；供应状态下的高合金工具钢。半马氏体与马氏体钢的供应及正火状态	连续法 剩磁法	连续法 3200～4500 剩磁法 10000～14000	连续法 10～15D
4	淬火后回火温度低于 300℃的合金钢工具钢（55HRC 以上），马氏体不锈钢	连续法 剩磁法	连续法 4500～6400 剩磁法 15000	连续法 15～20D

（3）查磁特性曲线法　这是一种查图表的方法。它根据钢材的组织、成分、热处理、工艺等的综合因素制成了钢材的磁特性曲线图，再根据探伤要求在曲线上进行磁化场强的选择。其内容将在后面有关章节介绍。

（4）其它磁化规范选择方法　除以上三种方法外，还有一些磁化规范选择方法，主要有标准试片（试块）显示法、仪器测量工件表面磁场强度及工件磁化背景比较法等。这些方法不仅用于周向磁化规范选择，同时也用于纵向磁化规范选择。

标准试片（试块）常用于较复杂工件磁化规范的近似确定，但更经常用于探伤综合性能的检查。试片多用软磁材料制作。当放在工件上的试片在磁场中磁化时，试片上的人工缺陷将显示出缺陷处的泄漏磁场是否达到检测灵敏度的要求；但这并不表明工件上已达到所需要的检测灵敏度，更不能保证发现工件上的缺陷与试片上的人工缺陷相当。其原因是工件材料未必与试片材料一致。因此试片法也只是一种选择参考。

试片（试块）法用于连续法磁化的检查，以周向磁化应用最多。

与试片法相同的是用仪器（如特斯拉计）测量工件磁化时的表面切向磁场强度。这种方法多用于形状复杂难于计算的场合，较用经验公式计算更为可靠。

磁化背景比较法是将工件磁化后根据工件上磁粉附着的背景迹象来确定磁化规范的一种方法。当工件磁化到合适的磁感应强度时，在工件上将出现背景效应（磁粉呈苔藓样现象），这种方法要求有经验者进行鉴别，否则过度磁化将降低探伤灵敏度，影响缺陷的清晰显示。

以上确定磁化规范的方法不仅适合于周向磁化，同样也适合于纵向磁化。不过纵向磁化影响因素较多，不能简单地套用。这将在后边予以说明。

4.6.3　局部周向磁化的磁化规范

局部通电磁化主要包括触头通电磁化，偏置导体通电磁化以及平行磁化等，它们所产生的磁场是畸变的周向磁场，方法多用连续法检查。

（1）触头通电磁化法　在触头法中，由外电源（如低压变压器）供给的电流在手持电极（触头）与工件表面建立起来的接触区通过，或者是用手动夹钳或磁吸器与工件表面接触通电。在使用触头法时，磁场强度与所使用的电流安培数成比例，但随着工件的厚度改变而变化。

触头间距一般取75～200mm为宜，但最短不得小于50mm，最长不得大于300mm。因为触头间距过小，电极附近磁化电流密度过大，易产生非相关显示；间距过大，磁化电流流过的区域就变宽，使磁场减弱，所以磁化电流必须随着间距的增大相应地增加，两次磁化触头间距应重叠25mm。

实验证明，当触头间距L为200mm，若通以800A的交流电时，用触头法磁化在钢板上产生的有效磁化范围宽度约（$\frac{3L}{8}+\frac{3L}{8}$），为了保证检测效果，标准中一般将有效磁化范围控制在（$\frac{L}{4}+\frac{L}{4}$）范围内。若触头采用两次垂直方向的磁化，则磁化的有效范围是以两次触头连线为对角线的正方形范围内。在两触头的连线上，电流最大，产生的磁场强度最大，随着远离中心连线，电流和磁场强度都越来越小。如图4-39所示。

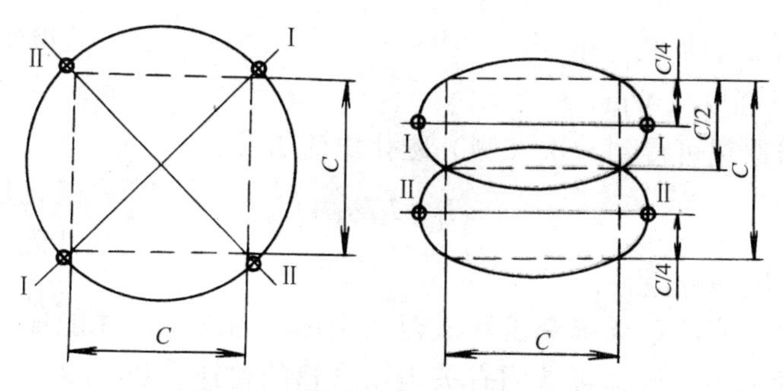

图4-39　触头法的有效磁化范围

应按照不同的技术要求推荐的磁化电流值进行磁化。表 4-4 是国家军用标准（GJB）推荐的触头法周向磁化规范，在其它地方也可参考使用。

表 4-4　触头法周向磁化规范（GJB2028—1994）

板厚 T / mm	磁化电流计算式①		
	AC	HW	FWDC
$T<19$	$I=3.5\sim4.5L$	$I=1.8\sim2.3L$	$I=3.5\sim4.5L$
$T\geqslant19$	$I=3.5\sim4.5L$	$I=2.0\sim2.3L$	$I=4.0\sim4.5L$

① I=电流（A）　L=触头间距离（mm）

例题：用触头法交流磁化工件，工件厚度 12mm，触头极间距为 150mm，求磁化电流。

解：$I=(3.5\sim4.5)\times150=525\sim675$（A）

当触头间距过小时（≤50mm），电极周围的磁粉带将影响探伤灵敏度。

（2）偏置中心导体法　在中心导体法中由于工件直径过大，心棒置于工件中心但设备达不到所需的磁化电流数值时，常将心棒置于工件内壁紧靠工件进行分段磁化。磁化电流与导电心棒的直径大小以及工件的厚度有关，国军标（GJB）中规定的计算方法是按表 4-2 给出的磁化规范进行计算，但表中的工件直径 D 应为心棒直径加两倍工件壁厚。沿工件周长的有效磁化长度为心棒直径的 4 倍左右。绕心棒转动工件检测其全部周长，每次检查应有大约 10%的磁场重叠区。

*（3）平行磁化法　平行磁化法要求导体绝缘并紧贴工件。若采用单电缆进行直长平行磁化时，建议采用下面计算公式：

$$I=30d \tag{4-12}$$

式中　I —— 电流强度（A）；

d —— 检验区域宽度（mm）。

*（4）感应电流磁化法　计算感应电流实际是计算变压器两端的电流。变压器二次电流 I_2 是一个绕工件圆周方向的电流，产生磁场是工件截面的周向磁场。其磁化电流值为：

$$I_2=LH$$

式中　I_2 —— 二次电流强度（A）；

L —— 工件截面周长（m）；

H —— 磁场强度（A/m）。

再根据变压器原理可得到一次（侧）磁化电流 I_1 为：

$$I_1 = I_2/N_1 \tag{4-13}$$

式中　N_1 —— 一次线圈匝数。

在感应磁化中，应注意选择变压器磁轭或磁化棒的大小，才能保证工件中建立适合的交变磁通。磁轭大小的选择可参阅有关电工书籍的论述。也可以用经验公式对磁轭的直径（或对角线大小）进行确定：

$$d_{轭} = \sqrt{D_{外} H/5}$$

式中　$d_{轭}$ —— 磁轭或磁化棒的直径或对角线（cm）；

$D_{外}$ —— 环形工件的外径（cm）；

H —— 磁场强度（A/m）。

4.7　纵向磁化规范的选择

4.7.1　纵向磁化规范的选择依据

纵向磁化是由线圈（开路或闭合）产生的磁场来完成的。纵向磁化时线圈中心磁场强度 H 为

$$H = \frac{NI}{L}\cos\beta = \frac{NI}{\sqrt{D^2 + L^2}} \tag{4-14}$$

式中　N —— 线圈的匝数；

L —— 线圈的长度（m）；

D —— 线圈的直径（m）；

β —— 线圈对角线与轴线的夹角；

I —— 线圈中的磁化电流（A）。

式（4-13）是纵向磁场磁化的理论计算式。式中，若令

$$K = \frac{N}{L}\cos\beta = \frac{NI}{\sqrt{D^2 + L^2}}$$

则有

$$H=KI \tag{4-15}$$

式中，K 为线圈的参量常数。一个成形线圈，它的参量常数是确定的。

在用线圈实际纵向磁化检测时，所使用的线圈多是短螺管线圈，线圈中的磁场很不均匀，工件在其中受到的也是不均匀磁化，以靠近线圈中心部位为最强，越往外磁场越发散。同时，由于在线圈中磁化的工件具有端面，将形成磁极产生退磁场。退磁场会减弱线圈磁场的数值。因而检测时工件的有效磁场 H 将低于用式（4-13）所计算的线圈磁场值。因此在实际检测中，一般不用式（4-13）进行计算，其磁场值只是作为选择磁化规范的参考。

采用线圈作纵向磁化时应注意：

1）工件的长径比 L/D（影响退磁因子的主要因素）越小，退磁场越大，所需要的磁化电流就越大。当 $L/D<2$ 时，应采用工件串连的方法磁化以减少退磁场的影响。

2）在同一线圈中，工件的截面越大，工件对线圈的填充系数 $\eta=S_{工件}/S_{线圈}$ 也越大，工件欲达到同样磁场强度时，所需要的磁化电流也越大。这是由于工件对激磁线圈的反射阻抗和工件表面反磁场增大影响的缘故。一般在 $\eta<0.1$ 时，认为这种影响可以忽略不计。

4.7.2　线圈纵向磁化电流的计算

由于工件长径比和线圈直径的影响，线圈中工件开路磁化时磁场选择不再是单一的因素，因而在不同的技术标准中，提出了线圈纵向磁化规范。这些规范考虑了工件磁化时的有效磁场，大多是实际经验的总结。

在线圈磁化时，能够获得满足磁粉检测磁场强度要求的区域称为有效磁化区。由于工件在线圈中的填充情况和放置位置是不可忽略的因素，通常将填充情况分为低、中、高三种，在低填充中又按放置位置分为偏置放置和中心放置两种情况。

（1）低填充系数线圈纵向磁化规范　低填充系数是指 $\eta=S_{工件}/S_{线圈}<0.1$ 的情况。在国家军用标准（GJB2028—94《磁粉检验》）中，提出了低填充系数线圈纵向磁化规范：

1）当工件贴紧线圈内壁放置进行连续法检验时

$$NI=\frac{K}{L/D}\quad(\pm 10\%)\tag{4-16}$$

式中　使用三相全波整流电时，$K=45000$；

使用单相半波整流电时，$K=22000$；

使用交流电时，$K=32000$；

I —— 线圈磁化电流（A）；

N —— 线圈匝数；

L —— 工件长度（mm）；

D —— 工件直径（mm）。

式（4-15）是线圈纵向磁化时使用得最多的一个公式，国内及国际上许多标准都推荐使用它。

使用式（4-15）时应注意，当 $L/D\leqslant 2$ 时，应适当调整电流值或改变 L/D 值（工件串连或加接长棒磁化）。当 $L/D\geqslant 15$ 时，按 15 进行计算。在低填充和中填充系数情况下，工件的有效磁化区为线圈半径，如图 4-40 所示。在磁化长工件时，超过有效磁化长度的工件要分段进行磁化，并分段进行检查。

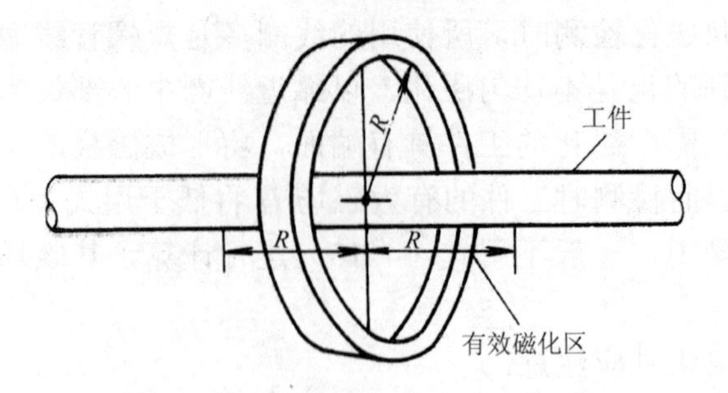

图4-40 低填充和中填充系数线圈有效磁化区

例题：某工件 L/D 值为 10，在线匝为 5 匝的低填充线圈中进行偏置放置直流磁化，求磁化电流。

解：$I=45000/(N\cdot L/D)=45000\div(5\times10)=900$（A）

2）当工件置于线圈中心进行连续法磁化检验时

$$NI=\frac{1690R}{6\frac{L}{D}-5}\quad(\pm10\%) \tag{4-17}$$

式中 R —— 磁化线圈半径（mm）；

1690 —— 经验常数。

式（4-16）适用于三相全波整流电，使用其它电流时应换算。

（2）高填充系数线圈或电缆缠绕纵向磁化的磁化规范 国家军用标准（GJB2028—1994）中规定，当线圈的横截面积小于 2 倍的受检零件横截面积按高填充计算。在进行连续法检查时，则线圈匝数 N 与线圈中流过的电流 I（A）的乘积为

$$NI=\frac{35000}{\frac{L}{D}+2} \tag{4-18}$$

式中 I —— 线圈磁化电流（A）；

N —— 线圈匝数；

L —— 工件长度（mm）；

D —— 工件直径（mm）。

在这种情况下，工件的外径应基本或完全与固定线圈的内径或缠绕线圈的内径相等，工件的长径比 L/D 大于或等于 3。在高填充情况下，工件的有效磁化区为线圈两侧分别延伸 200mm，如图 4-41 所示。

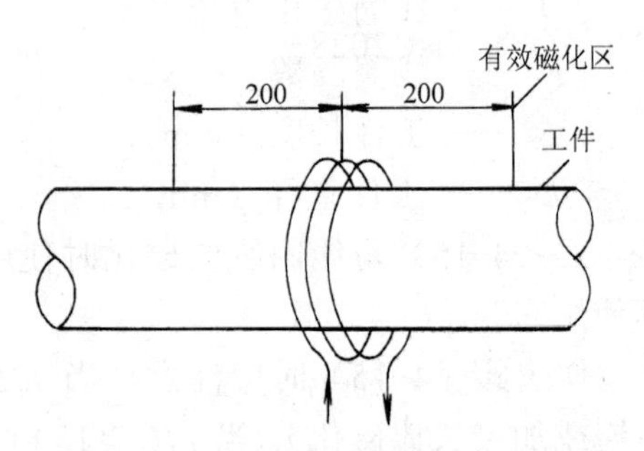

图4-41 高填充系数线圈有效磁化区

式（4-17）适用于三相全波整流电，使用其它电流时应换算。

例题：磁化某高填充系数工件，其 $L/D=5$，

线圈匝数为 1000，采用三相全波整流电磁化，求磁化电流。

解：$I=35000\div\left[N\cdot\left(\frac{L}{D}+2\right)\right]$ =35000/[1000×（5+2）]=5（A）

*（3）中填充系数线圈纵向磁化的磁化规范　中填充系数线圈是指工件填充系数介于高、低填充系数之间的线圈，即线圈横截面积与被检工件横截面积之比≥2 而<10。其磁化规范计算式为

$$NI=(NI)_{\mathrm{h}}\frac{10-\tau}{8}+(NI)_{\mathrm{L}}\frac{\tau-2}{8} \tag{4-19}$$

式中　$(NI)_{\mathrm{h}}$ —— 按式（4-17）计算出来的 NI 值；

$(NI)_{\mathrm{L}}$ —— 按式（4-15）或（4-16）计算出来的 NI 值；

τ —— 线圈横截面积与工件横截面积的比值。

例题：在填充系数为 4 的线圈中直流磁化某 L/D 为 10 的工件，已知线圈为 5 匝，求磁化电流？

解：填充系数为 4，即 τ=4，属中填充系数线圈磁化

$$NI=(NI)_{\mathrm{h}}\frac{10-\tau}{8}+(NI)_{\mathrm{L}}\frac{\tau-2}{8}=0.75(NI)_{\mathrm{h}}-0.25(NI)_{\mathrm{L}}$$

式中

$$(NI)_{\mathrm{L}}=\frac{45000}{\frac{L}{D}}=\frac{45000}{10}=4500$$

$$(NI)=\frac{35000}{\frac{L}{D}+2}=\frac{35000}{12}=2920$$

NI = 0.75 ×2920+0.25×4500 =3315

因为 N=5

所以 I = 3315÷5=663（A）

对以上工件探伤时，若工件为空心或圆筒形，则应采用有效直径的方法计算 L/D 值。具体方法在 GJB2028—1994《磁粉检验》中有如下规定：

当计算空心或圆筒形零件的 L/D 值时，D 应由有效直径 D_{eff} 代替，D_{eff} 的计算如下：

$$D_{\mathrm{eff}}=2\sqrt{\frac{A_{\mathrm{t}}-A_{\mathrm{h}}}{\pi}} \tag{4-20}$$

式中　A_{t} —— 零件总的横截面积（mm^2）；

A_{h} —— 零件空心部分横截面积（mm^2）。

对于圆筒形零件，上式等同于下式：

$$D_{eff}=\sqrt{(OD)^2-(ID)^2} \tag{4-21}$$

式中 OD —— 圆筒外直径（mm）；

ID —— 圆筒内直径（mm）。

（4）采用线圈磁化时，若采用剩磁法磁化，磁场强度推荐值列于表 4-5。

表 4-5 纵向磁化规范（剩磁法）

L/D	线圈中心磁场强度		
	A/m	A/cm	Oe
>10	12000	280	150
5<L/D<10	20000	200	250
2<L/D<5	2800	280	450

4.7.3 磁轭磁化

磁轭磁化与线圈开路磁化不同，它是在磁路闭合情况下进行的。它不仅与线圈安匝数有关，而且与磁路中的磁通势分配关系有关。由于各种磁化设备设计的不同，线圈参数常量及磁轭各段压降分配也不一致，要确定一个明显的关系式也比较困难。不同结构的探伤机的灵敏度是不同的，应根据结构特点区别对待。

（1）固定式磁轭极间法探伤　对固定式磁轭极间法探伤，应注意的是：

1）工件截面与磁极端面之比应≤1，这样才能保证工件上得到足够的磁通势，获得较大的磁化场。

2）工件长度一般应≤500mm，大于 500mm 时应考虑加大磁化安匝数或在工件中部增加线圈磁化。当工件长度大于 1000mm 以上时最好不采用极间法磁轭磁化或在其中间部位增加移动线圈磁化。

3）工件与磁轭间的空气隙及非磁性垫片（铜、铅等）将影响磁化场的大小。

对于磁轭极间法的规范，通常采用试片（试块）法或背景显示法。在确知探伤机各种参数时，也可以采用公式近似计算。

*在已知磁路主要参数时，可以用已知磁通求磁势的方法近似进行计算磁化电流。由于工件材料和尺寸大小都已知道，工件磁化时能获得的必要的磁通可以大致确定。为保证此磁通就必须对整个磁路进行按照材料和截面的不同进行分段，并按照磁路定理和有关定律计算出所需的磁势及磁化电流。计算可以采用电工原理上的无分支磁路计算方法进行。在计算结果确定后，应在实际使用时进行验证和修改。

（2）便携式磁轭探伤　便携式磁轭实际就是一个电磁铁。它的磁场大小由其电磁吸力所确定。采用便携式磁轭进行探伤时，通常用测定电磁提升力来控制其探伤灵敏度。标准规定，永久磁铁和直流电磁轭在磁极间距为 75～150mm 时，提升力至少应为 177N（18kgf）；交流电磁轭在磁极间距小于或等于 300mm 时其提升力应不小于 44N（4.5kgf）。

*电磁吸力一般用麦克斯韦吸力公式进行表示，公式为

$$F = \frac{1}{2}\frac{\Phi^2}{\mu_0 S} \tag{4-22}$$

式中　F —— 电磁吸力（N）；

Φ —— 磁轭上的磁通（Wb）；

S —— 磁轭的截面积（m^2）；

μ_0 —— 真空中的磁导率。

可见电磁吸力主要与磁路中的磁通和电磁轭的截面积有关。对于交流磁轭，在磁通 Φ、磁感应强度 B 都采用有效值的情况下，上式依然成立。不过此时计算的电磁吸力为平均值。

可以根据电磁吸力的大小来求电磁铁所需的安匝或由已知的安匝计算电磁的吸力。具体可参阅有关电工书籍。

为了检查磁铁的磁场强度以及与表面接触合适与否，可用测量拖开力进行验证。拖开力是施加在磁铁一个磁极上破坏其与检验表面的吸附状态而让另一磁极仍保持吸附状态的力。直流磁轭拖开力至少为 88N（9kgf），交流磁轭则应不小于 22N（2.25kgf）。

*4.8　利用磁特性曲线选取磁化规范

测出各种磁性材料的磁特性曲线及参数[B、B_r、H_c、μ、($B.H$) 等]，根据这些参数与外加磁化磁场强度 H 的关系来选择磁化规范，是一种理想的方法。它的优点是对各种磁性材料都能合理地选择磁化规范，满足探伤灵敏度的要求，有利于防止漏检和误检的现象发生。不足之处是必须作出各种材料的磁特性曲线，确定其参数，才能制定磁化规范。

4.8.1　磁化工作点选取的基本原则

在磁粉检测中，工件磁化场的工作点应根据工件上的磁通量或磁感应强度 B 值进行选择。不同类型缺陷显现时所需要的 B 值是不相同的。一般说来，表面上较大的缺陷（如淬火裂纹）所需要的 B 值较低，而较小缺陷（如发纹）或埋藏较深的缺陷需要的 B 值较高。为了保证有足够的 B 值在工件上产生漏磁场，磁化场 H_p 应大于一定的数值。对于不同的材料来说，即有 $H_p > H_{\mu m}$。$H_{\mu m}$ 是材料最大磁导率时所对应的磁场强度值，在该磁场下的磁感应强度 B 值点是过原点作磁化曲线切线的切点。该点是材料磁化最剧烈处。该点以下的磁化曲线部分，反映为材料磁化尚不充分，不能作为选择磁化规范的依据。该点以上的部分，即从 $H_{\mu m}$ 起，反映在材料磁导率从最大值开始下降，磁化剧烈程度有所减缓，磁感应曲线从急剧上升逐渐变得趋于平缓，形成了所谓“膝点”。若在该点附近选取材料的磁化场强度，一般能得到满意的效果。

从磁化场强度的选取中，应注意连续法和剩磁法的不同。连续法探伤可用于任何磁性材料，而剩磁法只能适用于保磁性能较强的材料及其制品的检测。由于材料的保磁性能主要与材料的剩余磁感应强度 B_r、矫顽力 H_c 及最大磁能积 $(HB)_m$ 的大小有关，因此能否实行剩磁探伤应根据上述参数综合考虑。一般在 $B_r>0.8T$，$H_c>1000A/m$ 时，或者 $(HB)_m>0.4kJ/m^3$ 时均可进行剩磁检测。

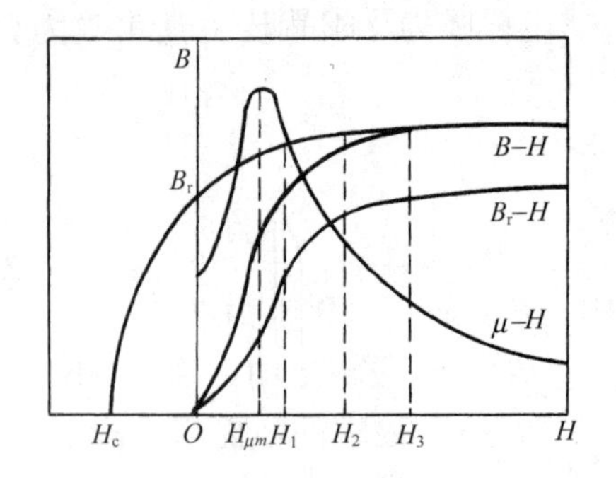

图4-42　周向磁化规范的制定

4.8.2　周向磁化规范的制定

图 4-42 及表 4-6 介绍了周向磁化规范的制定的基本原则。下面分别予以说明。

表 4-6　周向磁化规范制定范围选择

规范名称	检测方法		应用范围
	连续法	剩磁法	
严格规范	$H_2 \sim H_3$（基本饱和区）	H_3 以后（饱和区）	适用于特殊要求或进一步鉴定缺陷性质的工作
标准规范	$H_1 \sim H_2$（近饱和区）	H_3 以后（饱和区）	适用于较严格的要求
放宽规范	$H_{\mu m} \sim H_1$（激烈磁化区）	$H_2 \sim H_3$（基本饱和区）	适用于一般的要求（发现较大 的缺陷）。

（1）连续法　连续法周向磁场的选择一般选择在 $H_{\mu m} \sim H_3$ 之间为宜，如图 4-42 所示。具体选择方法如下：

1）标准磁化规范磁化场选取在 $H_1 \sim H_2$ 之间，此时磁感应强度近饱和，约为饱和磁感应强度的 80%～90%。以该范围的磁场去磁化工件时，工件表面细小缺陷很容易检查出来。

2）放宽磁化规范磁化场选取在 $H_{\mu m} \sim H_1$ 的激烈磁化区域，以该范围的磁场去磁化工件时，工件表面较大的缺陷能形成较强的漏磁场，使缺陷显现。

3）严格磁化规范磁化场可选取在 $H_2 \sim H_3$ 的基本饱和区范围，此时表面及近表面细微缺陷均能清晰显示。

（2）剩磁法　剩磁法检测时的磁化场应选取在远比 $H_{\mu m}$ 大的磁场范围，这样，当去掉磁化场后，工件上的剩磁和矫顽力才能保证有足够大的数值，确保工件具有足够的剩余磁性产生漏磁场，从而将缺陷发现出来。

选择时放宽磁化规范，一般在 $H_2 \sim H_3$ 的基本饱和磁化区，而标准规范则应选择在 H_3 以后的饱和磁化区，此时 B_r-H 曲线已经进入平坦（饱和）区域，最大磁滞回线已经形成。

4.8.3　周向磁化规范制定举例

为了说明利用磁特性曲线选取磁化规范的方法，现举例说明：

例题：有一材料为 30CrMnSiA 的轴，原材料进厂前经 900℃正火处理，现车制成 ϕ50mm 的轴坯后进行热处理，热处理工艺是 880℃油淬，300℃回火，然后磨削加工成 ϕ48mm 的成品轴，若进行周向磁化检查表面细小缺陷，求坯料和成品检测的方法和磁化

电流。原材料及成品时磁特性曲线如图 4-43 所示。

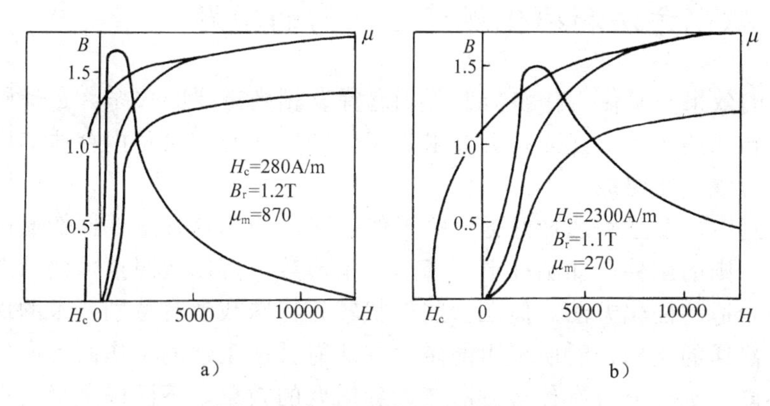

图4-43　30CrMnSiA 磁特性曲线

a）原材料状态　b）调质状态

解：1）原材料（坯料）检查。

从图 4-43a 可知，其 B_r=1.2T，H_c=280A/m，（HB）$_m$=0.135kJ/m^3，其保磁性能差，只能采用连续法探伤。因要求检查细小缺陷，采用标准规范磁化。其磁感应强度 B 为 1.4T 附近，磁场强度 H 约为 2600A/m。由此可以计算：

D＝50mm＝0.05m

$I=\pi DH=3.14\times0.05\times2600\approx400$（A）

2）成品检查

从图 4-43b 中可知，其 B_r=1.1T，H_c=2300A/m，最大磁能积（BH ）$_m$=1.178kJ/m^3，均较大，可以采用剩磁法探伤。剩磁法应在饱和磁感应强度时进行，即 B＝1.7T 附近，查此处磁场强度 H 为 14000A/m，由此计算：

D＝48mm＝0.048m

$I=\pi DH=3.14\times0.048\times14000\approx2100$（A）

若采用连续法，其磁感应强度 B 约为 1.4T，此时磁场强度 H 约为 4800A/m，相应磁化电流应为

$I=\pi DH=3.14\times0.048\times4800\approx720$（A）

4.8.4　纵向磁化规范的确定

在线圈纵向磁化中，由于存在着退磁场，工件内的有效磁场不等于磁化场，并且工件中各处的退磁因子不同，因而各处的退磁场也不一样。要用磁特性曲线确定纵向磁化规范，必须首先确定工件表面的有效磁场。而这有效磁场又与磁化装置的线圈参量常数及工件退磁因子有关。这些都使得表面磁场计算困难。因此，线圈纵向磁化规范选择上多用经验公式，很少直接用磁特性曲线来确定其磁化规范，而多数是用它来定性地对规范进行分析。对于磁轭磁化的纵向磁场，在已知各磁路参数的情况下，可以参照磁路有关公式计算。根据此时确定的工件中的 B 值能确定磁路中的磁通量。但由于磁路的非线性和不均匀性，计算值仅为近似值，使用中还应当进行验证。

*4.9 选择磁化方法和磁化规范应注意的问题

磁粉检测的效果与磁化工作参数的正确选择有相当重要的关系。选择磁化工作参数实质就是在被检测的工件上建立符合要求的工作磁场，而它又是由合适的磁路及足以显示缺陷的磁感应强度所组成。

在磁粉检测中，要正确选择好磁化的工作磁路，即选择好工件探伤面的磁化方法。对于一般形状规则的工件，如圆柱形、管形、条形等，可以按照技术要求选择上面介绍的一种或几种合适的磁化方法。但在一些形状较为特殊或者有特别要求的地方，则要认真分析工件上磁通的走向，看所采用的磁化方法能否在工件的工作面上产生合适方向的磁场。如果不能，则要分析有什么方法能达到需要的效果。下面以叉形工件的磁路分析举例说明工作磁通的建立。

叉形工件是指外形上不一致，带有一个或多个分支部分的工件。叉形工件在生产中很多地方使用，如汽车的转向节、十字接头、管道的三通等等。这些工件的共同特点是工件磁化时形成的磁路不是一个单一回路，而是形成了磁路分支。在考虑这些分支磁路时，要从磁路的闭合（即形成磁回路）上来分析，因此，在考虑磁化方法时既要考虑主磁路上的磁通，也要考虑分磁路上磁通的分布。可以用绘制磁通流向图的方法来分析磁路。由于各部分磁路上的磁通不一致，为了达到检测的目的，往往采用不同的方法对各部分进行磁化，以有利于缺陷的发现。如磁化十字接头时，为了发现纵向缺陷，可以采取对接头分别通电的方法；为了发现横向的缺陷，则可对相关部分采用线圈缠绕或通磁的方法进行磁化。对于其它的叉形工件，也是在分析其磁路的走向及缺陷的方向再决定其探伤方法的。

总之，检测时不能固守某一种磁化方法。应该根据工件检测的要求和检测设备的可能来确定磁化的方法。必要时，可以加设一些辅助的方法来进行磁化。

在确定工件的磁化电流规范时，有标准形状（简单形状）工件和异形工件（复杂形状）工件之分。通常所说的标准形状，是指符合磁化标准规范推荐计算方法的工件，如在通电磁化时的圆形、方形等有规则的磁化截面，或是纵向磁化时有符合要求长径比的规则工件。对于这些工件的磁化，只需要按照相应磁化电流计算公式计算就行了。但应该注意所用磁化公式的应用范围。比如说，采用中心导体法磁化管件时，若管件有一定的厚度，则管内壁、外壁和侧面所需要的磁化规范是不一样的。在要求不严格或壁厚差不大时，可以采用一个规范；但当有特别要求时，就不能不考虑各自的规范了。

但当工件整体外形与标准形状工件具有不同的形状时，就需要采用特别的办法进行处理。一般可采用两种办法进行处理：

1）分割法。即将工件假想分割成若干个小的单元，使每一个单元都符合标准形状工件的形状，然后各单元采用相应的方法和公式进行计算和检查，最后再按检查结果进行评定。这种方法常用于大中型且有较大形状差异的工件，如曲轴、法兰盘、焊接件等。

2）近似计算法。这种方法针对一些外形差异不大的工件或部位，特别是对一些较小的工件应用较为普遍。如对刺刀、锥度不大的工件，有一定台阶的轴等。对这些工件，

往往选取一个适中的尺寸，再套用相关的公式进行计算磁化规范并考虑适当的误差。这种方法常与第一种方法结合使用。

采用通电法进行磁化时，由于磁化电流磁化的是工件自身，产生的磁场又是周向磁场，故工件自身的铁磁性对磁化电流产生的磁场看不出大的影响。但当采用感应法磁化工件时，工件本身的退磁场将对原磁化场产生较大的影响。最典型的事例是在交叉线圈旋转磁场中。当采用四线圈所形成的两个方向上旋转磁场时，从理论计算中可以得出在未放置工件时空间的磁场是均匀的，但当放置不同形状的工件时，工件上的磁场在各个方向并不一致。当放入球状或长径比小的工件时，工件上的磁场与空间磁化场的方向和大小基本相同（可用试片进行测试），各个方向上的缺陷显现也比较一致；而放置长轴类工件时，则发现横向缺陷比发现纵向（沿轴向）缺陷容易得多。这说明纵向磁场比横向磁场要强，对横向缺陷的检测灵敏度要高。其原因是感应磁化时工件铁磁性对磁化场造成了影响，形成了对工件的不均匀磁化。这在进行磁场分析时是应当考虑的。

同样对多向磁化应考虑磁化工件各个方向的磁场应力求均匀，即工件各方向上的磁场大小应尽量一致。对于多向磁化时磁场的计算，一般采用逐点计算方法。即按磁化的一个周期进行分析。将该周期平均分成若干个时刻，计算出每一个时刻上几种不同方向磁场的叠加矢量，描绘出其方向和大小，再结合工件形状进行分析，必要时再用试验方法进行验证，以求得正确的磁化规范。

复　习　题

1．什么是磁化电流?最常用的磁化电流有哪几种?各有什么特点?

2．交流电有哪些主要特点?对磁粉检测有哪些优点和局限性?

3．磁粉检测中如何考虑选择交流电、单相半波和三相全波电流作磁化电流?

4．影响磁粉检测灵敏度的主要因素有哪些?

5．为什么要选择最佳磁化方向?选择工件磁化方法应考虑的主要因素有哪些?

6．磁化方法有哪些种类?常用的主要磁化方法有哪些?

7．通电法和中心导体法有何差异?其磁场分布有什么不同?如何计算其磁化电流?

8．叙述中心导体法在不同工件中的应用。

9．使用偏置中心导体法应注意哪些事项?

10．触头通电法的有效磁化范围如何确定?怎样选取磁化电流?

11．叙述感应电流磁化法的原理。

12．线圈法磁化时磁场是怎样分布的?

13．线圈法磁化时要注意哪些问题?

14．固定式磁轭和便携式磁轭有何异同?使用中要注意哪些问题?

15．有哪些常见的多向磁化方法?它们磁场变化的轨迹是怎样的?

*16．为什么不推荐使用平行磁化法?

17．通电法或中心导体法计算磁化电流的基本公式是什么?

*18．磁化规范选取有哪几种主要方法?

19．有效直径和当量直径有什么不同?各用在什么地方?

20．采用线圈对工件作纵向磁化时应注意哪些问题?

21．计算线圈纵向磁化有哪些公式?这些公式是如何表达的?

22．怎样确定不同填充系数的线圈的有效磁化区?

*23．利用材料的磁特性选取磁化规范时，其磁化工作点选取的基本原则是什么?

*24．对不规则形状的工件如何考虑其磁化方法及磁化规范?

*25．对工件实施多向磁化时应注意哪些问题?

第 5 章　磁粉检测工艺与操作

5.1　磁粉检测工艺流程

5.1.1　磁粉检测的工艺流程图

工件实施磁粉检测，应该有一定的工艺流程的。正确地执行这些程序，才能保证检验的工作质量。磁粉检测工艺流程的主要内容如图 5-1 所示。

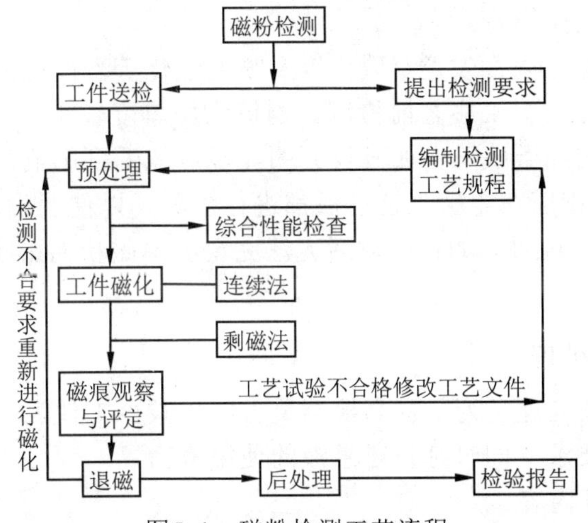

图5-1　磁粉检测工艺流程

5.1.2　磁粉检测的操作程序

磁粉检测的操作主要由六个部分组成：① 预处理；② 磁化被检工件；③ 施加磁粉或磁悬液；④ 在合适的光照下，观察和评定磁痕显示；⑤ 退磁及后处理。

在施加磁粉或磁悬液过程中，由于磁化方法有连续法（外加磁场法）和剩磁法之分，因此磁悬液施加的时间也有所不同，它们的操作程序也有所差异。连续法是在磁化过程中施加磁粉，而剩磁法是在工件磁化后施加磁粉，它们的操作程序如图 5-2 所示。

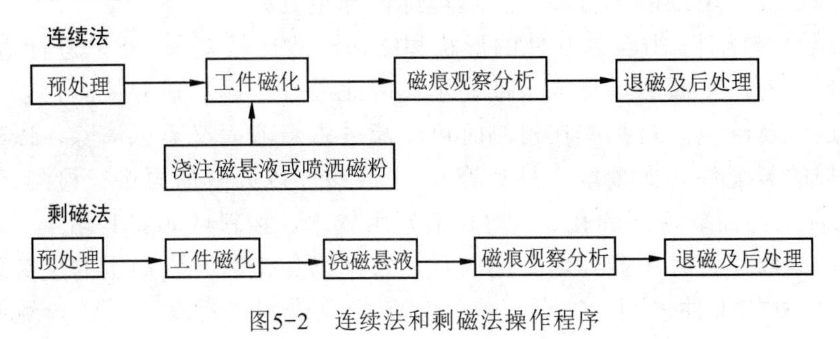

图5-2　连续法和剩磁法操作程序

两者之间的主要区别在于施加磁悬液的时间不同。另外，一些连续法检测的工件在后处理时可不必退磁，而剩磁法检测的工件一般都需要退磁。同时，剩磁法不能用于干粉法检测，也不能用于多向磁化。

5.2 工序安排与工件预处理

5.2.1 磁粉检测的时机

为了提高产品的质量，以及在产品的制造过程中尽早发现材料或半成品中的缺陷，降低生产制造成本，应当在产品制造的适当时机安排磁粉检测，安排的原则是：

1）检测工序一般应安排在容易发生缺陷的加工工序（如锻造、铸造、热处理、冷成形、电镀、焊接、磨削、机加工、校正和载荷试验等）之后，特别是在最终成品时进行。必要时也可在工序间安排检查。

2）电镀层、涂漆层、表面发兰、磷化以及喷丸强化等表面处理工艺会给检测缺陷显示带来困难，一般应在这些工序之前检测。当镀涂层厚度较小（不超过 50μm）时，也可以进行检测，但一些细微缺陷（如发纹）的显现可能受到影响。如果镀层可能产生缺陷（如电镀裂纹等），则应在电镀工艺前后都进行检测，以便明确缺陷产生的环境。

3）对滚动轴承等装配件，如在检测后无法完全去掉磁粉而影响产品质量时，应在装配前对工件进行检测。

5.2.2 被检工件的预处理

对受检工件进行预处理是为了提高检测灵敏度、减少工件表面的杂乱显示，使工件表面状况符合检测的要求，同时延长磁悬液的使用寿命。

预处理主要有以下内容：

1）清除工件表面的杂物，如油污、涂料、铁锈、毛刺、氧化皮、金属屑等。清除的方法根据工件表面质量确定。可以采用机械或化学的方法进行清除。如采用溶剂清洗、喷砂或硬毛刷、除垢刀刷除等方法，部分焊缝还可以采用手提式砂轮机修整。清除杂物时特别要注意如螺纹凹处、工件曲面变化较大部位淤积的污垢。用溶剂清洗或擦除时，注意不要用棉纱或带绒毛的布擦拭，防止磁粉滞留在棉纱头上造成假显示影响观察。

2）清除通电部位的非导电层和毛刺。通电部位的非导电层（如漆层及磷化层等）及毛刺不仅会隔断磁化电流，还会在通电时产生电弧烧伤工件。可采用溶剂清洗或在不损伤工件表面的情况下用细砂纸打磨，使通电部位导电良好。

3）分解组合装配件。组合装配件的形状和结构一般比较复杂，难以进行适当的磁化，而且在其交界处易产生漏磁场形成杂乱显示，因此最好分解后进行检测，以利于磁化操作、观察、退磁及清洗。对那些在检测时可能流进磁悬液而又难以清除，以致工件运动时会造成磨损的装配件（如轴承、衬套等），更应该加以分解后再进行检测。

4）对工件上不需要检查的孔、穴等，最好用软木、塑料或布将其堵上，以免清除磁粉困难。但在维修检查时不能封堵上述的孔、穴，以免掩盖孔穴周围的疲劳裂纹。

5）干法检测的工件表面应充分干燥，以免影响磁粉的运动。湿法检测的工件，应

根据使用的磁悬液的不同，用油磁悬液的工件表面应不能有水分，而用水磁悬液的工件表面则要认真除油，否则会影响工件表面的液体吸附。

6）有些工件在磁化前带有较大的剩磁，有可能影响检测的效果。对这类工件应先进行退磁，然后在进行磁化。

7）如果磁痕和工件表面颜色对比度小，可在检测前先给工件表面涂敷一层反差增强剂。

经过预处理的工件，应尽快安排检测，并注意防止其锈蚀、损伤和再次污染。

5.3　检验方法

磁粉检测是以磁粉作显示介质对缺陷进行观察的方法。根据磁化时施加的磁粉介质种类有湿法和干法之分，按照工件上施加磁粉的时间，检验的方法有连续法和剩磁法之分。

5.3.1　湿法和干法

湿法又叫磁悬液法。它是在工件检测过程中，将磁悬液均匀分布在工件表面上，利用载液的流动和漏磁场对磁粉的吸引，显示出缺陷的形状和大小。由于施加磁悬液的时间不同，湿法又有连续法磁化和剩磁法磁化之分。

干法又叫干粉法。在一些特殊场合下，不能采用湿法进行检测，而采用特制的干磁粉按程序直接施加在磁化的工件上，工件的缺陷处即显示出磁痕。

湿法检测中，由于磁悬液的分散作用及悬浮性能，可采用的磁粉粉粒较小，因此它具有较高的检测灵敏度。而干法施用的磁粉粉粒一般较大，而且只能用于连续法磁化，因此它只能发现较大的缺陷。一些细微的缺陷，如细小裂纹及发纹等，用干法检测不容易检查出来。

干法检测多用于大型铸、锻件毛坯以及大型结构件、焊接件的局部区域检查，通常与便携式设备配合使用。湿法检测常与固定式设备配合使用，特别适用于批量工件检查，检测灵敏度比干法要高，磁悬液可以回收和重复使用。

5.3.2　连续法和剩磁法

连续法是在工件被外加磁场磁化的同时施加磁粉或磁悬液，当磁痕形成后，立即进行观察和评价。它又叫附加磁场法或现磁法。剩磁法是先将工件进行磁化，然后在工件上浇浸磁悬液，待磁粉凝聚后再进行观察。这是一种利用材料剩余磁性进行检测的方法，故叫剩磁法。

几乎所有的的钢铁零件都能采用连续法进行磁化，而选择剩磁法检测的工件则必须在磁化后具有相当的剩余磁性才行。一般的低碳钢、低合金钢以及处于退火状态或热变形后的工件，只能采用连续法检测。而经过热处理（淬火、调质、渗碳、渗氮等）的高碳钢和合金结构钢其剩余磁感应强度和矫顽力均较高者一般可以采用剩磁法检测。

连续法和剩磁法检测的特点见表 5-1。

表 5-1 连续法和剩磁法检测比较

磁化方法	优 点	缺 点
连续法	1．适用于任何铁磁材料 2．具有最高的检测灵敏度 3．能用于复合磁化	1．检验效率较剩磁法低 2．易出现干扰缺陷磁痕的杂乱显示
剩磁法	1．检验效率高 2．杂乱显示少，判断磁痕方便 3．目视检查可达性好 4．有足够的探伤灵敏度	1．剩磁低的材料不适用 2．不能用于多向磁化 3．不能采用干法探伤 4．交流磁化时要加相位断电器

在宇航工业及兵器行业中，广泛采用剩磁法检查，而在锅炉压力容器现场检测中，多采用连续法进行检查。

*5.3.3 磁粉检测-橡胶铸型法

磁粉检测-橡胶铸型法是采用剩磁法检验，并将显示出来的不连续性磁痕用室温硫化硅橡胶进行复印，根据复印所得的橡胶铸型件在实体显微镜下对不连续性进行观察和分析。

磁粉检测-橡胶铸型法检验的工序是：

1）用剩磁法磁化零件。如果相邻两个孔的间距小于 50mm 时，应对孔间隔磁化，如先磁化 1、3、5 等单号孔，后磁化 2、4、6 等双号孔；

2）浇注磁悬液。将充分搅拌均匀的磁悬液用滴管注入孔内并注满，保持 10s 左右后将磁悬液去掉；

3）漂洗。将无水乙醇用滴管注入孔内，注满后再去掉；

4）干燥。充分干燥孔壁；

5）堵孔。对通孔要用胶布或胶纸贴在孔的下端进行封堵；

6）安放金属套。在受检孔上端，安放一个高 10～15mm、内径大于受检孔的金属套，以便于标记和拔出橡胶铸型件；

7）浇注橡胶液。将需要量的橡胶液倒在塑料杯内，加入适量的硫化剂搅拌均匀，经过金属套慢慢注入孔内，直至注满金属套为止；

8）取橡胶铸型件。待橡胶液固化后，去掉堵孔材料，用手握住金属套轻轻松动橡胶铸型件两端，然后将其慢慢拔出或用棍顶出；

9）磁痕观察。在可见光下用 10 倍放大镜观察橡胶铸型件上的磁痕显示。若要间断跟踪疲劳裂纹的扩展情况，则必须在实体显微镜（放大倍数 20～40）下观察并用带读数的目镜测量裂纹的长度；

10）记录和保存。检验结果应记入专用记录本中，橡胶铸型件应用玻璃纸包好，装入专用试样袋内长期保存。

5.4 磁化操作

5.4.1 磁化电流的调节

在磁粉检测中，磁化磁场的产生主要靠磁化电流来完成的，认真调节好磁化电流是

磁化操作的基本要求。

电流调节在检测设备上进行。按照磁化电源提供的电压调节方式，有无级调压和分级调压两种形式。无级调压多为晶闸管调整电压方式，调整时应注意晶闸管调压不是均匀变化的。一般在开始时电压变化较小，逐步增大后又变小，这是由于晶闸管导通角触发的是正弦波的缘故。分级调压多为调整自耦变压器的线圈匝数比值，这种方式是有触点开关方式，按触点分布情况，电压调节比较均匀。

由于磁粉检测中通电磁化时电流较大，为防止开关接触不良时产生电弧火花烧伤电触头，通常电压调整和电流检查是分别进行的，即将电压开路调整到一定位置再接通磁化电流，一般不在磁化过程中调整电流。调整时，电压也是由低到高进行调节，以避免工件过度磁化。

电流的调整应在工件置入探伤机形成通电回路后才能进行。对通电法或中心导体法磁化，电流调整好后不能随意更换不同类型工件。必须更换时，应重新核对电流，不合要求应重新调整。

线圈磁化时应注意交直流线圈电流调整的差异。对于直流线圈，线圈中有无工件电流变化不是太大；但对于交流线圈，线圈中的工件将影响电流的调整。

5.4.2　综合性能鉴定

磁粉检测系统的综合性能是指利用自然缺陷或人工缺陷试块上的磁痕来衡量磁粉检测设备、磁粉和磁悬液的系统组合特性。综合性能又叫系统综合灵敏度，利用它可以反映出设备工作是否正常及磁介质的好坏。

鉴定工作在每班检测开始前进行。用带自然缺陷的试块鉴定时，缺陷应能代表同类工件中常见的缺陷类型，并具有不同的严重程度。当按规定的方法和磁化规范检查时，若能清晰地显现试块上的全部缺陷，则认为该系统的综合性能合格。当采用人工缺陷试块（环形试块或灵敏度试片）时，用规定的方法和电流进行磁化，试块或试片上应清晰显现出适当大小和数量的人工缺陷磁痕，这些磁痕即表示了该系统的综合性能。在磁粉检测工艺图表中应规定对设备器材综合性能的要求。

5.4.3　磁粉介质的施加

（1）干法操作的要求　干法检测常与触头支杆、“Π”形磁轭等便携式设备并用，主要用来检查大型毛坯件、结构件以及不便于用湿法检查的地方。

干法检测必须在工件表面和磁粉完全干燥的条件下进行，否则表面会粘附磁粉使衬底变差影响缺陷观察。同时，干法检测在整个磁化过程中要一直保持通电磁化，只有观察磁痕结束后才能撤除磁化磁场。施加磁粉时，干粉应呈均匀雾状分布于受检工件表面，形成一层薄而均匀的磁粉覆盖层。然后用压缩空气轻轻吹去多余的磁粉。吹粉时，要有顺序地移动风具，从一方向吹向另一个方向，注意不要干扰缺陷形成的磁痕，特别是弱磁场吸附的磁粉。

磁痕的观察和分析在施加干磁粉和去除多余磁粉的同时进行。

（2）湿法操作的要求　湿法有油、水两种磁悬液。它们常与固定式检测设备配合使用，也可以与其它设备并用。

湿法的施加方式有浇淋和浸渍。所谓浇淋是通过输液软管和喷嘴将液槽中的磁悬液均匀施加到工件表面，或者用毛刷或喷壶将搅拌均匀的磁悬液涂洒在工件表面。浸渍是将已被磁化的工件浸入搅拌均匀的磁悬液槽中，在工件被均匀湿润后再慢慢从槽中取出来。浇法多用于连续法磁化以及尺寸较大的工件。浸法则多用于剩磁法检测时尺寸较小的工件。采用浇淋法时，要注意液流不要过猛，以免冲掉已形成的磁痕；采用浸渍法时，要注意在液槽中的浸放时间和取出方法的正确性，浸放时间过长或取出太快都将影响磁痕的生成。

使用水磁悬液时，载液中应含有足够的润湿剂，否则会造成工件表面的不湿润现象（水断现象）。一般说来，当水磁悬液漫过工件时，工件表面液膜断开，形成许多小水点，就不能进行检测，还应加入更多的润湿剂。工件表面的粗糙度越低所需要的润湿剂也越多。但润湿剂增多的量应适当，不能使磁悬液的 pH 值过高，一般应在 9.2 以下。

在半自动化检查中使用多喷嘴对工件进行磁悬液喷洒时，应注意调节各喷嘴的位置，使磁悬液能均匀地覆盖整个检查面。注意各喷嘴磁悬液的流量大小，防止液流过急影响磁痕生成。

5.4.4 连续法和剩磁法操作要点

连续法操作的要点是：

1）采用湿法时在工件通电的同时施加磁悬液，至少通电两次，每次时间不得少于 0.5s，磁悬液均匀湿润后再通电数次，每次 0.5～1s，检验可在通电的同时或断电之后进行。

2）采用干法检测时应先进行通电，通电过程中再均匀喷撒磁粉和干燥空气吹去多余的磁粉，在完成磁粉施加并观察磁痕后才能切断电源。

剩磁法操作的要点是：

1）磁化电流的峰值应足够高，通电时间为 1/4 至 1s；冲击电流持续时间应在 1/100s 以上，并应反复几次通电。

2）工件要用磁悬液均匀湿润，有条件时应采用浸入的方式。工件浸入均匀搅拌的磁悬液中数秒（一般是 3～20s）后取出，然后静置数分钟后再进行观察。采用浇液方式时应注意液压要微弱，可浇 2～3 次，每次间隔 10～15s 左右，注意不要冲掉已形成的磁痕。在剩磁法操作时，从磁化到磁痕观察结束前，被检工件不应与其它铁磁性物体接触，以防止产生“磁写”现象。

5.4.5 磁化操作技术

工件磁化方法有周向磁化、纵向磁化及多向磁化三种。磁化方法不同时应注意其对磁化操作的要求。

当采用通电法周向磁化时，由于磁化电流数值较大（10^2～10^4 数量级），在通电时要注意防止工件过热或因工件与磁化夹头接触不良造成端部烧伤。在探伤机夹头上应有完善的接触保护装置，如覆盖铜网或铅垫，以减少工件和夹头间的接触电阻。另外在夹持工件时应有一定的接触压力和接触面积，使接触处有良好的导电性能。在磁化时还应注意施加激磁电流的时间不宜过长，以防止工件温升超过许可范围，特别是直

流磁化时更是如此。在采用触头法磁化时，如果触头与工件间的接触不好，则容易在触头电极处烧伤工件或使工件局部过热。因此在检测时，触头与工件间的接触压力要足够，与工件接触或离开时要断电操作，防止接触处打火烧伤工件的现象发生。并且一般不用触头法检查表面光洁要求较高的工件。触头法检查时应根据需要进行多次移动磁化，每次磁化应按规定有一定的有效检测的范围，并注意有效范围边缘应相互重叠。检测用触头的电极一般不用铜制作，因为铜在接触不良打火时可能渗入钢铁中影响材料的使用性能。

在采用中心导体法磁化时，心棒的材料可用铁磁性也可以用非铁磁性材料。为了减少心棒导体的通电电阻，常常采用导电良好并具有一定强度的铜棒（铜管）或铝棒。当心棒位于管形工件中心时，工件表面的磁场是均匀的，但当工件直径较大探伤设备又不能提供足够的电流时，也可采用偏置心棒法检查。偏置心棒应靠近工件内表面，检测时应不断转动工件（或移动心棒）进行检测，这时工件需注意圆弧面的分段磁化并且相邻区域要有一定的重叠面。

采用线圈法进行纵向磁化时，应注意交直流线圈的区别。在线圈中磁化时，工件应平行于线圈轴放置。不允许手持工件放入线圈的同时进行通电，特别是采用直流电线圈磁化时，更应该防止强磁力吸引工件造成对人的伤害。若工件较短（$L/D<2$）时，可以将数个短工件串联在一起进行检测，或在单个工件上加接接长杆检测。若工件长度远大于线圈直径，由于线圈有效磁化范围的影响，应对长工件进行分段磁化。分段时每段不应超出线圈直径的一半，且磁化时要注意各段之间的覆盖。线圈直流磁化时，工件两端头部分的磁力线是发散的，端头面上的横向缺陷不易得到显示，检测灵敏度不高。可以采用快速切断电流的方法解决这一问题。快速切断电流时，由于自感的作用，垂直于工件的截面上将感应产生闭合的电流，这种感应电流产生的磁场正好与缺陷构成一定角度，使缺陷能被检查出来。当采用电缆缠绕方法对工件进行磁化时，要注意缠绕部位不能掩盖缺陷的显示，必要时可采用线圈逐渐推移磁化方式以进行缺陷检查。

用磁轭法进行直流纵向磁化时，磁极与工件间的接触要好，否则在接触处将产生很大的磁阻影响检测灵敏度。极间磁轭法磁化时，如果工件截面大于铁心截面，工件中的磁感应强度将低于铁心中的磁感应强度，工件得不到必要的磁化；而工件截面若是甚小于铁心截面时，工件两端由于截面突变在接触部位产生很强的漏磁通，使工件端部检测灵敏度降低。为避免以上情况，工件截面最好与铁心截面接近。极间磁轭法磁化时还应注意工件长度的影响，一般长度应在 0.5m 以下，最长不超过 1m，过长时工件中部将得不到必要的磁化。此时只有在中间部位增加移动线圈进行磁化，才能保证工件各部分检测灵敏度的一致。

在采用便携式磁轭及交叉磁轭旋转磁场检测时，应注意磁极端面与工件表面的间隙不能过大，如果有较大的间隙存在，接触处将有很强的漏磁场吸引磁粉，形成检测盲区并降低工件表面上的检测灵敏度。检测平面工件时，还应注意磁轭在工件上的行走（移动）速度要适宜，并保持一定的覆盖面。

对于其它的磁化方法，也应注意其使用的范围及有效磁化区。注意操作的正确性，防止因失误影响检测工作的进行。

不管是采用何种检测方法，在通电时是不允许装卸工件的，特别是采用通电法和触头法时更是如此。这一方面是为了操作安全，另一方面也是防止工件端部受到电烧蚀而影响产品使用。

5.5 磁痕观察、评定与记录

5.5.1 磁痕观察的环境

磁痕是磁粉在工件表面形成的图像，又叫作磁粉显示。观察磁粉显示要在标准规定的光照条件下进行。采用白光检查非荧光磁粉或磁悬液显示的工件时，应能清晰地观察到工件表面的微细缺陷。此时工件表面的白光强度至少应达到1500lx。若使用荧光磁悬液时，必须采用紫外线灯，并在有合适的暗室或暗区的环境中进行观查。采用普通的紫外线灯时，暗室或暗区内的白光照度不应大于20lx，工件表面上的紫外线波长和强度也应符合标准规定。刚开始在紫外灯下观察时，检查人员应有暗场适应时间，一般不应少于5min，以使眼睛适应在暗光下进行观察。

使用紫外灯时应注意：

1）紫外灯刚点燃，黑光输出达不到最大值，所以检验工作应等5min以后再进行；

2）要尽量减少灯的开关次数。频繁启动会缩短灯的寿命；

3）紫外灯使用一段时间后，辐射能量下降，所以应定期测量紫外辐照度；

4）电源电压波动对紫外灯影响很大。电压低，灯可能启动不了，或使点燃的灯熄灭；当使用的电压超过灯的额定电压时，对灯的使用寿命影响也很大，所以必要时应装稳压电源，以保持电源电压稳定；

5）滤光片如有损坏，应立即调换；滤光片上的脏污应及时清除，因为它影响紫外线的发出；

6）避免将磁悬液溅到紫外灯泡上，使灯泡炸裂；

7）不要将紫外灯直对着人的眼睛直照。

5.5.2 磁痕观察的方法

对工件上形成的磁痕应及时观察和评定。通常观察在施加磁粉结束后进行，在用连续法检验时，也可以在进行磁化的同时检查工件，观察磁痕。

观察磁痕时，首先要对整个检测面进行检查，对磁粉显示的分布大致了解。对一些体积太大或太长的工件，可以划定区域分片观察。对一些旋转体的工件，可画出观察起始位置再进行磁痕检查。在观察可能受到妨碍的场合，可将工件从探伤机上取下仔细检查。取下工件时，应注意不要擦掉已形成的磁粉显示或使其模糊。

观察时，要仔细辨认磁痕的形态特征，了解其分布状况，结合其加工过程，正确进行识别。对一些不清楚的缺陷磁痕，可以重复进行磁化，必要时还可加大磁化电流进行磁化，也可以采用低倍放大镜（5倍以下）对磁痕进行观察。

5.5.3 材料不连续性的认识与评定

材料的均匀状态（致密性）受到破坏，自然结构发生突然变异叫做不连续性。这种

受到破坏的均质状态可能是材料中固有的，也可能是人为制造的。而通常影响材料使用的不连续性就叫做缺陷。

并非所有的磁粉显示都是缺陷磁痕。除缺陷能产生磁粉显示外，工件几何形状和截面的变化、表面预清理不当、过饱和磁化、金相组织变化等都可能产生磁粉显示。应当根据工件的工艺特点和磁粉的不同显示分析磁痕产生的原因，确定磁痕的性质。

磁粉检测只能发现工件表面和近表面（表层）上的缺陷。这两种显示的特征不完全相同。表面缺陷磁痕一般形象清晰、轮廓分明，线条纤细并牢固地吸附在工件表面上，而近表面缺陷磁粉显示清晰程度较表面差，轮廓也比较模糊成弥散状。在擦去磁粉后，表面缺陷可用放大镜看到缺陷开口处的痕迹，而近表面缺陷则很难观察到缺陷的露头。

对于缺陷及非缺陷产生的磁粉显示以及假显示也应该正确识别。缺陷的磁痕又叫相关显示，有一定的重复性，即擦掉后重新磁化又将出现；同时，不同工件上的缺陷磁痕出现的部位和形态也不一定相同，即使同为裂纹，也都有不同的形态。而几何形状等引起的磁痕（非相关显示）一般都有一定规律，假显示没有重复性或重复性很差。第 6 章详细介绍了各种磁痕特征及识别方法。

对工件来说，不是有了缺陷就要报废。因此，对有缺陷磁痕的工件，应该按照验收技术条件（标准）对工件上的磁痕进行评定。不同产品有不同的验收标准，同一产品在不同使用地方也有不同要求。比如发纹在某些产品上是不允许的，但在另一些产品上则是允许的。因此，严格按照验收标准评定缺陷磁痕是必不可少的工作。

5.5.4　磁痕的记录与保存

磁粉检测主要是靠磁痕图像来显现缺陷的。应该对磁痕情况进行记录，对一些重要的磁痕还应该复制和保存，以作评定和使用的参考。

磁痕记录有几种方式：

1）绘制磁痕草图。在草图上标明磁痕的形态、大小及尺寸。

2）透明胶纸粘印。用化学溶剂（四氯化碳等）小心除去磁痕周围油液并让磁痕干燥后，再用薄透明胶纸覆盖在磁痕上将磁痕粘印下来，然后取下胶纸再贴到具有反差颜色的纸或卡片上。此法经剥取和粘贴程序，极易改变磁痕图像原貌，需小心操作。

3）在磁痕上喷涂一层可剥离的薄膜，将磁痕粘在上面取下薄膜。

4）用橡胶铸型法对一些难于观察的重要孔穴内的磁痕进行保存。

5）照相复制。对带磁痕的工件或其磁痕复制品进行照相复制，用照片反映磁痕原貌。照相时，应注意放置比例尺，以便确定缺陷的大小。

6）用记录表格的方式记下磁痕的位置、长度和数量。

对记录下的磁痕图像，应按规定加以保存。对一些典型缺陷的磁痕，最好能够作永久性记录。

5.5.5　试验记录与检测报告

试验记录应由检测人员填写。记录上应真实准确记下工件检测时的有关技术数据并反映检测过程是否符合工艺说明书（图表）的要求，并且具有可追踪性。主要应包括以下内容：① 试件。记录其名称、尺寸、材质、热处理状态及表面状态。② 检测条件。包括检测装置、磁粉种类（含磁悬液情况）、检验方法、磁化电流、磁化方法、标准试块、磁化规范等。③ 磁痕记录。应按要求对缺陷磁痕大小、位置、磁痕等级等进行记录。在采用有关标准评定时，还应记下标准的名称及要求。④ 其它。如检测时间、检测地点以及检测人员姓名与技术资格等。

检测报告是关于检测结论的正式文件，应根据委托检测单位要求作出，并由检测责任人员等签字。检测报告可按有关要求制定。

5.6 退磁

5.6.1 铁磁材料的退磁原理

铁磁材料磁化后都不同程度地存在着剩余磁场，特别是经剩磁检测的工件其剩余磁性就更强。在工业生产中，除了有特殊要求的地方，一般都不希望工件上的残留磁场过大。因为具有剩磁的工件，在加工过程中会加速工具的磨损，可能干扰下道工序的进行以及影响仪表及精密设备的使用等等。退磁就是消除材料磁化后的剩余磁场使其达到无磁状态的过程。

退磁的目的是打乱由于试件磁化引起的磁畴方向排列的一致，让磁畴恢复到未磁化前的那种杂乱无章的磁中性状态，亦即 $B_r=0$。退磁是磁化的逆过程。

打乱磁畴排布的方法有两种，即热处理退磁法和反转磁场退磁法。另外还有所谓振动去磁法，在磁粉检测上效果不显著，很少用。

热处理退磁法是将材料加热到居里温度以上，使铁磁质变为顺磁质而失去磁性。这种方法适用于需要加热到居里温度以上的试件。反转磁场退磁法实际上是运用了技术磁化的逆过程，即在试件上不断变换磁场方向的同时，逐渐减少磁化磁场的强度，使材料的反复磁滞回线面积不断减小直到零（磁中性点）。这时 $B_r=0$，$H_c=0$，材料达到了磁中性状态。这种方法是磁粉探伤中最为广泛应用的退磁方法。

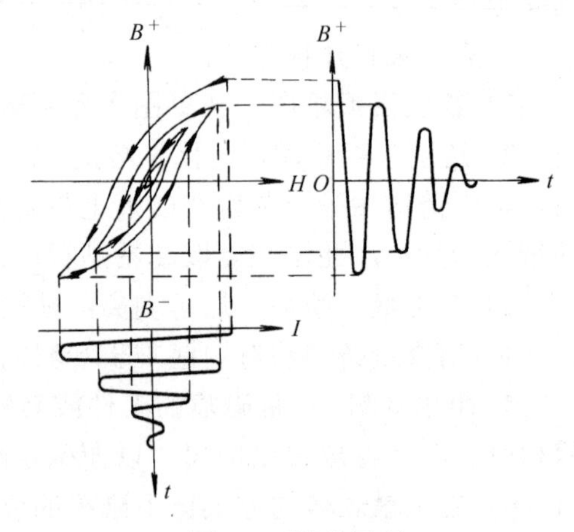

图5-3 退磁原理

反转磁场退磁有两个必须的条件，即退磁的磁场方向一定要不断地正反变化，与此同时，退磁的磁场强度一定要从大到小（足以克服矫顽力）不断地减少。图 5-3 说明了退磁的原理。

5.6.2 影响退磁效果的因素

以下几种情况下应当进行退磁：

1）当连续进行检测、磁化，估计上一次磁化将会给下一次磁化带来不良影响时；

2）工件剩磁将会对以后的加工工艺产生不良影响时；

3）工件剩磁将会对测试装置产生不良影响时；

4）用于磨擦或近于磨擦部位，因磁粉或铁屑吸附在磨擦部位会增大磨擦损耗时；

5）其它必要的场合。

另外，一些工件虽然有剩磁，但不会影响工件的使用或继续加工，也可以不进行退磁。如：高磁导率电磁软铁制作的工件；将在强磁区使用的工件；后道工序是热处理，加热温度高于居里点的工件；还要继续磁化，磁化磁场大于剩磁的工件；以及有剩磁不影响使用的工件，如锅炉压力容器等。

由于磁粉检测时用到了周向和纵向磁化，于是剩磁也有周向和纵向剩磁之分。周向磁化由于磁力线包含在试件中，有时可能保留很强的剩磁而不显露。而纵向磁化由于试件有磁极的影响，剩磁显示较为明显。为此，对纵向磁化可以直接采用磁场方向反转强度不断衰减的方法退磁。而对于周向磁化的试件，最好是再进行一次纵向磁化后再退磁，这样可较好地校验退磁后的剩磁存在。当然，在一种形式的磁场被另一种形式的磁场代替时，采用的退磁磁场强度至少应等于或大于磁化时所用的磁场强度。

退磁的难易程度取决于材料的类别、磁化电流类型和工件的形状因素。一般说来，难于磁化的材料也较难退磁，高矫顽力（或较大磁能积）的硬磁材料最不容易退磁；而易于磁化的软磁及中软磁材料则较容易退磁。直流磁化比交流磁化磁场渗入要深，经过直流磁化的工件一般很难用交流退磁的方法使其退尽，有时表面上退尽了过一段时间又会出现剩磁。退磁效果还与工件的形状因素有关。退磁因子越小（即长径比越大）的材料较易退磁。而对于一些长径比较小的试件往往采用串连或增加长度的方法来实现较好的退磁。

5.6.3　实现退磁的方法

如前所述，如果磁场不断反向并且逐步减少强度到零，则剩余磁场也会降低到零。磁场的反向和强度的下降可以用多种方法实现。如试件中磁场的换向可通过下述方式完成：

1）不断反转磁化场中的试件；

2）不断改变磁化场磁化电流的方向，使磁场不断改变方向；

3）将磁化装置不断进行 180° 旋转，使磁场反复换向。

磁场强度的减少可通过下述方式完成：

1）不断减少退磁场电流；

2）使试件逐步远离退磁磁场；

3）使退磁磁场逐渐远离试件。

在退磁过程中，磁场方向反转的速率叫退磁频率。方向每转变一次，退磁的磁场强度也应该减少一部分。其需要的减小量和换向的次数，取决于试件材料的磁导率和试件形状以及剩磁的保存深度。材料磁导率低（剩磁大）及直流磁化后，退磁磁场换向的次数（退磁频率）应较多，每次下降的磁场值应较少，且每次停留的时间（周期）要略长。这样可以较好地打乱磁畴的排布。而对于磁导率高及退磁因子小的材料或经交流磁化的工件，由于剩磁较低，退磁磁场则可以比较大的阶跃下降。

退磁时的初始磁场值应大于工件磁化时的磁场，每次换向时磁场值的降低不宜过大或过小且应停留一定时间，这样才能有效地打乱工件中的磁畴排布。但在交流退磁中，由于换向频率是固定的，所以其退磁效果远不如超低频电流。

在实际的退磁方法中，以上的方法都有可能采用。如交流衰减退磁、交流线圈退磁及超低频电流退磁等等。

一般说来，进行了周向磁化的工件退磁，应先进行一次纵向磁化。这是因为周向磁化时工件上的磁力线完全被包含在闭合磁路中，没有自由磁极。若先在磁化的工件中建立一个纵向磁场，使周向剩余磁场和纵向磁场合成一个沿工件轴向的螺旋状多向磁场，然后再施加反转磁场使其退磁，这时退磁效果较好。

纵向磁化的工件退磁时，应该注意退磁磁场方向交变减少过程的频率。当退磁频率过高时，剩磁不容易退得干净，当交替变化的电流以超低频率运行时，退磁的效果较好。

采用交流磁化的工件，多用交流退磁；采用直流磁化的工件，多采用低频电流退磁。但应注意，采用晶闸管作交流电压调整磁化的工件，有时由于断电相位的原因使工件带有较多的剩磁，这时可采用低频电流或用晶闸管作电流衰减的方法进行退磁。

利用交流线圈退磁时，工件应缓慢通过线圈中心并移出线圈 1.5m 以外；若有可能时，应将工件在线圈中转动数次后移出有效磁场区，退磁效果会更好。但应注意，不宜将过多工件堆放在一起通过线圈退磁，由于交流电的集肤效应，堆放在中部的工件可能会退磁不足。最好的方法是将工件单一成排通过退磁线圈，以加强退磁效果。

采用扁平线圈或“Π”形交流磁轭退磁时，应将工件表面贴近线圈平面或“Π”形交流磁轭的磁极处，并让工件和退磁装置作相对运动。工件的每一个部分都要经过扁平线圈的中心或“Π”形磁轭的磁极，将工件远离它们后才能切断电源。操作时，最好像电熨斗一样来回“熨”过几次，并注意一定的覆盖区，可取得较好的效果。

长工件在线圈中退磁时，为了减少地磁的影响，退磁线圈最好东西方向放置，使线圈轴与地磁方向成直角。

退磁效果用专门仪器检查，应达到规定的要求。一般要求不大于 0.3mT（3Gs）。在要求不很高时也可用大头针来检查，方法是用退磁后的工件磁极部位吸引大头针，以吸不上为符合退磁要求。

实验 9 介绍了退磁及剩磁测量的方法。

5.7 后处理

后处理包括对退磁后工件的清洗和分类标记，对有必要保留的磁痕还应用合适的方法进行保留。

经过退磁的工件，如果附着的磁粉不影响使用时，可不进行清理。但如果残留的磁粉影响以后加工或使用时，则在检查后必须清理。清理主要是除去表面残留磁粉和油迹，可以用溶剂冲洗或将磁粉烘干后清除。使用水磁悬液检测的工件为防止表面生锈时，可以用脱水防锈油进行处理。脱水防锈油是用 $5^{\#}$ 复合剂和煤油按 1:2 的容积比混合配制而成。防锈油槽是一个上大下小的容器，槽上有盖，以防油的挥发，下面有放水阀，以便

随时放水。当带水的工件放入槽中浸透时，工件表面的水分即被脱下，并同磁粉一起沉淀到油槽下部。取出工件后。工件表面即上了一层防锈油，当槽中的水超过一定限量时，应打开阀排水并及时补充脱水防锈油。

经磁粉检测检查并已确定合格的工件应作出明显标记，标记的方法有打钢印、腐蚀、刻印、着色、盖胶印、拴标签、铅封及分类存放等。严禁将合格品和不合格品混放。标记的方法和部位应由设计或工艺部门确定，应不能被后续加工去掉，并不影响工件的以后的检验和使用。

5.8　磁粉检测过程中的安全和防护

磁粉检测过程涉及到电流、磁场、化学药品、有机溶剂、可燃性油及有害粉尘等，应特别注意安全与防护问题。避免造成设备和人身事故，引起火灾或其它不必要的损害。

磁粉检测的安全防护主要有以下几个方面：

1）设备电气性能应符合规定，绝缘和接地良好。使用通电法和触头法磁化检查时，电接触要良好。电接触部位不应有锈蚀和氧化皮，防止电弧伤人或烧坏工件。

2）使用铅皮做接触板的衬垫时应有良好的通风设施，使用紫外线灯应有滤光板，使用有机溶剂（如四氯化碳）冲洗磁痕时要注意通风。因为铅蒸气、有机溶剂及短波紫外线都是对人体有害的。

3）用化学药品配制磁悬液时，要注意药品的正确使用，尽量避免手和其它皮肤部位长时间接触磁悬液或有机溶剂化学药品，防止皮肤脂肪溶解或损伤，必要时可戴胶皮防护手套。

4）干粉检测时，应防止粉尘污染环境和吸入人体，可戴防护罩或使用吸尘器进行检测工作。

5）采用旋转磁场检测仪如用 380V 或 220V 电压的电源，必须很好地检查仪器壳体及磁头上的接地良好。同样在进行其它设备的操作时，也要防止触电。

6）使用煤油做载液时，工作区应禁止明火。

7）检验人员连续工作时，工间要适当休息，避免眼睛疲劳。当需要矫正视力才能满足要求时，应配备适用眼镜。使用荧光磁粉检验时，宜配戴防护黑光的专用眼镜。

8）在一定的空间高度进行磁粉检测作业时，应按规定加强安全措施。

9）在对易燃、易爆物品储放区现场作业时，应按有关规程防护。同时通电法、触头法等不适宜在此类环境工作。

10）在对武器、弹药及特殊产品进行必要的磁粉检测检查时，应严格按有关安全规定办理。在有明火的工作区域、特殊化工环境等进行检测时也应注意遵守有关安全规定。

复　习　题

1．简述磁粉检测的主要工艺流程。

2．磁粉检测的时机是怎样安排的?

3．为什么要对工件进行预处理?预处理主要包括哪些内容?

4．组合装配件为什么要分解后进行检测?

5．连续法与剩磁法有哪些特点?它们的主要区别是什么?

6．干粉法和湿法检测有何区别?它们的适用对象如何?

7．怎样在探伤机上调整磁化电流?

8.为什么要对磁粉检测系统进行综合性能鉴定?有哪些方法可以进行综合性能鉴定?

9．连续法与剩磁法的操作要点是什么?

10．工件进行通电磁化时为什么要注意电极与工件的接触是否良好?

11．中心导体法磁化时为什么一般不采用铁棒作中心导体?

12．线圈法磁化时应注意哪些问题?

13．进行磁轭法磁化应注意哪些问题?

14．采用线圈或磁轭对工件进行纵向磁化有什么相同及相异之处?

15．怎样正确使用紫外灯?

16．怎样区分表面缺陷与近表面缺陷?

17．磁痕记录有哪几种主要方式?

18．磁化后的工件为什么要进行退磁?

19．怎样使用热处理退磁法?它能用于哪些工件?

20．简述反转磁场退磁法的原理。

21．反转磁场退磁法的两个必须的条件是什么?

22．退磁有哪几种主要方法?

23．经过周向磁化的零件和经过纵向磁化的零件相比，在不退磁的情况下，哪种磁化方式保留的残余磁场最有害?

24．退磁操作要注意哪些问题?

25．试述铁磁材料退磁原理及影响退磁效果的因素。

26．磁粉检测后处理包括哪些工作?如何进行?

27．磁粉检测安全防护有哪些要求?

第 6 章　磁痕分析与工件验收

6.1　磁痕分析与评定的意义

6.1.1　磁粉显示的分类

磁粉检测中的磁痕是肉眼能观察到的磁粉聚集的图像，也叫作磁粉显示或简称显示。钢材上的磁粉显示是由于被检产品上的不连续性或其它因素使磁粉产生聚集而形成的图像。这种显示的宽度为真实不连续性宽度的数倍，即磁痕对缺陷的宽度有放大作用，所以磁粉检测能将目视不可见的缺陷显示出来，有很高的检测灵敏度。

磁粉显示有相关显示和非相关显示以及假显示之分。被检产品上由材料缺陷的漏磁场形成的显示是相关显示；由工件截面突变和材料磁导率差异等产生的漏磁场形成的磁粉显示称为非相关显示；而非漏磁场形成的磁粉显示为假显示。即是说，工件上的磁粉显示并不都是由于缺陷产生。表面粗糙或凹坑、工件截面形状突变、过饱和磁化以及工件表面清洁处理不当、磁粉施加不均匀等都可能产生不同的磁粉显示。为了区别于相关显示，对非相关显示及假显示产生的磁粉显示一般叫做非缺陷显示。

6.1.2　缺陷磁痕分析与评定的意义

磁粉检测的基本任务，就是将铁磁性材料工件表面和近表面存在的缺陷，以磁痕的形式显示出来。磁痕的特征及分布揭示了缺陷的性质、形状、位置和数量。通过对磁痕的综合分析和评定，可以判断工件质量的优劣。因此正确地辩认和分析磁痕，在磁粉检测中占了相当重要的地位。其重要性可从下述几个方面体现出来：

1）分析磁痕可以辨认缺陷的真伪，避免误判。若将真正的缺陷判为伪缺陷，就不能保证产品质量，有可能造成重大的质量事故。若把伪缺陷判为真正的缺陷，其结果将会造成人力物力的浪费。

2）通过磁痕分析能大致确定缺陷的性质、大小和方向。结合工件的受力状况和技术条件的要求，可正确判断工件是否返修或报废，并为产品设计和改进工艺提供可靠的信息。

3）在役产品检查中对磁痕的正确判断，能保证设备的安全运行，及早预防事故的发生，避免设备和人身事故的出现。可减少不必要的损失。

不同磁痕的图像表示的意义不一样。只有仔细地鉴别真伪缺陷的磁痕，分析缺陷磁痕的特征，并结合各方面的因素进行合理评定，才能得到正确的检测结论。为了做到熟练地辨认各类缺陷所形成磁痕，就要求磁粉检测工作者熟悉被检查工件的生产工艺过程，了解各种缺陷性质及产生的原因，积累对磁痕辨别的经验，正确执行验收技术条件。为了作出对磁痕性质的正确结论，某些时候尚需借助其它检测手段或作破坏性的金相检查来确定缺陷的性质。这样才能在实际工作中得心应手，作出正确无误的判断。

GJB 2029—1994《磁粉检验显示图谱》规定了军用产品在磁粉检验中的各种显示图片的分类、标志，可用作对磁粉检测中磁痕图像显示的性质作正确判断时参考。

6.2 相关显示

6.2.1 常见缺陷的分类

材料中的缺陷按其形成时期，可分为原材料本身潜藏的缺陷、热加工过程中产生的缺陷、冷作加工过程中产生的缺陷以及使用过程中产生的缺陷等几大类。而按照缺陷的表现形式又可分为各种不同形式的裂纹、发纹、气孔、夹杂或夹渣、疏松、冷隔、分层、未焊透等多种。

（1）原材料本身潜藏的缺陷　这类缺陷又叫做原材料缺陷，是指钢材从冶炼开始，经轧制等工序直到做成各种不同规格的型材的全过程中产生的缺陷。这些缺陷有的一直保留在工件内部，有的则经加工后才暴露于表面或近表面。这类缺陷包括有：缩管残余和中心疏松；气泡（包括皮下气泡）；金属夹杂物和非金属夹杂物；发纹；夹层和分层；白点等等。

钢的原材料缺陷主要是在铸锭结晶和钢材轧制时产生，其中以铸锭结晶时产生的缺陷最多，影响也较大。在上述的缺陷中，除夹层和分层外，其余缺陷基本上是由钢材冶炼铸锭过程中产生的。

（2）热加工过程中产生的缺陷　热加工是指工件在加工中材料经过加热过程的处理。如锻造、铸造、焊接、热处理等。经过热加工，原材料中的缺陷有可能发展，同时热加工中也可能产生新的缺陷。下面分述其缺陷形式。

1）锻造过程产生的缺陷：主要包括锻造裂纹、锻造折叠和锻造过烧。这些缺陷一是由于原材料缺陷在锻造加热、锻压变形和冷却过程中扩展产生，另外则是由于锻造工艺不当而形成。其中锻造裂纹危害最大。

2）铸造过程产生的缺陷：主要包括铸造裂纹（热裂纹和冷裂纹）、铸造缩孔与疏松、气孔、冷隔等。其中缩孔、疏松、气泡、夹渣等铸造缺陷产生的机理与钢锭中的缺陷基本相同，但由于铸件一般都比钢锭形状复杂，因而缺陷表现也有所不同。

3）焊接过程产生的缺陷：主要包括焊接裂纹、未焊透、气孔、夹渣等。由于焊接时温度高，外界气体大量分解溶入，加之局部加热，时间又短，因此极易产生缺陷，特别是焊接裂纹对构件造成了极其严重的影响。

4）热处理过程产生的缺陷：工件热处理分为普通热处理和化学热处理（表面处理）两种。普通热处理中的缺陷主要是淬火裂纹，化学热处理中则有电镀裂纹、酸洗裂纹和应力腐蚀裂纹等几种。

（3）冷加工过程中产生的缺陷　冷加工即通常所说的机械加工、精加工，它是在常温下进行的，主要缺陷是裂纹。常见的有矫正裂纹、磨削裂纹和过盈裂纹等。

（4）使用过程中产生的缺陷　使用过程中工件由于不同形式的往复或交变载荷的影响，使工件受到集中的应力作用，从而开裂造成疲劳裂纹。按工件受力状态和工作条件的不同，疲劳裂纹有应力疲劳裂纹、磨损疲劳裂纹和腐蚀疲劳裂纹等三种。

6.2.2　裂纹及其磁痕

在各类材料缺陷中，裂纹占有相当大的比例。所谓裂纹是完整的金属在应力、温度、时间和环境共同作用下产生的局部断裂。它可以在锻造、轧制、铸造、热处理、冲压、焊接、矫正、磨削等生产过程中产生，也可能在使用中受到应力作用而产生。由于各种裂纹形成的机理不同，其分布规律和磁痕图像也有所差别。按生产过程和使用过程来分，裂纹可分为热加工裂纹、冷加工裂纹和其它裂纹。

（1）热加工裂纹　热加工裂纹主要有铸造裂纹、锻造裂纹、焊接裂纹和淬火裂纹等。

1）铸造裂纹。铸造裂纹是由于铸件在凝固收缩过程中，各部分冷却速度的不一致，金相组织转变和收缩程度也不相同，产生了很大的铸造应力，当应力超过钢的极限时便产生了破裂。有热撕裂（龟裂）和冷裂纹两种。

其磁痕特征是：热撕裂多呈连续的，半连续的曲折线状（网状或龟纹状），起始部位较宽，尾端纤细；有时呈断续条状或枝叉状，粗细均匀，显示强烈，磁粉聚集浓密，轮廓清晰，重现性好。热裂纹分布不规则，多出现在铸件的转角和薄厚交界处以及柱面和板壁面上，如图 6-1 所示。

图6-1　铸造裂纹

同一炉号同一种铸件的热裂纹部位较固定。冷裂纹多出现在应力集中区，如内尖角处孔周围、截面突变部位、台阶和板壁边缘。它多呈较规则的微弯曲线状，起始部位较宽，随延伸方向逐渐变细，有时贯穿着整个铸件，边界通常较整齐。显示强烈，磁粉聚集浓密，轮廓清晰。重现性好，抹去磁粉一般肉眼可见。

2）锻造裂纹。锻造裂纹的形成是多种多样的，与工件材料的冶金缺陷（缩管残余、皮下气泡、非金属夹杂物等）有关，也与锻造时的工艺处理不当（热加工不均匀、控温不当、变形速度过大或变形不均匀、冷却速度过大等）有关。无论何种原因造成的锻造裂纹，一般都比较严重，有的肉眼可见，有的经检测可见。

锻造裂纹的磁痕特征是大多呈现没有规则的线状。显示强烈，磁粉聚集浓密，轮廓清晰，重现性好。裂纹多出现在变形比较大的部位或边缘。如图 6-2 和图 6-3 所示。

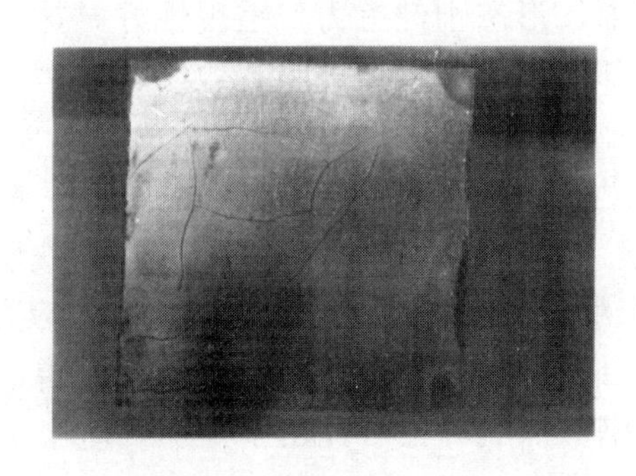

图6-2　锻造裂纹

图6-3　锻造裂纹

3）焊接裂纹。焊接裂纹又叫做熔焊裂纹，它是工件焊接过程中或焊接以后在焊缝及热影响区出现的金属局部破裂。这是焊接结构上最危险的一种缺陷，不仅减少了焊缝有效面积，降低了强度，还造成了焊接区应力集中，促使裂纹扩展以至引起构件破断。焊接裂纹产生的原因很多，主要有焊接工艺不当，焊条质量不好或工件局部加热时温度极不均匀造成应力过大等因素。一般有热裂纹（产生在 1100～1300℃范围）和冷裂纹（产生在 100～300℃范围）之分。焊接热裂纹大部分分布在焊缝熔化金属内，并沿晶界扩展，有的延伸至基体金属内。冷裂纹大部分分布在焊缝热影响区的起弧和收弧处。

焊缝及热影响区所形成的裂纹，其磁痕特征呈纵向、横向线状、树枝状或星形线辐射状。显示强烈，磁粉聚集浓密，轮廓清晰，大小和深度不一，重现性好。对焊缝边缘的裂纹，常因与焊缝边缘下凹所聚集的磁粉相混而不易观察，当将凹面打磨平后，还有磁粉堆积时，可作裂纹缺陷判断。图 6-4 及图 6-5 为焊接裂纹。

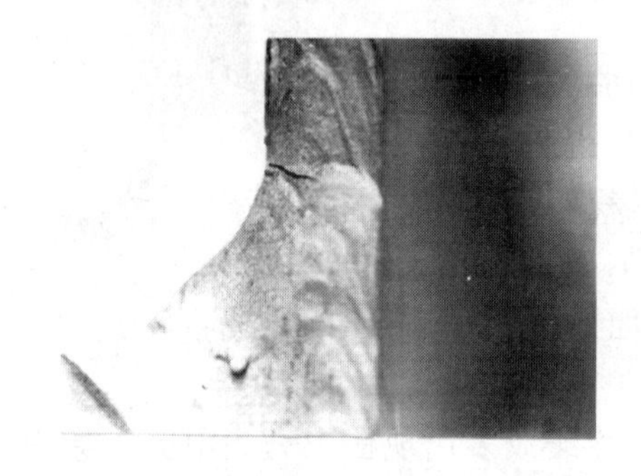

图6-4　焊接裂纹

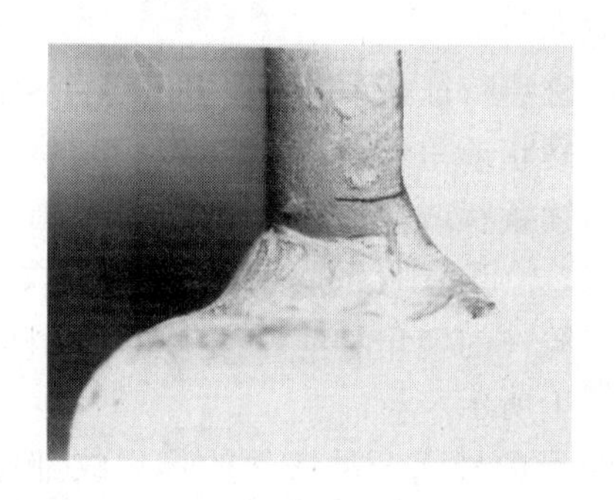

图6-5　焊接裂纹

4）淬火裂纹。淬火裂纹是工件热处理时由应力所引起的裂纹。一般发生在工件应力容易集中的部位（如孔、键以及截面尺寸突变的部位）。通常是由表向内裂入，以开裂的方式将应力释放出来。产生淬火裂纹的原因很多，主要有：工件原材料引起（如化学成分偏析、非金属夹杂物、白点等的影响）；热处理方法不当引起（如加热温度过高、冷却速度过快、冷却时间过长、淬火后未及时回火等）；工件几何形状引起（如截面尺寸突变、几何形状复杂、有尖角孔洞或阶梯过渡等）；工件表面硬化处理引起（如高频淬火、表面火焰淬火、渗碳、氮化等）等等。

淬火裂纹的磁痕特征为：裂纹呈线状、树枝状或网状，起始部位较宽，随延伸方向逐渐变细。显示强烈，磁粉聚集浓密，轮廓清晰，形态刚健有力，重现性好。抹去磁粉后一般肉眼可见。多发生在工件上应力集中的部位，如尖角处、眼孔边缘、键槽及截面变化处等。图 6-6 及图 6-7 为淬火裂纹。

5）脆化裂纹。脆化裂纹是在化学热处理过程中产生的，如电镀（氧化处理、镀铬、镀锌等）和酸蚀（电解酸洗等）等表面处理过程。由于表面处理溶液中的酸与钢铁反应析出的氢原子会渗入钢中，扩大了材料中原有的宏观与微观缺陷并产生了较大的内应力，使工件产生了脆化裂纹。脆化裂纹还可能因钢中合金化学成分含量偏高（如硫、磷、铜、锡等元素）使晶粒间结合力遭到破坏从而造成钢的热脆。也可能由于热加工时产生的巨大应力形成，如严重组织过热或过烧导致钢的断裂。

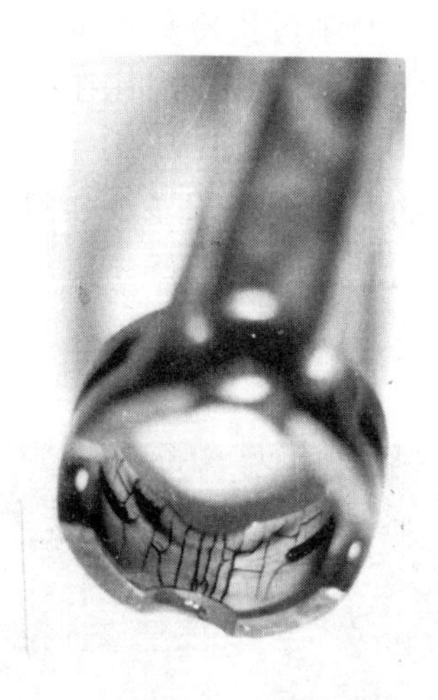

图6-6　淬火裂纹

图6-7　淬火裂纹

脆化裂纹磁痕特征是裂纹细窄，深浅不一，多成折线或网状，磁粉聚集浓密而集中，从不单一存在，总是大面积成群出现。图 6-8 为刺刀镀铬后产生的脆化裂纹图形。

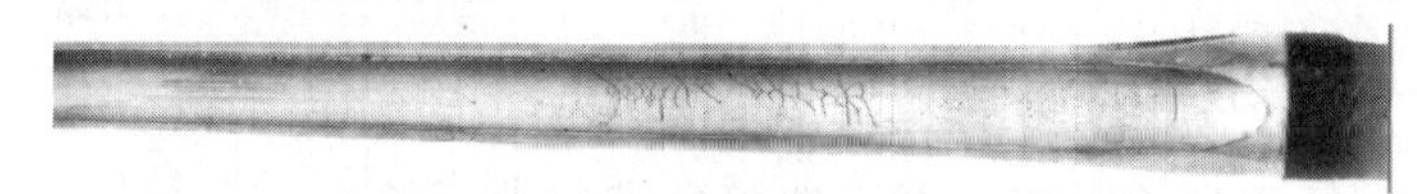

图6-8　脆化裂纹

6）原材料裂纹。原材料在冶炼和轧制过程中产生的裂纹。这些裂纹产生的机理与铸、锻过程产生的裂纹相同。

其磁痕表现为呈线状，显示强烈、磁粉聚集浓密，轮廓清晰，重现性好。多与金属纤维方向一致。图 6-9 及图 6-10 为原材料带来的裂纹。

图6-9　原材料裂纹

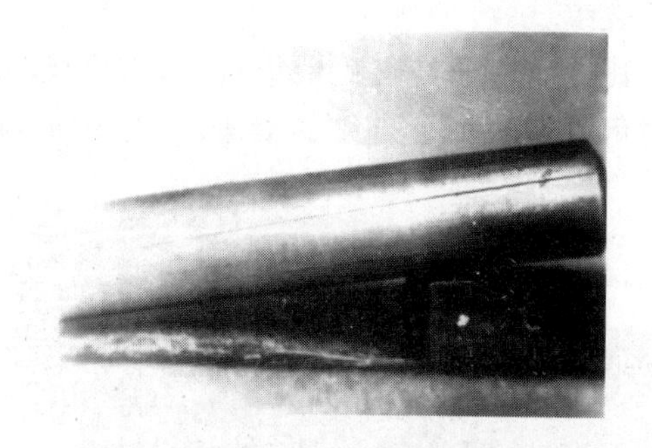

图6-10　原材料裂纹

（2）冷加工裂纹　冷加工裂纹主要有磨削裂纹、矫正裂纹、过盈裂纹等。

1）磨削裂纹。磨削裂纹是工件进行磨削加工时在工件表面上产生的裂纹。由于产生的原因不同，种类也比较繁多。按其形状分类有：网状磨削裂纹（鱼鳞状、龟纹状、云霞状）、放射状磨削裂纹、无规则弯曲状磨削裂纹。网状磨削裂纹多出现于平面或曲率半径不大的磨削面上，常成群出现。放射状磨削裂纹多出现于曲率半径较大的曲面上，也是成群出现较多。产生磨削裂纹的因素有：砂轮的影响、磨削过程冷却不良、磨削过程操作不当、被磨工件材料硬度不均以及工件热处理的影响等，这些原因往往几种因素同时作用。

磨削裂纹的磁痕特征是呈网状或辐射状和相互平行的短曲线条，显示强烈，磁粉聚集紧密而集中，但磁粉堆集不高，磁痕细而尖，轮廓较清晰，重现性好，出现数量也较多，常与磨削方向垂直。图 6-11 及图 6-12 为磨削裂纹。

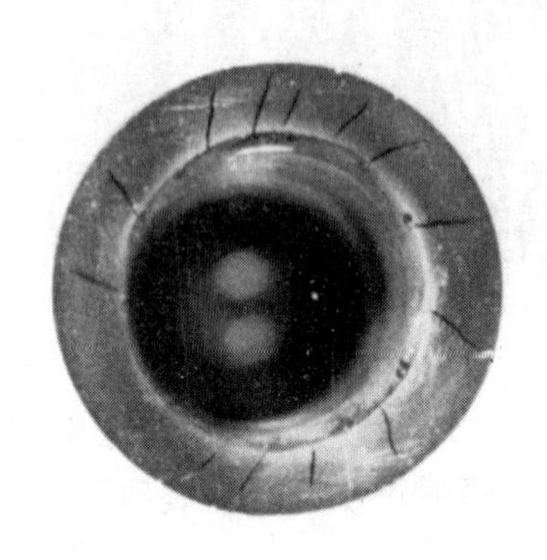

图6-11　磨削裂纹

图6-12　磨削裂纹

2）矫正裂纹。矫正裂纹是在变形工件校直过程中产生的，它出现在与工件受力方向相同的最大张应力部位。

其磁痕特征是磁粉吸附浓厚而集中，纤细而刚健，两端尖细，中间粗大，呈直线状或微弯曲，不分支、不开叉，单个出现。图 6-13 为矫正裂纹图形。

3）过盈裂纹。过盈裂纹是零部件装配过程中由于过盈配合不当产生的。有时虽未达到破裂程度，但由于应力过大未加处理，在酸洗氧化或电镀过程中形成应力腐蚀裂纹或酸洗裂纹。

其磁痕特征是磁粉聚集较快、堆积较高，浓厚紧密而集中、两端尖细，擦去磁粉后，往往可以看到细小裂纹的痕迹。图 6-14 为过盈裂纹图形。

图6-13　矫正裂纹

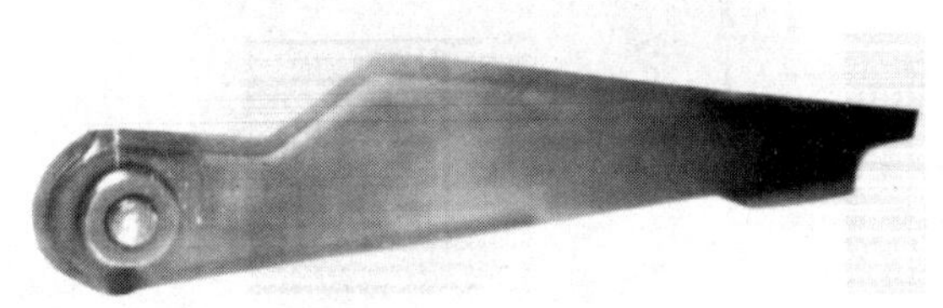

图6-14　过盈裂纹（荧光磁粉）

（3）使用过程中产生的裂纹 —— 疲劳裂纹　工件在使用过程中，由于受多次交变应力的作用，引起工件上原有的小缺陷（如钢的成分及组织不均匀、冶金缺陷、尖锐的沟槽和孔洞等）延伸，扩展成疲劳裂纹。根据工件工作条件和受力状态的不同，疲劳裂

纹有应力疲劳裂纹、磨损疲劳裂纹和腐蚀疲劳裂纹三种。三种中以应力疲劳裂纹最为常见。这种疲劳裂纹是在交变载荷下逐步扩展形成的，常发生在工件上应力较集中的地方，如齿轮根部、轴径、柱塞顶端等部位。

其磁痕特征是呈线状或曲线状随延伸方向逐渐变细，显示强烈，磁粉聚集集中，轮廓较清晰，重现性好，常成群出现，特别是内孔壁的疲劳裂纹大多如此，在主裂纹旁边还有许多平行的小裂纹。图 6-15 为疲劳断裂的磁痕。

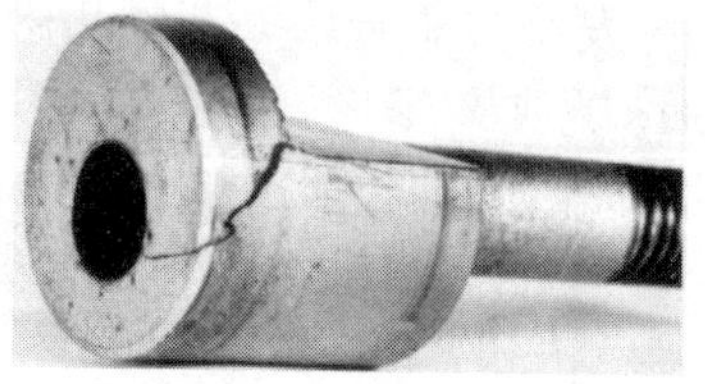

图6-15　疲劳裂纹

6.2.3　其它缺陷及其磁痕显示

（1）原材料缺陷

1）发纹。发纹是磁粉检测中的一种常见缺陷，主要由钢中的气泡和夹杂物引起。引起发纹的非金属夹杂物，在一般钢中多为硫化物、硅酸盐及链状分布的氧化物，在不锈钢中多为氮化物。当锻轧时，钢中的塑性夹杂（硫化物）沿变形方向伸长；脆性夹杂（氧化物、氮化物）则被破碎为带尖角的碎片，在延伸时呈链状排列；而气泡则被压碎拉长。这些夹杂物和气泡沿锻轧变形方向延伸，成为一种细线状，顺金属纤维方向分布。

发纹的磁痕特征为：呈发丝一样短而平直的线状或断续点状，形细而直，两端圆钝，图像清晰，磁粉聚集浅淡而稀薄，但很均匀，重现性较好，常独立或分散的存在于机械加工过的工件表面上，擦去磁粉后，一般肉眼看不见痕迹。

发纹对工件材料的力学性能无显著影响，但在要求严格的工件上，有可能成为产生疲劳裂纹的裂纹源。图 6-16 和图 6-17 为发纹图形。

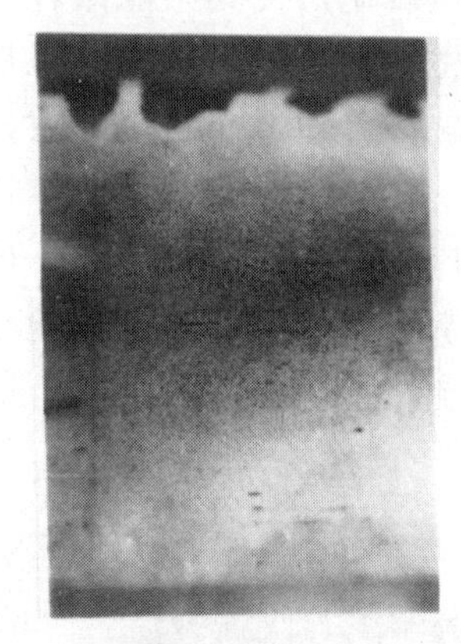

图6-16　发纹

图6-17　发纹（荧光磁粉）

2）非金属夹杂物。钢中的非金属夹杂物主要是铁元素和其它元素与氧、氮等作用形成的氧化物和氮化物，以及硫化物、硅酸盐等。同时，由于冶炼和浇注的疏忽，混入钢中的钢渣和耐火材料的剥落都带来非金属夹杂物。这些夹杂物以镶嵌方式在钢中存在，降低了钢的力学性能，给金属破裂创造了条件。

非金属夹杂物的磁痕特征是：沿纤维状分布，呈短直线状或断续线状，两端不尖锐，一般情况下磁粉堆积不很浓密，颜色较浅淡（粗大夹杂物除外），当擦去磁粉后，一般看不出痕迹。

发纹与非金属夹杂物从磁痕特征上不易区分，有时把细小的磁痕当作发纹对待。图6-18为夹杂图形。

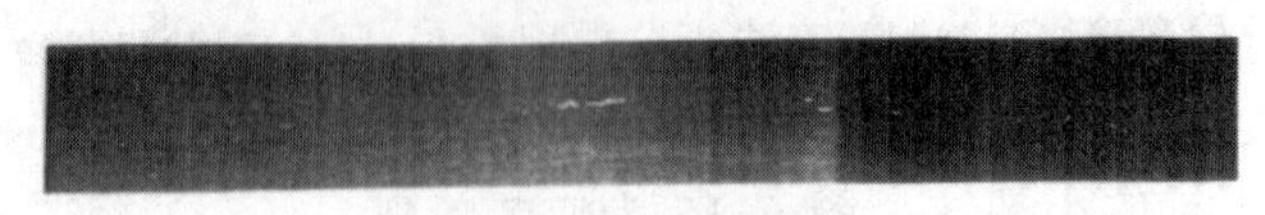

图6-18 夹杂（荧光磁粉）

3）白点。白点是隐藏于钢材内部的开裂型缺陷，在热轧和锻压的合金钢中，特别是在含Ni、Cr、Pb、Mn的钢中较常见。它大多分布于钢材近中心处，在纵断面上呈椭圆形的银白色斑点，所以叫白点。在钢材横断面上则表现为短小断续的辐射状或不规则分布的小裂纹。白点裂纹多为穿晶断裂，也有沿晶粒边界分布，其裂纹边缘呈锯齿形的，多以成群出现。

白点属于危险性缺陷。它是钢材经锻压或轧制加工时，冷却过程中氢气析不出钢材而进入钢中微隙并且结合成分子状态，它和钢相变时所产生的局部应力相结合，形成巨大的局部压力，在达到钢的破裂程度以上时使钢产生内部破裂形成白点。

磁痕特征：在横断面上，白点磁痕呈锯齿状或短曲线状，形似幼虫样。磁痕吸附浓厚而紧密，轮廓清晰，中部粗大，两端尖细略成辐射状分布。在纵向剖面上，磁痕沿轴向分布，类似发纹，但磁痕略弯，磁粉吸附浓密而清晰。图6-19为白点图形。

（2）锻轧缺陷及其磁痕（除裂纹外）

1）锻造折叠。折叠常出现在锻造和轧制工件及钢材中。它是工件在锻轧过程中，由外来物或工件外皮被卷入基体金属，由于外来物或外皮已经氧化，使其不能锻合而形成折叠。折叠的轮廓不规则，多与表面成一定的角度。若折叠不严重，可以通过机加工完全去掉；若延伸至工件内部很深，超过加工余量时，则将破坏基体金属的连续性，严重影响工件材料的机械强度。

磁痕特征：多与表面成一定角度的线状、沟状、鱼鳞片状。一般肉眼可见。磁粉聚集程度随折叠的深浅和夹角大小而异，高低不等。有的较宽，有的较窄。金相检查折叠两侧有脱碳现象。常出现于尺寸突变转接处、易过热部位或者在材料拔长过程中。图6-20为折叠图形。

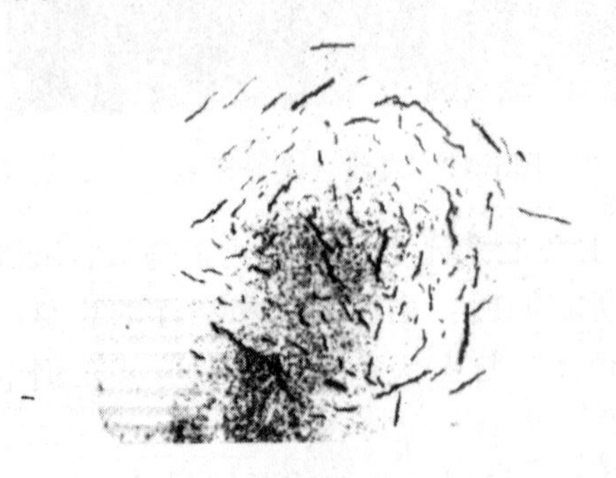

图6-19 白点

图6-20 折叠

2）夹层和分层。钢锭中的气泡和大块夹杂物，经轧制成板材或带材时，被压扁而又不能焊合，前者形成分层，后者形成夹层。当夹层或分层暴露于钢材表面或近表面时，才能被磁粉检测发现。

磁痕特征：磁粉沉积浓密，呈直线状，磁痕边缘轮廓清晰。一般擦去磁痕后，磁痕处有肉眼可见的条状纹痕。图 6-21 为分层图形。

图6-21　分层

3）拉痕。钢坯在轧制过程中，如果模具表面粗糙度高，润滑不良或残留氧化铁皮及其它影响时，便会在钢材表面上产生划伤，叫做拉痕。拉痕在棒材上成连续或断续直线，管材上表现为略带螺旋的线。其磁粉表现为聚集较浓，清晰可见。

（3）铸造缺陷及其磁痕（除裂纹外）

1）铸件缩孔与疏松。在铸件的某些部位，由于冷凝体积收缩时金属补充不及所造成的孔穴叫做缩孔。多出现于铸件厚截面处，其形状很不规则，内外表面高低不平，经机械加工至表面及近表面处时，磁粉检测才能发现。

其磁痕特征是：磁粉堆积浓厚，磁痕外形极不规则，多呈云霞状出现。

疏松又叫缩松，它是铸件常见的非扩散性的多孔型缺陷。铸件在凝固收缩过程中得不到充分补缩，因而出现了极细微的不规则的分散或密集的孔穴，就是疏松。多出现于铸件散热条件差的内壁，内凹角和补缩条件差的均匀壁面上。在铸造缩孔的周围，也常伴有严重的疏松存在。

疏松磁痕特征是：呈各种形状的短线条或点状，散乱分布，磁粉聚集分散，显示方向随磁化方向的改变而变化。图 6-22 为缩松图形。

图6-22　缩松

2）铸件气孔。铸件内部的气孔多呈圆形、蛋形或梨形存在，大小不等，单个分散或集中出现，常分布于铸件的近表面层，是铸件内的一种空洞型缺陷。形成原因是进入铸件金属液内的气体在液体冷凝时未能及时逸出表面而存留于铸件中。气孔内表面光滑，有时被氧化物覆盖。

磁痕特征是：一般多呈圆形或椭圆形，近表面气孔磁粉聚集较多，呈堆积状；远离表面的气孔则磁粉吸附稀少，浅淡而疏散，但磁痕均有一定面积。

3）冷隔。铸件金属液体在铸模内流动冷却过程中被氧化皮隔开，不能完全融为一体，形成对接或搭接面上的未融合缝隙，叫做冷隔。它是由于铸件形状过于复杂，或铸模设计不当；或是由于浇注系统不当，使金属液流程过长；以及浇注温度低、排气不良等原因引起的。其磁痕特征是：磁粉呈长条状，两端圆秃，磁粉聚集较少，浅淡而较松软。

（4）焊接缺陷及其磁痕（除裂纹外）　焊接过程实质是一个冶金过程。但焊接过程的温度更高，化学元素烧损严重；同时，焊接时外界气体大量分解溶入熔池，使焊接容易产生缺陷；焊接的加热是局部加热，时间短，基体金属和熔池间温差大，冶金反应不平衡，内应力大，偏析也较严重，焊接时产生某些缺陷是难以避免的。焊接时除了可能产生焊接裂纹外，还有可能出现其它一些缺陷。

1）未焊透与未熔合。焊接时，接头未完全熔透的现象叫做未焊透；焊道与母材之间或焊道之间未完全熔化结合的部分叫未熔合。其产生原因是：焊接规范选择不当；焊接速度过大；焊接时，焊条偏向一边太多；坡口角或间隙太小，熔深减小；坡口准备不良，不平或有异物等。

磁痕特征：多呈条状，磁粉聚集程度随未焊透部位到表面距离而异，吸附松散，重现性好。未焊透多出现在熔合线中间部位，边缘处的未熔合方向多与焊道一致。

2）气孔和夹渣。气孔和夹渣也是焊缝中常见的一种缺陷，这两种缺陷经常相伴而生同时存在，而且多埋藏于焊缝内部。两种缺陷中，夹渣对焊件的力学性能影响比气孔大，容易引起应力集中。

气孔是焊接过程中气体在金属冷却之前来不及逸出而保留在焊缝内的孔穴，夹渣是熔池内未来得及浮出而残留在焊接金属内的焊渣。气孔多呈圆形、椭圆形，夹渣多呈点状和条状。只有二者在表面或近表面时，才能被磁粉检测所发现。

其磁痕特征是：磁粉沉积为点状（椭圆形）或粗短线条状，磁粉堆集不紧密，较平直。条状两端不尖细，但磁痕有一定的面积。

6.3 非相关显示和假显示

6.3.1 非相关显示和假显示的特点

在磁粉检测中，非相关显示和假显示是一种非缺陷磁痕显示，它们干扰了对相关显示磁痕的判别，应予以认识和排除。

非相关显示和假显示的特点是：磁痕图像一般显示浅淡，沉积稀薄，堆集疏散，外缘模糊，痕迹不清晰。它的出现有一定的规律性，特别是对成批工件的检验中。同时，伪缺陷磁痕受工件外形、结构、材料、工艺诸方面的影响，可以找出影响因素予以判别和排除。

值得说明的是，有一些磁粉显示，如发纹磁痕，如果其长度及数量较小，未列入产品验收要求，有时也将其作为非相关显示对待。

6.3.2 非相关显示和假显示的表现及产生原因

（1）工件几何形状引起的非相关显示　比较复杂形状的工件，如有小孔、键槽、螺纹、齿根尖角及断面突变等形状，将引起工件局部截面减少，导致漏磁场在截面较薄处产生并吸引磁粉，形成磁粉显示。这类磁痕一般分布不集中，松散宽大，不浓密，轮廓不清晰。略降低磁化磁场，磁粉堆积减少或不吸附磁粉。若采用剩磁法，磁粉聚集更不明显。对这一类磁痕应结合工艺过程和工件几何形状分析，防止杂乱显示掩盖真正缺陷的磁痕。

（2）机械加工和机械创伤引起的非相关显示　工件在机械加工中，若表面有较深的刀痕、划痕、局部撞击、以及滑移等压力变形等都有可能产生局部漏磁场，吸附磁粉而形成磁痕。这类磁痕的特征是：磁痕成规则的线状，较宽而直，两端不尖，磁粉图像轮

廓不清晰，磁粉沉积稀薄而浅淡。重复磁化时，图像的重现性差；降低磁化磁场强度，磁痕不明显。擦去磁痕后，肉眼或放大镜可以观察到划痕或刀痕的底部。减小加工粗糙度或局部打磨均可以消除这种伪磁痕。另外，工件表面粗糙也容易粘附磁粉形成非相关磁痕。

（3）工件材质本身引起的非相关显示　工件材料因素引起的非相关显示有下面几种情况：材料金相组织的变化、工件间磁导率的差异、局部淬火和局部冷作硬化及原始组织不均匀和碳化物层状组织的影响等。

金相组织的变化经常发生在焊接件上。当焊缝熔敷金属与热影响区的基体金属有不同的金相组织相邻存在时，就会产生漏磁场并形成磁痕。磁痕多为模糊的磁粉图像，有时也有鲜明的清晰显示。应注意根据工艺材料诸方面的因素加以识别。

同样，不同磁导率材料的结合（焊接等），也会造成非相关显示。结合的材料磁性差异越大，在结合部形成漏磁场的可能性也越大，磁痕的显现也越明显。如钻头的高速钢刃部与较软钢材柄部焊接，在其界面上就有明显的磁痕出现。

在加工过程中，有时由于工艺不当会造成局部淬火或局部冷作硬化现象。在淬火局部或冷作硬化局部会产生材料磁导率变化，在其变化处会出现散淡的磁粉图像。

原始组织的不均匀，带状组织严重，即珠光体、铁素体或碳化物与其它组织呈带状分布，高碳钢和高合金钢中成网状分布，铁素体磁导率最大，珠光体次之，合金碳化物磁导率最小，由于这些组织的磁导率相差很大，可引起磁感应线发生畸变，从而吸附磁粉。这种非相关显示一般是在工件表面粗糙度较低，磁化磁场过强或磁悬液中磁粉浓度较大的情况下出现。其磁痕表现为：吸附淡薄、松散、边缘模糊、轮廓不清、带状组织磁痕多沿纤维方向分布。降低磁化磁场，则磁粉吸附不明显或不出现，重现性较差。

（4）检测工艺不适当引起的假显示　不适当的检测工艺，如：磁场过强、电极或磁极干扰、磁写等都容易形成磁痕；另外，磁悬液和工件表面预处理不当时也容易产生假显示。

磁场过强时工件将获得过饱和磁化，此时工件的边缘、拐角和端面都容易产生漏磁场。这种情况在纵向磁化中更为明显。磁场过强时，很有可能将金属流线或晶粒显示出来。其磁痕一般沿纤维方向，磁粉吸附淡薄。

使用触头法或磁轭法检测时，在电极或磁极处电流密度过大或磁阻过大，形成触头附近磁粉过密集聚，造成该区域检测灵敏度急剧下降而影响检测。

另外，当两个已磁化的工件互相磨擦或将已磁化的工件和未磁化的工件乱放在一起，在工件的接触处将产生磁场的畸变，此时若浇以磁悬液，畸变磁场将显示磁痕，这种磁痕叫做磁写。磁写与真正缺陷形成的磁场是不相同的，它可以沿任何方向出现，其磁痕由稀松的磁粉堆集而成，是一条模糊的线。把工件退磁后重新充磁，则磁写引起的显示可不再出现。但严重的磁写，有时一次退磁后也不容易消失。

除以上外，当磁悬液浓度过大或不清洁时也容易造成假显示。浓度过大的磁悬液引起工件表面与缺陷的对比度变差。工件上形成的排液沟滞留磁粉、不清洁磁悬液中的纤维物线头、工件表面的脏物等有时也易误认为是缺陷磁痕。表面预处理的不足，氧化物、锈蚀、凹坑、漆斑等有时也粘附磁粉形成非缺陷磁粉显示。

6.3.3 缺陷磁痕和非缺陷磁痕的鉴别

对已经发现的磁痕若难以判断其真伪时，应先进行退磁后再进行复查，必要时应变更表面状态（如去掉漆层并略打磨）后再进行复验。表 6-1 列出了真伪缺陷磁痕鉴别的方法。

表 6-1 磁粉显示鉴别方法

	相关显示	非相关显示和假显示
磁痕颜色	黑色磁粉：颜色黑 荧光磁粉：亮度大	黑色磁粉：颜色浅淡 荧光磁粉：亮度小，暗淡
磁粉沉积	浓密	稀薄
磁粉吸附	紧密而集中	疏松而分散
反复磁化	再现性好，磁痕变化不大	再现性差，磁痕变化不定
磁痕轮廓	清晰，边界分明	模糊，边界不清
退磁后磁化	磁痕复现	磁痕消失（严重刀痕、划痕仍然出现）
排除处理	一般不易消除	容易消除
稍降低磁场	磁痕变化不明显	磁痕模糊或不显示

6.4 缺陷磁痕的评定与工件验收

6.4.1 缺陷磁痕显示的评定方法

磁粉检测中，相关缺陷磁痕显示的图像是由缺陷的漏磁场形成，它反映了工件材料的有关信息，应当对缺陷磁痕作出合适的评定。评定时，应根据产品验收技术条件对磁痕的大小、形状和性质给予评定，以确定产品是否合格。

磁痕评定一般是将缺陷按一定形状和大小及其分布进行分类并评级。如《GB/T 15822 磁粉探伤方法》中将缺陷磁痕按其形状和集中程度分为四种情形：

1）裂缝状磁痕。为呈线状或树枝状、轮廓清晰的磁粉痕迹。

2）独立分散状磁痕。为呈分散的单个缺陷磁痕，有两种情况：

① 线状缺陷磁痕。其长度为宽度 3 倍以上的缺陷磁痕；

② 圆状缺陷磁痕。除线状缺陷磁痕以外的缺陷磁痕；

3）连续状缺陷磁痕。多个缺陷磁痕大致在同一直线上连续存在，其间距又小于 2mm 时，可将缺陷磁痕长度和间距加在一起看作是一个连续的缺陷磁痕。

4）分散缺陷磁痕。是在一定区域内同时存在几个缺陷的磁痕。

在国内一些专业标准中，不仅规定了缺陷磁痕的形状和分布，还考虑了缺陷的性质。如在机械行业标准 JB/T 6061-1992 《焊缝磁粉检验方法和缺陷磁痕的分级》中，根据缺陷磁痕的形态大致分为圆型和线型两种，并在线型显示中明确指出了裂纹、未焊透、夹渣或气孔等缺陷性质；在圆型显示中有夹渣或气孔等缺陷性质。除对磁痕种类进行分类外，该标准还将磁痕按其使用要求分成了 4 个质量等级，在每个等级中对以上性质缺陷都作出了明确的要求。

值得说明的是，以上对磁痕进行的等级分类方法并不是具体产品的验收技术条件，其分类要求应视产品验收条件进行选择。它适用于工件的最终加工面，并在确认不是非相关及假显示后进行分类的。

6.4.2　缺陷磁痕验收的技术条件

缺陷磁痕的等级分类只是表示了不同磁痕的长度、形状和性质的区别，并不能代替具体产品验收的技术条件。应该根据产品使用的重要性，结合其它试验手段，选择不同种类和级别的磁痕作产品验收标准。

下面介绍几种产品的验收标准，从中可以看出与磁痕分类的关系。

以 GB/T 9444-1988《铸钢件磁粉探伤及质量评级方法》为例，该标准除了规定了铸钢件磁粉检测的一般方法外，还针对缺陷磁痕显示作了质量等级评定。

在质量等级评定中，首先规定了质量等级的应用范围，并将缺陷显示分为线性缺陷、非线性缺陷及点线性缺陷三类。对这三类缺陷，标准作出了明确解释：缺陷磁痕的长度与宽度之比等于或大于 3 者为线状缺陷；小于 3 者为非线状缺陷；而磁痕间距小于 2mm 的多个缺陷形成的缺陷群不论各个缺陷磁痕大小和类型，均视为一个缺陷，若缺陷群范围长度与宽度之比等于或大于 3，称为点线性缺陷。对以上缺陷的评定，采用边长为 105mm×148mm 的矩形为评定框，对缺陷显示严重的位置进行评定。评定的质量等级要求见表 6-2。

表 6-2　铸钢件磁粉探伤的质量等级

质量等级		001	01		1			2			3			4			5		
表面粗糙度最大 R_a 值/μm		3.2			6.3			12.5			25			50			100		
不考虑的缺陷最大尺寸/mm		0.3			1.5			2			3			5			5		
非线性缺陷	最大长度/mm	1			2			4			6			10			16		
	框内最大总面积或缺陷个数	5 个	10 个		10mm²			35mm²			70mm²			200mm²			500mm²		
线性缺陷和点线性缺陷的最大长度、总长度/mm	铸钢件厚度范围/mm	线性点线性总长	线性或点线性	总长	线性	点线性	总长	线性	点线性	总长	线性	点线性	总长	线性	点线性	总长	线性	点线性	总长
	$\delta \leqslant 16$	0	1	2	2	4	6	4	6	10	6	10	16	10	18	28	18	25	43
	$16 < \delta \leqslant 50$	0	1	2	3	6	9	6	12	18	9	18	27	18	27	45	27	40	67
	$\delta > 50$	0	2	4	5	10	15	10	20	30	15	30	45	30	45	75	45	70	115
应用范围		航空或航天用铸钢件；精密铸造铸钢件；特殊应用铸钢件			其它铸钢件，根据使用状况和表面粗糙度状况，选择质量等级														

在表 6-2 中，超过标准规定的缺陷磁痕即视为不合格。缺陷磁痕性质被确认为裂纹，不论其长短，也视为不合格。但对有的超过标准的铸钢件允许进行补焊，补焊后仍采用本标准验收。

下面再以某军品零件为例说明这一问题。

某个零件规定下列磁痕不允许存在：

1）不允许有任何裂纹、折叠、气孔及夹杂等缺陷；

2）允许下列缺陷存在：

① 长度不大于 2mm 的发纹；

② 长度等于或大于 2mm 但不超过 10mm（含 10mm）的发纹应符合下列条件：

a．总数量不超过 10 个；

b．在零件表面任意 100mm×100mm 面积内数量不多于 4 个，但 c.除外；

c．在距零件尾部 370mm 长度范围内不超过 3 个，且每个长度不大于 5mm。

以上缺陷在相邻或在一条直线上时，在其间隔≤4mm 的情况下可作为一个缺陷处理；其长度为每个缺陷的长度加上间隔的一半计算。

3)有超过以上规定缺陷时允许局部打磨消除。打磨应在不影响其外观的情况下进行；打磨深度不允许超过缺陷所在部位壁厚的最小公差的 5%。

从以上示例可以看出，验收标准一般分为三个部分：

第一，工件上不允许存在的缺陷显示。

第二，允许存在的缺陷显示，包括其长度、数量、性质及部位。

第三，超过规定允许显示的磁痕的处理办法。

验收标准的规定随产品要求而异。有某类产品通用的，也有某一零部件专用的，通常都规定得比较具体。在磁粉检测时应该严格按照产品的验收标准执行。

6.4.3 磁痕评定与验收中应注意的问题

对磁痕进行正确的评定，不仅是评定产品的合格与否，还要为生产加工制造工艺提供必要的信息。因此，在对磁痕评定时，不仅应对被检工件的磁痕大小及数量作出评定，还应对缺陷的性质作出评定。为此，要对工件材料及加工过程有较系统的了解。在有条件时，还要结合其它无损检测方法和利用金相分析手段对缺陷进行综合分析，这样才能对缺陷的性质、成因作出正确的判断。如果孤立地笼统地单从磁痕显示上来决定缺陷的性质，有时会造成错误的判断，给产品和生产带来不必要的损失。

例如在渗碳淬火并磨光的渗碳结构钢零件中，检测中可能遇到淬火裂纹和磨削裂纹，还有可能遇到与二者相似的渗碳裂纹。这种裂纹呈直线状、弧形状或龟裂纹，略有起皮的感觉，严重时造成块状剥落。产生这种裂纹的原因，是渗碳结构钢零件在渗碳处理后冷却过快，在热应力和组织应力作用下形成。如果不注意分析而把它忽略，将对生产带来不良影响。又如淬火裂纹的磁痕为瘦长的细线，但也因钢种、工件截面和淬火方式等的不同显现为直线、圆弧、折线以及分叉等多种形式。如高频局部淬火因工件厚度不同其开裂形状各自相异，齿轮淬火易形成弧形裂纹，空心滑轮淬火常以棱边为中心形成不规则取向的裂纹。这些是因为热处理时端部易淬透而心部不易淬透。当奥氏体转变为马氏体时的体积变化在轴向产生很强的拉应力，当其超过断裂强度时，即形成横向淬火开裂。

对于运行中的工件的缺陷，应当从它们所在的结构中的受力情况和温度及使用环境等方面进行综合分析。如行车吊钩插销孔附近往往容易产生疲劳裂纹，这是因为插销孔长期受到冲击应力，在丝扣处产生疲劳裂纹并逐步扩展。又如锻压设备中的模锻锤头、锤杆与模块经常使用在冲击交变负荷应力和较高频率下，如果受力不均匀，在长期使用中局部将超过强度极限形成疲劳裂纹，严重时还将造成设备人身事故。

总之，在磁痕的分析与评定时，不仅要注意磁痕的原始直观形态，还应注意与之相关的材料、制造工艺、使用受力过程、工件截面形状等诸方面的因素并加以综合分析，才能对检测结果作出正确的评定。

复　习　题

1. 缺陷磁痕分析与评定的意义是什么?
2. 叙述常见缺陷的磁痕分类?
3. 为什么说裂纹缺陷是各种缺陷中最有害的?
4. 热加工裂纹有哪些种类?各有何特点?
5. 常见有哪几种冷加工裂纹?其磁痕显示的主要特点如何?
6. 疲劳裂纹是怎样产生的?磁痕显示有什么特征?
7. 常见的非裂纹缺陷有哪些?各有何特点?
8. 焊接接头常见有哪些缺陷?它们是怎样形成的?
9. 非相关显示和假显示有何特点?它们是怎样产生的?
10. 怎样鉴别缺陷磁痕和非缺陷磁痕?
11. 对缺陷磁痕要评定的内容是什么?
12. 缺陷磁痕验收的技术条件一般包括哪些内容?
13. 在磁痕评定与验收中应注意哪些问题?

第 7 章　磁粉检测应用

7.1　各种磁化方法的应用

磁粉检测的基本要求之一是被检查的零件能得到适当的磁化，使得缺陷所产生的漏磁场能够吸附磁粉形成磁痕显示。为此，发展了各种不同的磁化方法以适用于不同零件的磁化。

下面介绍几种主要的磁化方法的应用场合及其优缺点。

7.1.1　通电磁化法的应用

零件由接触电极直接通电的磁化方法有三种：零件端头接触通电、夹钳或电缆通电、支杆触头接触通电。三者的应用情况见表 7-1。

表 7-1　通电磁化法的应用

应　用	优　越　性	局　限　性
	零件端头接触通电法	
实心的较小零件（锻、铸件或机加工零件），在固定式探伤机上通电直接检查	过程迅速而简便 通电部位全部环绕周向磁场 对表面和近表面的缺陷检查有良好的灵敏度 通电一次或数次能够容易地检查简单或比较复杂的零件	接触不良会烧伤零件 长形零件应分段进行检查，以便施加磁悬液，不宜采取过长时间通电磁化
	夹钳或电缆接触通电法	
大型铸件 实心长轴零件，如坯、棒、轴、线材等 长筒形零件，如管、空心轴等	可在较短时间内进行大面积的检查。 电流从一端流向另一端，零件全长被周向磁化 所要求的电流强度与零件长度无关，零件端头无漏磁	需要特殊的大功率电源 零件端头应允许接触通电且能承受电流不过热 有效磁场仅限于外表面，内壁无磁场 零件长度增加时应增大电压提高电流
	触头支杆接触通电法	
焊接件，用来发现裂纹、夹渣、未熔合和未焊透 大型铸锻件	选择触头位置，在焊区可产生局部周向磁场 支杆、电缆和电源都可携带至现场 采用半波整流及干粉法效果较好 用通常电流值，可分部检查整个表面 周向磁场可集中在产生缺陷附近区域 可现场探伤检查	一次只能检查很小面积 接触不良会引起电弧烧作工件 检查大面积时多次通电费工费时 接触不良将引起电弧及工件过烧 使用干粉表面必须干燥

7.1.2　间接磁场（磁感应）磁化法的应用

间接磁化方法中电流不直接通过工件，通过通电导体产生磁场使工件感应磁化。主要有中心导体法、线圈法和磁轭法。中心导体法产生周向磁场、线圈法和磁轭法产生纵向磁场。其应用情况分别见表 7-2、表 7-3 和表 7-4。

表 7-2　中心导体间接磁化的应用

应　　用	优　越　性	局　限　性
长筒形零件，如管、空心轴	非电接触，内表面和外表面均可进行检查，零件的全长均被周向磁化	对于直径很大，或者管壁很厚的零件，外表显示的灵敏度略低于表面
用导电棒或电缆可从中穿过各式带孔短零件，如轴承环、齿轮、法兰盘孔等	重量不大的零件可穿在导电心棒上，在环绕导体的表面产生周向磁场，不烧伤零件	导体尺寸应能承受所需电流，导体放在孔中心最理想，大直径零件要求将导体贴近零件内表面沿圆周方向磁化，磁化应旋转进行
大型阀门、壳体及类似零件	对表面缺陷有良好的灵敏度	导体应能承受所需电流，导体放在孔中心最理想，大直径零件要求将导体贴近零件内表面沿圆周方向磁化

表 7-3　线圈法间接磁化的应用

应　　用	优　越　性	局　限　性
中等尺寸的纵长零件，如曲轴、凸轮轴	一般说来，所有纵长方向表面都能得到纵向磁化，能有效地发现横向缺陷	零件应放在线圈中才能在一次通电中得到最大有效磁化，长形零件应分段磁化
大型锻、铸件或轴	用缠绕软电缆线的方法得到纵向磁场	由于零件形状尺寸，可能要求多次操作
各类小零件	容易而迅速地检查 采用剩磁法检查效果很好	零件 *L*/*D* 值影响磁化效果明显 零件端头探伤灵敏度低

表 7-4　磁轭法间接磁化的应用

应　　用	优　越　性	局　限　性
实心或空心的较小零件（锻、铸件或机加工零件），在固定式探伤机上用极间法磁化直接检查	工件非电接触 所有纵长方向表面都能得到纵向磁化，能有效地发现横向缺陷 检查速度较快	长零件中间部分可能磁化不足 磁轭与工件截面相差过大可能造成磁通较大变化；磁轭与工件间的非磁物质间隙过大会造成磁通损失
大型焊接件、大型工件的局部检查采用便携式磁轭	工件非电接触。改变磁轭方向可检查各个方向上的缺陷 适用于现场及野外检查	每次检查范围太小，检测速度慢 磁极处易形成检测“盲区”

7.1.3　感应电流磁化法的应用

表 7-5 列出了感应电流磁化法的应用。

表 7-5　感应电流磁化法的应用

应　　用	优　越　性	局　限　性
环形件，检查与环形方向一致的周向缺陷	零件不直接通电；整个零件表面均有沿环形件截面的周向磁场，一次磁化可获得全部覆盖	为了增强磁路，需要多层铁心从环形件中心通过

7.2　一般工件的检查

各种机械零件，如常见的螺栓、顶杆、传动轴、排气阀、弹簧、高压紧固接头、轴承等经常需要进行检测检查，一些航空、航天、兵器、船舶上的零部件也需要进行磁粉检测。这些器件或制品大都是用钢坯轧制或锻造成的棒材、管材或其它型材加工而成，也有一些用铸造毛坯进行切削加工而成。这些工件多数尺寸不很大，并且有一定的生产批量，一般适合于固定式磁粉探伤机检查。

根据常见工件的形状，可以将它们大致分为轴、管、杆、轮、盘、壳、螺纹及特殊形状几大类。检测时，应该根据它们的结构特点、使用要求、材质及加工工艺选择适当的检测方法和确定工艺参数。

下面简述几类零件的实际检测应用。

7.2.1 管、轴、杆类工件的检测

管、轴、杆、棒等形状的工件在整个机械制品中占了很大的比例，如传动轴、丝杆、螺栓、气瓶钢筒、枪炮身管、炮弹体、活塞杆等。这类产品的特点，是工件长和宽的比值较大，常以压延拉制或锻造成型。在锻轧成型中，钢锭中的气泡、夹杂物等一般都被拉长变细，折叠、拉痕等也呈纵向分布，沿轴向延伸。因此，这类工件检测时主要是以轴向通电法为主，管材检测可用中心导体法。如果加工过程中可能产生横向缺陷（如淬火裂纹、磨削裂纹等），则可辅以线圈法或磁轭法等纵向磁化的方法。不等截面的轴、杆磁化时，磁化顺序应由磁化所用的电流值决定。工件直径小的部位磁化电流较小，应先进行磁化检查，完毕后再对工件直径较大的部位进行磁化检查。但要防止大电流磁化时在工件小截面处产生热损伤。对一些直径较大并且长度较长的工件（如口径大于 100mm 的火炮身管）轴向磁化时，应将工件按圆周和长度分段磁化及观察，观察时要注意区段的覆盖，一般圆周以每次四分之一，长度以 300mm 左右为一段。观察完一段后，再对下一段进行观察。

管形工件在长度和重量都适宜的情况下采用中心导体法磁化较好。心棒宜采用导电良好的铜或铝棒，直径约为工件内径的四分之一到二分之一，要有良好的承载能力。铁棒很少作为心棒采用，需要采用时要注意其电阻较大，心棒容易发烫，同时注意工件与心棒间尽量不要接触。数个短小的工件可以一次串连在心棒上磁化，磁化时在工件之间要留有足够的间隙，以便工件的每个部位上都能浸润到磁悬液。

使用线圈对轴类工件纵向磁化时，若 L/D 值较大且零件较长时，要注意分段磁化检查。

对一端封闭的管形零件，除用通电法外，也可用心棒和工件接触的方法磁化。通电时，应保证导电心棒封头的端面有良好的接触，并且注意使工件不接触到磁化设备上接地的任何部分。

湿法进行时，可根据工件颜色选用普通磁粉或荧光磁粉。对管内壁或螺栓零件最好采用荧光磁粉。

7.2.2 齿轮、轴承类工件的检测

各种齿轮、凸轮、飞轮、滚轮，各种轴承、套筒、螺母等是另一类常见的工件。它们的特点都是空心零件，沿直径方向较大而沿长度方向较短。

这类工件多数是将钢材锻压成毛坯形状后，再经热处理和机械加工成制品的。因此，它的缺陷主要是材料和锻造、热处理及切削加工产生的，主要有折叠、夹杂、锻造裂纹、热处理裂纹和磨削裂纹等。一些用铸造毛坯的还可能有铸造缺陷，如缩孔、疏松、夹杂、铸造裂纹等。缺陷的方向大多不固定，最好各个面上都进行检查，其中如齿轮的齿根部、

轴承的磨削面都是容易出现缺陷的地方。

工件尺寸不大时，可采用中心导体法检查。穿棒时多个工件串连在心棒上，磁化时轴向和端面上的缺陷即可显示。如果工件直径较大，可用电缆缠绕（通过中心孔）磁化。若要发现表面沿圆周方向的缺陷时，可采用感应电流磁化，即将工件当成一个闭合导体，作为变压器的次级线圈利用二次电流就可将工件磁化。

齿轮工件磁化时，应该注意齿轮的工作表面上的磁感应强度是否适当，特别是直径及模数较大的齿轮（m=5 以上），在其顶部和两齿之间的面上磁场会明显不足。为了解决这一问题，可在齿厚方向的两面上进行充磁或通电，就可以发现工件表面上的缺陷。为了提高检测效率，可设计专用夹具，如通电充磁用的导管，对齿轮部位进行检测。

由于轮类工件多为受力工件，硬度值和材料的矫顽力都较大，可根据其磁特性选择采用剩磁法检测。但对齿轮的轮齿部位检测时，由于形状较为复杂，磁力线方向不易控制，一般不用剩磁检测。

7.2.3　盘类工件的检测

盘类工件也是常见的机械制品，如各种联轴器、各类压盖、端盖、法兰盘、管接头等。它们的主体大多数由回转体组成，在轴线上有内孔或内腔结构，盘上布有各种连接孔、螺栓孔、螺孔等。盘件常由铸造或锻造而成，尺寸大小不等，其检查方法也不一样。尺寸较小的可在固定式探伤机上用通电和充磁方法检查，较大者则用触头分段局部通电或用便携式磁轭分片磁化。磁化时应注意磁场方向和覆盖。各种连接孔可用中心导体法检查，检查时注意其内部及孔周围的缺陷。

7.2.4　表面有涂覆层工件的检测

表面有涂覆层工件的磁粉检测，应该根据所需要的探伤灵敏度进行。一般覆盖层越厚，检测灵敏度越差。根据实验，镀铬层在 40μm 厚度时还可以进行磁粉检测，所发现的磁痕经解剖为裂纹。表面涂漆层厚度在 0.1mm 以上进行检测时所发现的为较粗大的锻造裂纹。

带有涂覆层的工件检测时，应注意表面涂覆物是否绝缘。若采用通电法时，要除去电极处的绝缘层，如漆层、磷化层等。另外要考虑除去表面层是否影响工件使用。在许可的条件下，最好采用工件间接磁化的方法，即用磁轭法、线圈法等形式。工件表面较暗时，应采用荧光磁粉检测或使用反差增强剂。

经喷丸处理的工件一般不能进行磁粉检测检查，因为喷丸后工件表面状态发生变化，许多缺陷被掩盖。只有当缺陷宽度较大和较深者，可以考虑进行磁粉检测，但检测灵敏度大为降低。

7.2.5　检测实例

（1）薄壁炮管的检测　薄壁火炮，如迫击炮、无后座力炮、火箭筒等，其身管都为一圆筒形，有的上边有几个不高的台阶。这些炮身管的特点是承受的膛压大，采用优质高强度合金钢制成，主要缺陷为冶金时带来的发纹、夹杂，以及轧制时的折叠等，多数沿轴向分布。

由于身管是中空薄管，重量不大，故采用中心导体法检测。为防止工件偏心和操作方便，可在心棒上装上用胶木制作的滚轮，工件套在滚轮上进行连续法磁化。检测时，用手旋转身管，一边磁化一边浇磁悬液。观察磁痕时可对工件进行分段标记，旋转观察。

炮管是承受高膛压的关键受力器件，磁化时采用严格磁化规范、湿法检查。

（2）刺刀的检测　刺刀是经锻造成形后加工的，采用优质硼钢制成。通电法磁化时，应在刀尖处加设保护接触铜套防止刀尖烧蚀。为了发现横向缺陷，可用线圈或磁轭对刺刀进行磁化。由于其剩磁较高，也可用剩磁法进行检查。

磁化一般采用严格磁化规范进行。由于刺刀要进行镀铬处理，有时为了检查氢脆裂纹，故在镀铬前后都进行检测检查。

（3）炮环零件的检测　某炮底座上有一个大环零件，直径约 1.3m，壁厚约 50mm。采用局部缠绕电缆的方法可以发现环两壁及内外表面轴向上的缺陷。检查时先观察绕电缆附近的部位，然后缓慢推动所缠的电缆，逐步进行观察。

在需要检查环圆周方向的缺陷时，可采用沿工件弧面局部通电的方法磁化，或采用磁轭对环两壁进行磁化观察。

环轴向缺陷也可用平行磁化法进行检查。

检查可采用标准磁化规范进行。

（4）滚柱轴承的检查　将轴承的套圈和钢柱分开，套圈可用中心导体法、感应电流法检查。钢柱用线圈法检查，检查时将钢柱沿长度方向连接在一起，用连续法磁化，用标准磁化规范确定磁化电流。

7.3　大型铸锻件的检查

7.3.1　大型铸锻件检查的特点

大型铸锻件是相对于一般中小工件而言的，如大型发电机转轴、机壳、汽轮叶片、涡轮、一般机械的箱体、火炮底盘、装甲车辆传动轴、重型汽车大梁及前后桥，以及锅炉的锅筒、储气球罐等。这些工件多数是采用铸造、锻压或焊接成形，其特点是体积较大、重量较重、外形比较复杂。对于这些工件的检测，应根据不同产品的制造特点，结合材料加工工艺选择合适的检测方法。

由于工件尺寸较大，一般中小型固定式磁粉探伤机难于发挥作用，主要采用大型及移动式或便携式探伤机检查，并以局部磁化为主。

当根据工件的特点采用触头通电或磁轭法磁化时，由于是局部磁化，应考虑检测面的覆盖。磁化规范的选择及磁场的计算按有关的规定（标准）进行，在一些形状特殊的地方可以采用试片或测磁仪器来确定磁场强度的大致范围。

7.3.2　锻钢件的磁粉检测

锻钢件是把钢加热到一定温度后进行锻造或挤压成形，然后再经过机械加工成为制品。与铸钢件相比，锻钢件的金属结构紧密并获得细小均匀的晶粒。它的生产效率高，在机械制造中占了很大的比例。

锻造有自由锻和模锻两种形式。其加工方式为：锻造——热处理——机械加工——表面处理，等等。产生的缺陷主要有：锻造裂纹、锻造折叠、淬火裂纹、磨削及矫正裂纹等。在使用过程中还可能产生应力疲劳引起的裂纹。

下面用实例说明锻钢件检测的基本特点。

（1）曲轴　曲轴有模锻和自由锻两种，以模锻居多。由于曲轴形状复杂且有一定的长度，一般采用连续法轴通电方式进行周向磁化，线圈分段纵向磁化。如图 7-1 所示。

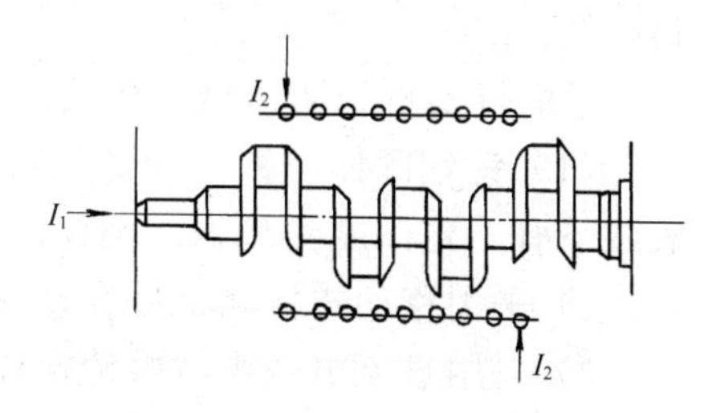

图7-1　曲轴检测

曲轴上的主要缺陷及其分布为：

1）剪切裂纹分布于大小头端部，横穿截面明显可见。

2）原材料发纹沿锻造流线分布，出现部位无规律。长者贯穿整个曲轴，短的只有 1～2mm，且容易在淬火中发展为淬火裂纹。

3）皮下气孔锻造后是短而齐头的线状分布。

4）锻造裂纹磁痕曲折粗大，聚集浓密。

5）折叠在锻造、滚光和拔长对挤时形成，磁痕或与纵向成一角度出现，或成横向圆弧形分布。

6）感应加热引起的喷水裂纹呈网状，成群分布在圆周过渡区。长度不大，深度较浅，容易漏检。

7）油孔淬火裂纹由孔向外扩展，以多条呈辐射状分布或单个存在，裂纹始端在厚薄过渡区，而不是在最薄部位。

8）矫正裂纹多集中在淬硬层过渡带。

9）磨削裂纹垂直于磨削方向呈平行分布。

在曲轴的检测技术条件中，对曲轴各部分按其使用的重要性进行了分区。检测时，应注意各部分对缺陷磁痕显示的要求。

（2）火车轮轴　火车轮轴是铁路客货车的重要运转部件。由于其生产量较大，故采用专用的交直流联合磁化的检测机——TYC-3000 型车轮轴半自动检测机进行检查。周向磁化电流最大达 3000A，直流激磁磁动势最大为 21000A 匝并采用荧光磁悬液，浓度为 0.4～0.9g/L，磁悬液采用自动喷洒方式，周向、纵向同时自动退磁。整个设备实行自动操作，除观察记录采用人工外全部操作实现自动化。

检测过程由进料、工作（夹紧、喷液、磁化、检查）、出料三部分组成，检查一根车轴时间约为两分钟。

火车轮轴最常见的缺陷是裂纹和折叠。裂纹位于轴身、轴中央，有纵向和横向，长度大小不等。折叠位于轴身，是长条状。

7.3.3　铸钢件的磁粉检测

将熔化的钢水浇注入铸型而获得的工件叫铸钢件。它易于成形为形状复杂的工件，所以被广泛使用。铸件生产过程由冶炼、造型、浇注、出模、热处理等一系列环节组成。

根据其生产特点，又有砂铸、压铸、熔模铸造等多种方法。铸件外表面粗糙，内部晶粒度较粗，组织多不均匀。磁粉检测的主要缺陷有铸造裂纹、疏松、夹杂、气孔等。铸钢件由于内应力的影响，有些裂纹延迟开裂，所以铸后不宜立即检测，而应等一、二天后再检测。

下面以实例说明铸钢件检测的特点。

（1）铸钢阀体　铸钢阀体形状复杂，表面粗糙，探测面积也很大，并且要求检测出表皮下有一定深度的缺陷。因此，检测时应作如下考虑：

1）采用移动式检测机并在现场检查。

2）采用直流电或半波整流电作磁化电流。

3）采用触头法磁化，常用干法检测。

检测前要注意清理受检表面，除去污物，使表面干燥。采用干粉法时，磁粉应喷撒均匀，除去多于磁粉时不要影响缺陷磁痕。

阀体上常出现的缺陷有热裂纹和冷裂纹，表现为锯齿状的线条。缩孔表现为不规则的、面积大小不等的斑点。夹杂表现为羽毛状的条纹。

（2）高压外缸　高压外缸是承受高压的砂型铸钢件，其外形见图 7-2。由于该工件承受高压，要求检出表面微小的缺陷，所以采用湿式连续法检验。用触头法分段并改变方向磁化。检测前，应作好工件的预清理，除去砂粒、油污和锈蚀，并对粗糙部分进行打磨。对一些较平坦的表面，可采用交叉磁轭进行磁化，并用中心导体法或穿电缆方法检验孔周围的缺陷。

对检测发现的缺陷，应进行排除，直到复查无缺陷为止。

（3）十字空心铸件的检查　如图 7-3 的十字空心铸件可以采用图示的方法进行检查。即用软电缆以中心导体或缠绕的方式用大电流进行磁化。检查时，各个电路分别单独通电。能够发现工件表面各个方向上的缺陷。

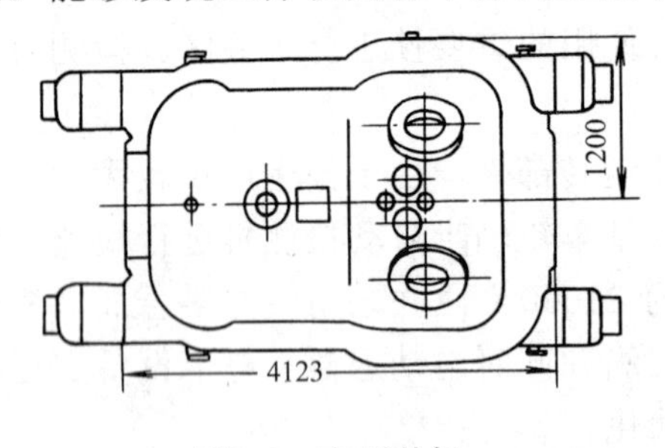

图7-2　高压外缸

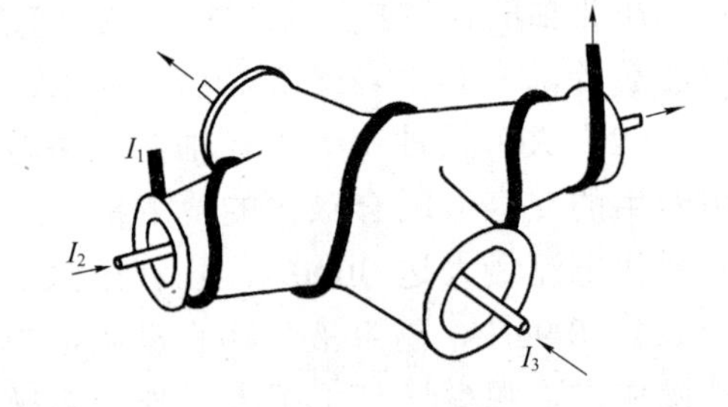

图7-3　十字空心铸件的检查

7.4 焊接件的检查

7.4.1 焊接件磁粉检测的工序与范围

焊接技术是一种普遍应用的技术。它是在局部熔化或加热加压的情况下，利用原子之间的扩散与结合，使分离的金属材料牢固地连接起来，成为一个整体的过程。

焊接技术广泛用于工业建设和军工生产中。良好的焊接接头是焊接质量的重要保证。

因此，必须加强对焊接件的检测检查，对危害焊接质量的缺陷及时发现与排除。

焊接件检测主要检查焊缝，包括其连接部分和热影响区。焊接缺陷主要有裂纹、未熔合与未焊透、气孔、夹渣等。其中裂纹尤其是表层裂纹对焊接件危害极大。这些裂纹分布有纵向和横向，弧坑处、热影响区、熔合线上以及根部都有可能形成不同的裂纹。磁粉检测是检测钢制焊接件表层缺陷的最有效方法之一，对裂纹特别敏感。根据焊接件在不同的工艺阶段可能产生的缺陷，焊接检测主要对坡口、焊接过程及焊缝的质量以及焊接过程中的机械损伤进行检查。

坡口检查是检查焊件母材的质量，范围是坡口和钝边，可能出现的缺陷有分层和裂纹。分层平行于钢板表面，在板厚中心附近。裂纹可能出现于分层端部或火焰切割时产生。对坡口检查常采用触头法，但应防止电流过大烧伤触头与工件的接触面。

焊接过程中的检查主要应用于多层钢板的包扎焊接或大厚度钢板的多层焊接。它在焊接过程的中间阶段，即焊缝隆起只有一定厚度时进行检查，发现缺陷后将其除掉。中间过程检查时，由于工件温度较高，不能采用湿法，应该采用高温磁粉干法进行。磁化电流最好采用半波整流电。

焊缝表面质量检查是在焊接过程结束后进行。采用自动电弧焊的焊缝表面较平滑，可直接进行检测检查；手工电弧焊的焊缝比较粗糙，应进行表面清理后再进行检查。由于一般高强度钢的焊接裂纹有迟延效应（即延时开裂），焊接后不能马上检测。通常放置二至三天后再进行检测。焊缝检测范围应包括整个热影响区，焊缝检测的主要方法是磁轭法和触头法，磁轭法可采用普通交直流磁轭或十字交叉旋转磁轭，有时还可采用永久磁铁制作的磁轭。对直径不太大的管道也可采用线圈或电缆缠绕方法对焊缝进行辅助磁化。

7.4.2 检测方法选择

检查焊缝的方法应根据焊接件的结构形状、尺寸、检验的内容和范围等具体情况加以选择。对于中小型的焊接件如飞机零件、发动机焊接件、火炮零件、工装工具焊接件等可采用一般工件检测方法进行。而对于大型焊接结构如装甲车辆、火炮炮塔、轮船壳体及甲板、房屋钢梁、锅炉压力容器等由于其尺寸、重量都很大，形状也不尽相同，就要用不同的方法进行检测。

除小型焊接件外，中、大型焊接件大都采用便携式设备进行分段检测。一般有磁轭法、触头法和交叉磁轭法。

使用普通交直流磁轭时，为了检出各个方向上的缺陷，必须在同一部位作至少两次的垂直检测，每个受检段的覆盖应在 10mm，同时行走速度要均匀，以 2～3m/min 为宜。磁悬液喷洒要在移动方向的前方中间部位，防止冲坏已形成的缺陷磁痕。在工程实际操作中，由于两次互相垂直的检查，磁极配置不可能很准确，有造成漏检的可能；另外，磁轭法检测效率较低。这些都是它不足的地方。

触头法也是单方向磁化的方法。它的优点是电极间距可以调节，可根据探伤部位情况及灵敏度要求确定电极间距和电流大小。使用触头法时应注意触头电极位置的放置和间距。触头的布置见图 7-4。

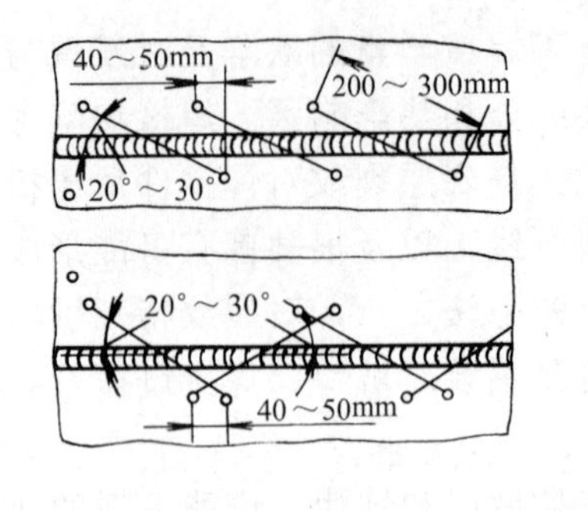

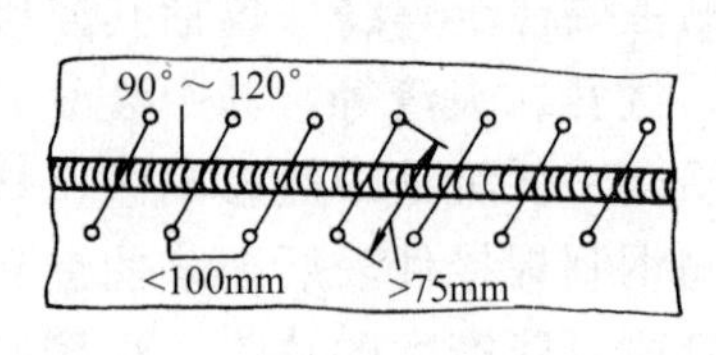

a） b）

图7-4 焊缝检测触头位置布置

a）检验纵向缺陷 b）检验横向缺陷

触头法同磁轭法一样，采用连续法进行。磁化电流可用任一种电流，但以半波整流电效果最佳。施加磁粉的方式可用干法或湿法。检测接触面应尽量平整以减小接触电阻。

用交叉磁轭旋转磁场对焊缝表面裂纹检查可以得到满意的效果。其主要优点是灵敏可靠，检测效率也较高。在检查对接焊缝特别是锅炉压力容器检查中得到广泛应用。在使用时应注意磁极端面与工件的间隙不宜过大，防止因间隙磁阻增大影响焊道上的磁通量。一般应控制在 1.5mm 以下。另外，交叉磁轭的行走速度也要适宜。观察时要防止磁轭遮挡影响对缺陷的识别。同时还应注意喷洒磁悬液的方向。

对管道环焊缝可采用线圈法或绕电缆方法进行磁化。对角焊缝还可采用平行电缆方法磁化，但应注意缺陷检测的范围和检测灵敏度的控制。

7.4.3 检测实例

（1）火箭筒喷火管焊缝的检查 火箭筒是步兵用反坦克武器，材料为 30CrMnSiA，经调质处理。其尾部是一个喇叭状的喷火管，与身管用焊接方式相连。如图 7-5 所示。

检查时可用中心导体法检测纵向缺陷；用线圈法检查横向缺陷。

（2）带摇臂轴的检查 带摇臂轴是飞机上重要的受力件，如图 7-6 所示。材料为 30CrMnSiNi2A，焊接后进行热处理。

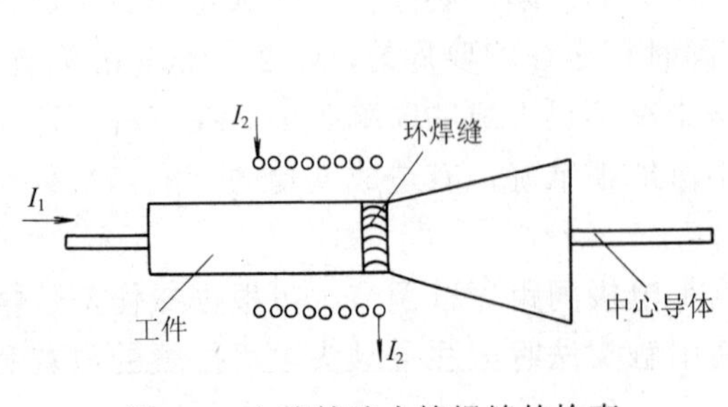

图7-5 火箭筒喷火管焊缝的检查

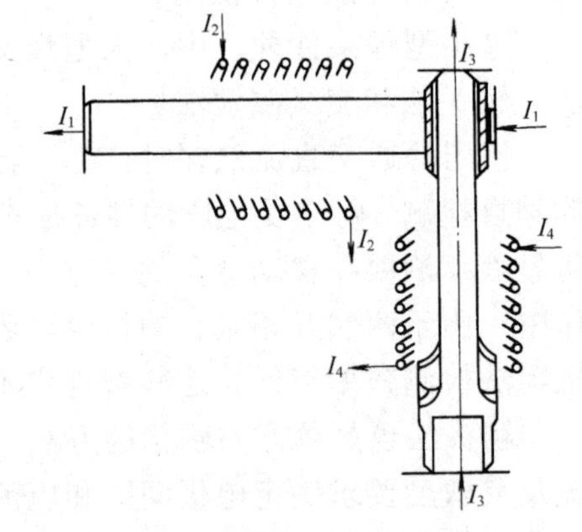

图7-6 带摇臂轴

磁粉检测的主要操作程序如下：

1）焊接前，对摇臂和轴分别进行磁粉检测，合格后再焊接。

2）焊接后，在固定式磁粉探伤机上进行两次周向磁化，并用湿式连续法检验焊缝及热影响区。

3）热处理后，在固定式磁粉探伤机上再进行两次周向磁化，并在线圈内进行两次纵向磁化，用湿式剩磁法检验焊缝及整个工件。

4）检测合格后，对工件退磁。

（3）球形压力容器的检查　球形压力容器是用于储存气体或液体的受压容器，它由多块钢板拼焊而成，外形像一个大球，故又称球罐。

按照国家有关部门的规定，新建或使用一定时期的球罐均应进行检查。检查的部位为球罐的内、外侧所有焊缝（包括管板接头及柱腿与球皮连接处的角焊缝，热影响区以及母材机械损伤部分）。

检查前，应将球罐要检查的部位分区并注上编号（如纵 1、纵 2、横 3、横 4 等）并标注在球罐展开图上。预处理时将焊缝表面的焊接波纹及热影响区表面上的飞溅物用砂轮打磨平整，不得有凹凸不平和浮锈。

检测采用水磁悬液，浓度为 15g/L，其它添加剂按规定比例均匀混合。

采用交叉磁轭旋转磁场磁化方法进行磁化。用 A 型试片 7/50 或 15/100 进行综合灵敏度检查。检测时注意磁极端面与工件表面之间应保持一定间隙但不宜过大，以使磁轭能在工件上移动行走又不会产生较大的漏磁场。间隙一般不超过 1.5mm。在通入磁化电流时，应同时施加磁悬液。磁化电流每次持续时间为 0.5～2s，间歇时间不超过 1s，停施磁悬液至少 1s 后才可停止磁化。

磁轭行走速度应均匀，通常为 2～3m/min。当检查纵缝时，方向应自上而下，以免浇磁悬液时冲掉已形成的磁痕。

进出气孔和排污孔管板接头处的角焊缝，用交叉磁轭紧靠管子边缘沿圆周方向检测。柱腿与球皮连续处的角焊缝、点焊部位、母材机械损伤部分可采用两极式磁轭进行检查。

当采用紫外线灯进行观察时，应遵守有关的操作与安全注意事项。对磁痕的分析和评定，应按照相关标准的规定及按照验收技术文件进行记录和发放检测报告。

7.5　特殊工件的检查

7.5.1　特殊工件检测的特点

由于使用的需要，一些外形特殊如超小型、形状怪异以及有特殊要求的工件往往占了很大的比重。对这些工件的检测不能采用常规的模式，应该根据产品要求和工艺特点以及受力的部位等诸方面的因素进行综合选择。一般说来，主要应考虑以下几点：

第一，尽可能地对被检测工件的材质、加工工艺过程和使用要求作到了解，掌握其可能出现缺陷的方向。在选择磁化工艺时，充分满足磁化磁场与工件缺陷方向垂直的条件。必要时可以进行多次磁化。

第二，对于形状复杂而检测面较多的工件，应采取分割方法综合考虑。考虑时应注意尽量选择较简单而行之有效的方法，并注意工件磁化时相互影响的因素。如果磁化规范计算有困难，可以采用灵敏度试片及测磁仪器进行试验。

第三，为了使工件得到最佳磁化，必须准备一些专用的小工具（ 如不同直径的的铜棒、电缆等），在需要时还应考虑设计一些专用的磁化工装及专用设备，以期得到良好的效果。

7.5.2 检测实例

下面用几个行之有效的实例说明这类工件的检测方法。

（1）弹簧零件的检查　弹簧是一种常见零件，它能发生大量的弹性变形，从而吸收冲击能量和缓和冲击与震动。主要有压缩弹簧、拉伸弹簧和扭簧三种，一般用高碳或高合金弹簧钢制成，经热处理后其硬度和剩磁都较高。

由于弹簧承受交变载荷，破坏的主要原因是疲劳，弹簧上的缺陷会导致大的机械事故，所以弹簧检测极为重要。其常见的缺陷有淬火裂纹、表面拉伤、夹杂物、发纹等，运行中的弹簧还有疲劳裂纹出现。

弹簧检测常用通电法或极间磁轭法，有时也采用中心导体法。压簧检测时，常将其套在一个长度略短于弹簧的绝缘棒（塑料或胶木棒）上，用夹头夹住通电或通磁，这样可检查弹簧的纵横方向缺陷。也可以用检测机上的附加电缆装上夹钳进行夹持检测。拉簧检测时，因为拉簧一圈挨着一圈，相当于一根钢管，可采用中心导体法磁化，能发现钢丝上的横向缺陷。要发现纵向缺陷时，应在弹簧圈与圈之间加塞绝缘片后通电磁化。

弹簧检测采用湿法进行，应用剩磁法检查效果较好。弹簧检测后应进行退磁。用线圈法退磁时，应边转动边拉出。

（2）防扭臂接头的检查　防扭臂接头，材料是30CrMnSiN2A，是受力的模压件，形状不规则，如图 7-7 所示。该工件热处理前用湿式连续法，热处理后用剩磁法，磁化方法如下：

1）采用中心导体法磁化检验孔的内外表面及端面。

2）沿两支纵长方向，用通电法周向和检验支臂的纵向缺陷。由于支臂是尖脚，应放上铅垫，防止烧伤。

3）用线圈法在互相垂直方向进行两次磁化。

（3）凸轮的检查　凸轮是受力的精密铸件，由轮部与杆部组成，材料为 ZG35CrMnSi，形状较为特殊。如图 7-8 所示。

凸轮在毛坯件和热处理、机加工后进行两次磁粉检测，工件表面要喷砂清理。检测程序可作如下考虑：

1）毛坯件用湿式连续法，热处理机加工后用湿式剩磁法。

2）轮子部位应采用中心导体法磁化，经常发现的缺陷是铸造裂纹和夹杂物。

3）对杆部进行轴通电法磁化，再用线圈法进行纵向磁化，在杆的根部经常发现纵向和横向裂纹。

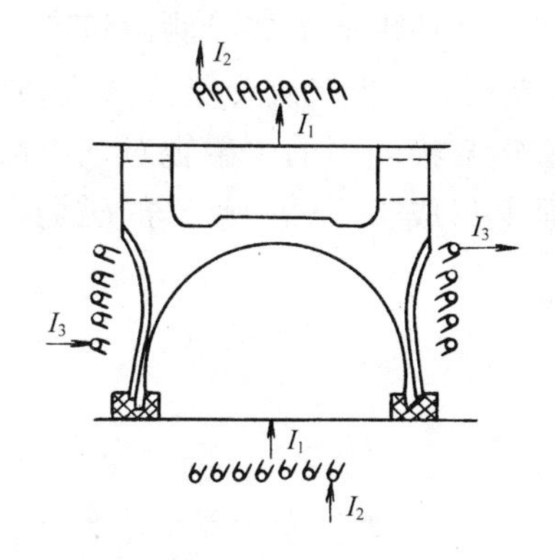

图7-7　防扭臂接头

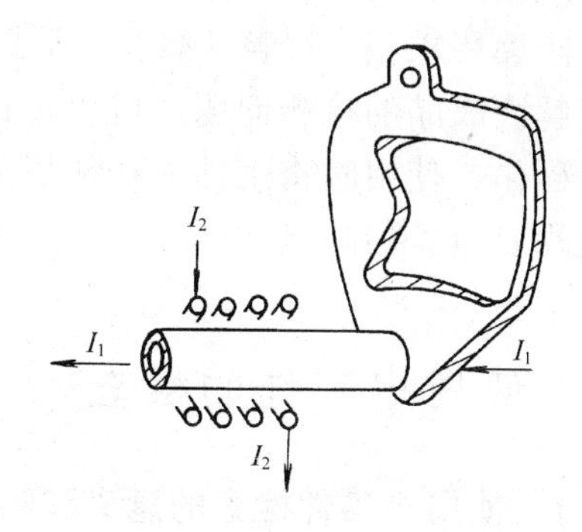

图7-8　凸轮

4）对发现的裂纹可以打磨排除。

（4）照相机拨片轮的检查　国产某照相机的拨片轮，系采用低碳钢冲压而成。该零件直径仅 15mm，厚约 3mm，中间有一个 4mm 的小孔。由于在生产过程中加工方法不当，造成轮凸缘部分与齿间局部开裂。由于零件几何尺寸小，而且产量也较大，采用常规的检测方法是难于奏效的。可以根据平行磁化的原理对该零件进行特殊磁化。

磁化前，先裁取几块厚约 2mm 的铜板，尺寸为 100mm×100mm。将零件均匀地排布在铜板上，每板约 30～50 只，然后将铜板水平地夹持在检测机的夹头间。平板上并装有灵敏度试片，根据试片磁化后显示的磁痕确定磁化电流，然后再采用连续法进行检查。为了发现各个方向上的缺陷，在一次磁化后将铜板转动 90° 后再进行第二次检查。

这一方法依据的原理是，当铜板通过电流时，铜板周围将产生周向磁场，置于该磁场中的铁磁零件将受到感应磁化，从而发现缺陷。

利用平行磁化的原理，还可以对角焊缝（采用电缆靠近）或特殊部位的缺陷进行检查。

（5）轴和轴上的圆盘（或齿轮）的检查　在机器设备的维修检查中，常遇到一些大的穿心轴上的盘状零件（圆盘或齿轮）的检查问题。这类零件通常由锻或铸造制成，装在轴上不易拆离。为了检查这一类零件，除用常规的通电方法检查纵向缺陷外，还可用下述方法进行其它方向缺陷的检查。检查方法如图 7-9 所示。在大穿心轴的两端用电缆绕成两个相反的线圈，或装上两个线圈并进行反接。这两个相反的线圈在圆盘两侧上产生纵向磁场，在圆盘侧面磁场方向将变成沿盘的直径方向。这种类型的磁场能够显示轴上的横向缺陷以及圆盘侧面上的周向缺陷。

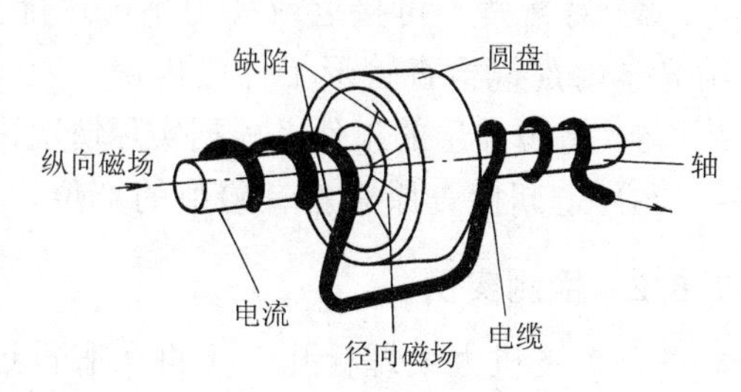

图7-9　轴上圆盘缺陷的检查

其原理是：反接线圈在轴上产生的磁场方向正好相反，在轴中段两磁场的方向相互排斥，被迫向轮上转移。这样就达到了产生径向磁场检查侧面圆周缺陷的目的。

（6）传火管成品的检查　传火管是某兵器产品上的一个部件，作用是引爆产品。其外形是一个带有许多小孔的钢筒，筒内装填满黑色引火炸药。由于应用材料上的不当，一批成品管表面发现有轴向裂纹和较长的发纹，影响产品使用而需要检测。该产品成品防火防爆要求相当严格，不能用常规通电方法进行周向磁化，也缺乏交叉线圈旋转磁场。为了解决成品的检测问题，可以设计制作专用的长磁轭窄极间距的电磁轭对该产品进行分段磁化。使用时将工件放在磁极上，即在工件表面上形成了与轴向垂直的磁场，就能发现需要检查的缺陷。

7.6 使用中工件的检查

7.6.1 使用中工件检查的意义和特点

使用中的工件定期维护检查很重要。一些设备工作在极其恶劣的环境中，长期经受交变应力的作用和受到有害液体或气体的腐蚀，高温高压的工作条件，骤冷骤热的工作环境，都将对设备使用产生很大的影响。在这样的条件下，如果不注意对设备运行加强维护检查，一些关键部位的缺陷可能产生很大的危害，造成重大事故的发生。如原子能电站的运行系统，飞机发动机、大梁和起落架，火车轮轴，轮船螺旋桨，高速柴油机曲轴，冲锻设备锻头、锤杆和模块，天车吊钩和螺帽，化工高压容器，火炮身管，坦克发动机，步枪枪栓等。只有加强维护工作，定期用无损检测或其它方法对重要部件实施检查，观察有无危险性缺陷发生，才能保证设备和器械的正常工作。

维修件检验的特点是：

1）疲劳裂纹是维修件的主要缺陷，应充分了解工件使用中的受力状态，应力集中部位、易开裂部位及方向。

2）维修件检测一般实施局部检查，主要检查疲劳裂纹产生的应力最大部位。

3）用磁粉检测检查时，常用触头、磁轭、线圈（及电缆）等，小的工件也可用固定式磁粉探伤机进行检查。

4）对一些不可接近或视力不可达部位的检查，可以采用其它检测方法辅助进行。如用光学内窥镜检查管形工件的内壁。对一些重要小孔，可采用橡胶铸型法检查。

5）有覆盖层的工件，根据实际情况采用特殊工艺或去掉覆盖层后进行检测。

6）定期检查原来就有磁痕的部位，以观察疲劳裂纹的扩展。

7.6.2 检测实例

（1）飞机大梁螺栓孔　飞机在服役过程中，机翼大梁螺栓容易产生疲劳裂纹，裂纹的方向与孔的轴线平行，集中出现在孔的受力部位。在飞机定期检测中，对于螺栓孔多采用磁粉检测-橡胶铸型法来检查疲劳裂纹。螺栓孔检测部位见图 7-10 所示。检验程序大致如下：

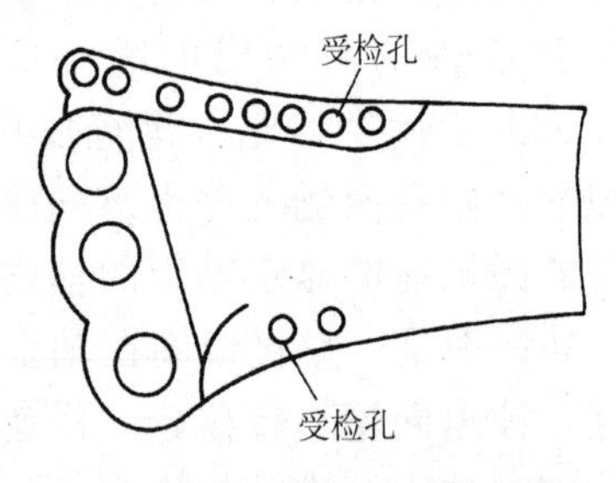

图7-10　机翼主梁受检部位

1）分解螺栓，用 000 号砂布装到手电钻上对孔壁进行打磨，直到没有任何锈蚀痕迹，再用清洁抹布将孔擦拭干净。

2）将铜棒穿入孔中，用中心导体法磁化，电流为 40D。

3）用手指堵住孔的底部，将挥发性溶剂与黑磁粉配制的磁悬液注入孔内，直至注满，停留 10s 左右，让磁悬液流掉。

4）彻底干燥孔壁。

5）用胶布或软木塞、尼龙塞及蒙有塑料薄膜的橡皮塞将孔的下部堵住。

6）将加入硫化剂的室温硫化硅橡胶注入孔中，直至灌满。

7）将固化后的橡胶从孔中小心取出。

8）在良好光线下用 10 倍放大镜检查橡胶铸件，或在实体显微镜下观察。

9）退磁。

对直径较小的孔，可用注射器将橡胶液从孔底压入，固化后再进行观察。对一些机身侧翼的横孔，可制作专用夹具进行磁化和浇注。

（2）飞机前起落架卡箍的检查　图 7-11 为飞机前起落架上的卡箍，它与前起外筒连接，又与减摆器连接，在位置 M 处最容易产生疲劳裂纹。因该处承受交变应力载荷，又位于圆角处，且距离焊接处较近，维修检查一般在机上原位进行。如果漆层厚度大于 100μm，应除漆后检查；小于 100μm，则采用湿式连续法检查。在 M 处绕 5 匝电缆磁化，表面磁场应达到 2400A/m 以上。

（3）起重机吊钩的检查　吊钩（见图 7-12）是起重机承载重物的受力件，通常由锻制而成，它是在重力拉伸负荷应力下使用的。在吊钩柄部螺纹和倒角处主要受到垂直拉应力的作用；而在柄的下面部分则受到压力和倾斜拉应力的作用；在吊钩下部的弯曲处是直接承受物体重量的部分，主要是受到拉应力的作用。

吊钩的检查可用磁轭法、触头法，也可用线圈或电缆缠绕的方法进行磁化。吊钩的疲劳裂纹与三个应力区有关并呈一定的角度分布。磁痕较明显，但无太大的规律。

（4）焊接链环的检查　链环是起重设备的重要部件，使用过程中应定期检查。检查时，将纵向磁场横加在焊缝上，可以发现焊缝及链环的缺陷。

检查时，将链环挂在起重机吊钩或吊车上，向上拉时通过一个磁化线圈。链环在线圈下部时浇上荧光磁悬液，通过线圈后即用紫外线灯进行检查。检查完一段后再进行下一段的磁化和检查。

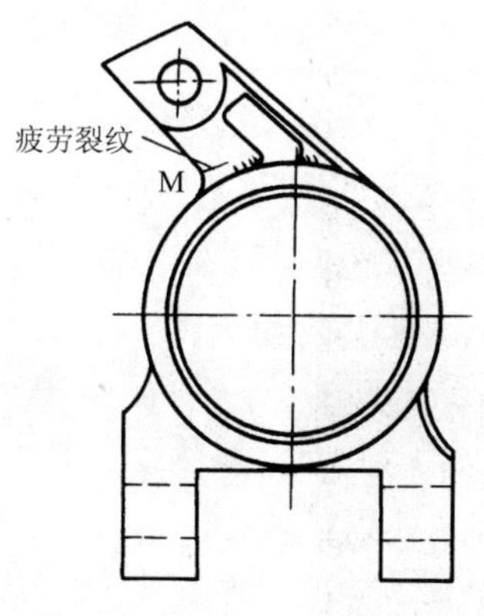

图7-11　飞机前起落架卡箍

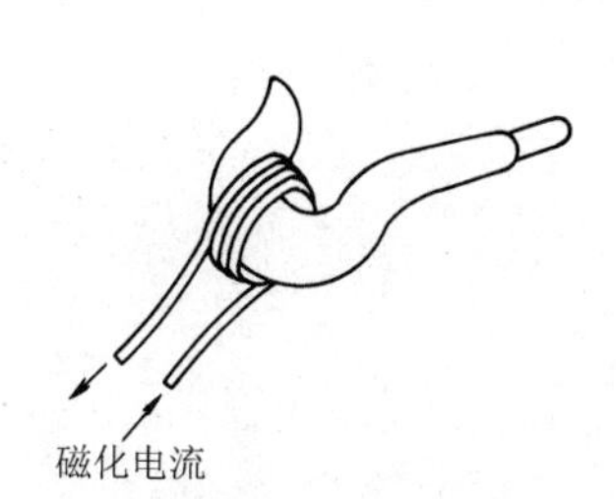

图7-12　吊钩

（5）笼型电动机转子断条的检查　笼型电动机是因为其转子上的铸铝笼条而得名。当电动机笼条发生断裂事故，将严重影响电动机的运行。电动机的笼条是嵌在叠合的硅钢片上的槽中。电动机运行时，笼条上有很大的电流流过。检查时，可将检测机的触头电极分别置于要检查的笼条两端，采用连续法进行磁化。当笼条完好时，通过笼条的电流将使硅钢片磁化，在笼条两边将出现磁痕。如果笼条断裂，由于笼条中没有电流通过，将不会有磁场产生，也就没有磁痕出现。对该笼条再进行局部通电检查，就能发现其断裂的部位。

复　习　题

1．比较各种磁化方法的应用范围及其优缺点。
2．管、轴、杆类零件磁粉检测的特点是什么?
3．怎样检查齿轮类零件?
4．对大型铸锻件检查时要注意哪些问题?
5．焊接接头的磁粉检测范围主要有哪些?
6．磁粉检测为什么不能在焊接结束后立即进行?
7．采用旋转磁场检查球形压力容器焊缝应注意哪些问题？
8．特殊工件检查有哪些特点?
9．对外形复杂的零件磁粉检测应注意哪些问题?
10．简述维修件检查的特点。

第8章　磁粉检测标准及质量控制

8.1　磁粉检测标准的分类

几十年来，随着无损检测技术的广泛应用，无损检测标准也发展很快。在磁粉检测方面，国内外各种标准涵盖了设备器材、检验方法、产品检查及验收、质量控制及人员要求的各个方面。这些标准是磁粉检测工作的技术法规，正确地理解和执行这些标准是保证磁粉检测工作开展的条件。

从目前相关的标准来看，大致有以下几类：

从标准隶属范围来分，有国家标准（GB）、国家军用标准（GJB）、行业标准和企业标准；从标准内容来分，有磁粉检测设备器材标准、磁粉检测方法标准、产品检查及验收标准、检测质量控制标准、检测人员标准等。

国家标准和国家军用标准适用范围最宽，但相关标准也不多。目前我国已制定的磁粉检测国家标准主要是一些通用性的规定，如：《无损检测术语（GB/T 12604.5—1990）》、《常规无损探伤应用导则（GB/T5616—1985）》、《磁粉探伤方法（GB/T 15822—1995）》等；国家军用标准与磁粉检测有关的标准有：《无损检测人员的资格鉴定与认证（GJB9712—2002）》、《磁粉检验（GJB2028—1994）》、《磁粉检验显示图谱（GJB2029—1994）》、《无损检测质量控制规范 磁粉检验（GJB593.3）》等。另外也有一些检测技术类标准，如GB/T 9444—1988《铸钢件磁粉探伤及质量评级方法》、GB/T10121—1988《钢材塔形发纹磁粉检验方法》等，可供使用时选择。

国内各行业标准中与磁粉检测相关的内容较多，其中有专业军用标准（ZBJ）、机械行业标准（JB）、航空行业标准（HB）、航天行业标准（QJ）、兵器行业标准（WJ）、船舶行业标准（CB）、核工业标准（EJ）等。这些标准主要针对本行业的磁粉检测工作进行规定，以通用及专用检测方法及产品验收规定为主要内容，包括了磁粉检测设备和器材、磁粉检测方法、产品检查及验收等诸多方面。其中以机械行业所制定的标准最多。

值得一提的是，一些企业为了保证产品质量，加强产品的竞争能力，根据本企业特点，编制了适用于本企业的磁粉检测标准。这些标准，往往结合产品验收，删繁就简，突出了产品特性。但应注意的是，企业标准要求不应低于国家标准和行业要求。而且，也应该不要和具体产品的检测规程完全等同。

这些标准从各个方面对磁粉检测工作进行了规范和控制，是保证检测工作顺利进行的必要手段。无损检测人员应该根据具体产品情况努力掌握相关的标准，才能有效地开展无损检测工作。下面章节将对这些内容分别进行叙述。

8.2 设备器材标准

在我国，磁粉检测设备器材由机械行业归口管理。目前已制定的标准主要有：JB/T 8290—1998《磁粉探伤机》、JB/T 6870—1993《旋转磁场探伤仪技术条件》、JB/T 7411—1994《电磁轭探伤仪技术条件》、JB/T 6063—1992《磁粉探伤用磁粉 技术条件》、JB/T 6065—1992《磁粉探伤用标准试片》、JB/T 6066—1992《磁粉探伤用标准试块》、GB/T 5097—1985《黑光源的间接评定方法》等。

以 JB/T 8290—1998《磁粉探伤机》为例，该标准原为 GB3701，后经清理整顿于 1998 年调整为行业标准。该标准主要是针对生产厂家规定的生产磁粉探伤机的要求和检验方法。适用于交流、直流、半波整流及全波整流磁粉探伤机；不适用于电磁轭探伤仪、旋转磁场探伤仪等磁轭式磁粉探伤仪。该标准规定了磁粉探伤机的结构分为一体型和分立型，并对结构的型式和规格作了规定。其中，携带式设备额定周向电流为 500～2000A，移动式设备额定周向电流为 500～8000A，固定式设备除额定周向电流为 1000～10000A 外，还增加了对额定纵向磁化安匝数的要求。在设备的技术要求中，对设备工作的环境、磁化电流（安匝数）的调节、指示误差、时控装置、退磁装置、照明、磁悬液传输系统、机械结构及电气安全都作了相应的规定。还结合磁粉探伤机的使用特点，对试验方法和检验规则等作了明确的规定。以上规定对于无损检测人员可作为选择和验收检测设备时的参考。

器材标准主要对磁粉、试片、试块及辅助测量设备的技术条件和试验方法所进行的规定。如：JB/T 6063—1992《磁粉探伤用磁粉技术条件》标准中对非荧光磁粉和荧光磁粉分别进行了规定，对磁粉中的杂质、颜色、颗粒尺寸（粒度）、悬浮性、磁吸附（磁性）、灵敏度等作了规定，对荧光磁粉还增加了耐用性和长久耐用的要求。另外还对干法磁粉按上述内容作了规定。其它试片和试块标准中的内容也是规定了技术要求和试验方法。其主要内容在第 3 章相关章节中都作了介绍。

值得注意的是以上各标准的适用范围。如 JB/T 6065—1992《磁粉探伤用标准试片》中明确指出“本标准适用于磁粉探伤用 A 型、C 型、D 型三种标准试片的产品质量评定，这三种试片主要用来检查连续法探伤中磁粉探伤装置、磁粉、磁悬液的综合性能以及被检测工件表面有效磁场强度、磁场方向和试验操作是否适当。”这同试块的“适用于磁粉探伤用 B、E 型两种环形标准试块的产品质量评定”是不相同的，不能够互相取代。

另外，一些检测方法标准中，有时也根据自己产品的特殊性对设备器材提出要求。如 HB/Z 5370《磁粉探伤 —— 橡胶铸型法 》就根据产品检测要求提出了专用材料硫化硅橡胶。一些产品专用标准也对所用检测设备提出必要的要求。这些标准是对一般的设备器材标准进行的补充，也是对检测技术和标准发展的一个促进。

8.3 通用及专用检验方法标准

各种检验方法标准占了磁粉检测标准的绝大多数，也是磁粉检测人员重点需要了解

和掌握的法规。

8.3.1　通用检验方法标准

通用检验方法标准是综合了磁粉检测的一般技术和要求制定的，它不针对某一具体产品，但对磁粉检测的共性特点如检测原理、检验步骤、检验人员、环境条件、检测条件（设备、器材、工艺文件、磁化电流、工序安排等）一系列内容作了规定，还针对检测要求对一些检测具体环节作了详细要求。各国标准中都对通用方法进行了规定。我国国家标准中主要有两个标准规定了磁粉检测的通用方法。即 GJB 2028—1994《磁粉检验》和 GB/T 15822—1995《磁粉探伤方法》。

GJB 2028—1994《磁粉检验》是国防科工委 1994 年发布的，并于 1995 年 4 月 1 开始实施。该标准总结了国防科技工业几十年来在磁粉检测工作上的主要成就，规定了磁粉检测的一般方法和详细的操作要求及相关事项，具有较强的可操作性，是国防科技工业各单位编制相关行业和专用产品的磁粉检测标准的依据。

该标准共分 6 章。

第 1 章为标准的主题内容和实用范围。明确规定“本标准适用于军工生产和科研部门以及为军工产品提供材料、零部件毛坯和成品的其它部门对铁磁性材料零件裂纹、发纹、夹杂、折叠、白点、疏松和未焊透等表面及近表面不连续性的磁粉检验”。

在标准的一般要求（第 4 章）中，对磁粉检验原理、检验步骤、人员、环境条件、验收要求、工艺图表、检验设备、磁化电流、工序安排、磁粉和磁悬液等 11 个方面内容也进行了规定。如在 4.1 节中，指出磁粉检验的原理是：“铁磁性材料和零件被磁化后，由于不连续性的存在，使零件表面和近表面的磁力线发生局部畸变而产生漏磁场，吸附施加在零件表面的磁粉，形成在合适光照下目视可见的磁痕，显示出不连续性的位置、形状和大小。” 4.2 节中明确了磁粉检验的四个主要步骤是：“磁化零件，施加磁粉和磁悬液，评定磁痕显示和退磁。” 在磁粉检验设备中，对“便携式、移动式、固定式和专用设备”提出了“所提供的磁化电流强度和安匝数应满足受检零件磁化和退磁的要求。” 并且，“采用剩磁法检验时，交流探伤机应配备断电相位控制器。”“直流和三相全波整流探伤机配备通电时间控制继电器。”对于检测用的磁化电流，要求“交流磁化电流为有效值”，“单相半波整流和三相全波整流磁化电流为平均值”。其它规定具体内容在前面章节已作了介绍，就不再进行重复。

标准对磁粉检测的详细要求从以下几个方面进行规定：

1）对受检零件的要求。主要是从零件预处理的角度对受检零件表面状态进行了规定。以保证受检零件能获得最佳的检测灵敏度。

2）从零件磁化时不连续性检出的方向介绍了常用的 9 种磁化方法及各种磁化方法的特点、应用范围和示意图。

3）为了满足零件磁化时所需要的磁场强度，标准对磁化规范选择范围进行了规定。一般材料检测时所需要的磁场强度切向分量进行了规定：连续法时为 2.4～4.8kA/m，剩磁法为 8kA/m。为了简化零件磁电流的计算，标准以图表的形式推荐了周向磁化的经验公式。由于纵向磁化影响因素较多，标准分别介绍了高低填充系数下的磁化线圈安匝数的计算公式（经验公式）以供选择规范使用。

4）对磁粉检测的检验方法标准介绍了连续法、剩磁法和磁粉探伤—橡胶铸型法的一般工序用适用范围。

5）对检验与结果分析和记录与标志标准也作了相应规定。

6）在退磁问题中，标准对退磁的范围、退磁时所需要的磁场强度、退磁的方法和退磁效果的检验也作了明确的规定。

7）在质量控制中，重点是采用综合性能试验进行检查。此外，对缺陷样件的应用，磁悬液质量（浓度、污染、水断试验等）检查方法也进行了说明。对设备电气性能、电表精度、控制继电器、黑光灯等直接影响检测质量的因素也进行了规定。

8）对磁粉检测的安全防护作出了具体规定。

最后，标准还提供了磁粉探伤—橡胶铸型法中各种材料的配方以及常用钢种的磁特性以供参考。

GB/T 15822—1995《磁粉探伤方法》是由原国家专业标准 ZB H24001《旋转磁场磁粉探伤法》和 ZBJ 04 006《钢铁材料的磁粉探伤方法》改造升级，并于 1995 年发布的。其中，ZBJ 04 006《钢铁材料的磁粉探伤方法》是参照日本标准 JIS 0565《钢铁材料的磁粉探伤方法及缺陷磁粉痕迹的等级分类》而来。该标准的基本内容与 GJB 2028—1994《磁粉检验》相同，但增加了标准试片及对比试片一节。对磁化规范的选择上该标准没有规定计算公式而采用试片确定方法，这对于一般钢材采用连续法磁化是可以的，但对于高强度钢材检测与采用剩磁法检查却显得明显不足。另外，该标准还对缺陷磁痕进行了分类，即按缺陷磁痕的形状和集中程度分为裂缝状磁痕；独立分散状缺陷磁痕（线状缺陷磁痕和圆状缺陷磁痕）；连续状缺陷磁痕及分散状缺陷磁痕四类。但这些分类不涉及产品验收条件 ，仅对磁痕状态进行分类，可作编制产品验收条件参考。总的说来，GB/T 15822—1995《磁粉探伤方法》较 GJB 2028—1994《磁粉检验》标准较为宽松，且在磁化规范选择上容易对一些特殊钢材（或经特殊处理的钢材）造成漏检。对于有严格要求的军工产品，应该主要采用 GJB 2028—1994《磁粉检验》标准。

8.3.2 专用检验方法标准

专用检验方法标准是针对通用检验方法标准而言。在专业检验标准中，除了采用通用标准中的相关条文外，还针对本专业产品的技术要求增加了特殊的检查方法和验收技术条件，如航空发动机、火炮、船舰、车辆、锅炉、化工、压力容器等行业都针对自己产品使用的特殊性对其重要的零部件作了检查的规定并以行业标准形式予以实行。这些标准，有针对某一类型产品的，也有针对某一种特殊检查方法的。如 HB/Z 72《航空零件磁粉探伤说明书》、HB/Z 5370《磁粉探伤—橡胶铸型法 》、TB 1987—2003《机车车辆对滚动轴磁粉探伤方法》、JB/T 6061—1992《焊缝磁粉检验方法和缺陷磁痕的分级》、JB/T 8468—1996《锻钢件磁粉检验方法》、JB/T 7367—1994《圆柱螺旋压缩弹簧磁粉探伤方法》、WJ 2022—1999《火炮身管磁粉探伤》、WJ 2041—1999《炮弹弹体磁粉探伤方法》等等。这些标准，由于所检测的对象和方法比通用标准狭窄，在标准条文的处理上更突出自己产品和方法的特色。有的标准还与产品验收条件结合，具有更强的实用性。

以 WJ 2022《火炮身管磁粉探伤》为例，该标准除贯彻执行 GJB 2028《磁粉检验》相关内容外，还突出了火炮产品的特点。如规定火炮身管探伤检查前必须有正式探伤工艺图表，在探伤工艺图表中，应“明确规定身管磁粉探伤的时机、要求、方法、探伤部位及质量验收标准”；对临时要求进行磁粉探伤的火炮身管，也要求编制临时探伤工艺图表。就是对“临时要求”也作了界定，应为“非批量生产的产品、试射前后临时要求探伤的产品及因失效分析要求进行检查的产品等”。在检验方法上，明确规定采用“湿法”，并且“一般采用连续法”。对试块规定可以使用“带自然缺陷样件”，样件应为“一段经主管部门批准使用并带有典型缺陷的火炮身管”。在标准的详细要求中，规定了“探伤工艺参数”应“根据火炮身管的技术要求和验收标准确定”、“高膛压部位与一般部位可采用不同的磁化参数及验收标准”。由于火炮身管是承受瞬间超强高压的圆筒零件，是火炮发射装置中的关键部件，磁化规范要求采用了严格规范，并参照身管所用钢种的磁特性曲线进行计算。另外对身管磁痕显示的观察明确规定“应分段（或分片）进行”，还应对“观察面的起止位置作出标记”。除此以外，标准还针对身管材料可能出现的缺陷的磁痕特征作了介绍。并对产品的验收标准作了一般性的规定。

8.4　产品检查及验收标准

产品检查及验收标准往往与专用检验方法标准相似，或作为专用检验方法标准的一个部分出现。这些标准的特点是被检测的产品更具体，所用检测方法更明确，验收条件也更加详细。如 GB/T 9444—1988《铸钢件磁粉探伤及质量评级方法》、GB/T 10121—1988《钢材塔形发纹磁粉检验方法》、JB4730《压力容器无损检测》、JB/T 6061—1992《焊缝磁粉检验方法和缺陷磁痕的分级》、JB/T 9630.1—1999《汽轮机叶片　磁粉探伤及质量分级方法》、TB/T 2205《货车无轴箱滚动轴承磁粉探伤判废技术条件》、NJ319《内燃机连杆磁粉探伤技术条件》、NJ327《内燃机活塞销磁粉探伤技术条件　》等等。一般企业中的产品检测标准也多属此类。

验收标准的规定随产品要求而异。有某类产品通用的，也有某一零部件专用的，通常都规定得比较具体。其内容大致如第 6 章所述。

在军工产品中，对允许存在的缺陷和拒收的缺陷不仅有缺陷性质的界定，还对其长度、数量及部位与超过规定的处理办法作了详细明确的规定。下面以《QAS0261 斯贝低压涡轮轴质量验收标准》为例，供编写标准时借鉴。

＊《QAS0261 斯贝低压涡轮轴质量验收标准》

1　中间阶段和最终阶段磁粉探伤验收标准

1.1 检验方法

按有关的无损探伤工艺卡进行磁粉探伤，并用 2 倍放大镜检验非金属夹杂显示。

1.2　缺陷的解释

1.2.1　允许的缺陷仅限于图 8-1 中箭头所示方向上的非金属夹

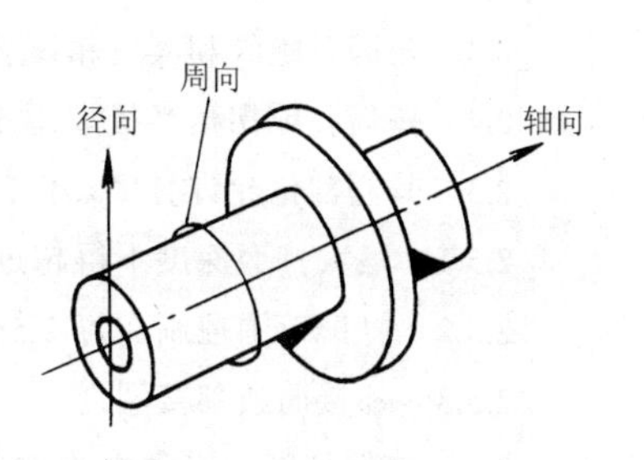

图8-1　发动机涡轮轴

杂。其它类型的夹杂、磨削裂纹和工艺缺陷均不允许。

1.2.2　在一直线上链状分布的断续夹杂物，当怀疑是一条长的夹杂物时，必须按链的总长度来评定。

1.2.3　中间阶段发现的夹杂，要估计其在以后的机加工工序中能否被加工掉。

1.2.4　除红区外，其它各区内长度不超过 0.25mm 显示可忽略不计。但这些显示不应生成链状或数量多到影响材质程度。

1.2.5　圆弧区的颜色宽度必须向圆弧的任一侧至少扩展 1.27mm。

1.3　验收

符合下表（表 8-1）要求的缺陷是允许的。

表 8-1　斯贝低压涡轮轴允许缺陷　　（单位：mm）

区 域	允许夹杂的最大长度	两夹杂间的最小周向间尉	两夹杂间的最小轴向间距	一组夹杂的最大累计长度	一组中允许夹杂的最多数量	组的最大尺寸 C=周向 A=轴向	每个轴允许的最多组数	各组间最小周向间距	各组间最小轴向间距
红区	0.254	仅允许单个的显示							
兰区	1.27	2.54	6.35	5.08	6	C=25.40 A-25.40	2	76.20	25.40
绿区	2.54	2.54	6.35	10.16	8	C=25.40 A=25.40	2	76.20	25.40
黄区	6.35	2.54	6.35	38.10	10	C=25.40 A=50.80	2	76.20	50.80

1.4　拒收

1.4.1　不符合表 8-1 规定的夹杂。

1.4.2　任何孔周围 1.27mm 范围内的夹杂。

1.4.3　怀疑穿透截面的夹杂。

1.4.4　夹渣遍布于整个轴上（夹渣通常沿轴的轴向分布）。

1.4.5　钩状环状夹杂。

1.4.6　夹具接触点的电弧烧伤。

2　最终阶段补救检验要求

不允许的夹杂可以进行打磨，但需符合如下要求：

2.1　已进行过超差处理的超差件，在未得到公司有关质量工程师的批准以前，不允许打磨。

2.2　检验部门必须保留按本验收标准进行打磨的原始记录。

2.3　花键、螺纹和其它精度要求高的部位在未得到公司有关工程师的批准以前，不允许打磨。

2.4　任何孔或拐角半径周围 1.27mm 范围内不允许进行打磨。

2.5　其它部位允许打磨，但需符合如下要求：

2.5.1　最大打磨深度不得超过 0.25mm 或不超过图纸公称厚度的 1/10，两者取较小者。

2.5.2　打磨范围控制在每 2.5mm 范围内，截面厚度变化不大于 0.05mm。

2.5.3　邻接面或邻接圆之间的转接半径，不得减小到低于图纸规定的最小尺寸。

2.6　零件打磨后必须再次进行磁粉探伤。如果打磨部位已无缺陷而且零件其它部位也符合本标

准，该零件可验收。

2.7　每个轴最多允许打磨 3 处，其轴向间距不得小于 50.8mm，任何一个圆周只允许打磨一处。

2.8　不能按本标准进行打磨补救的零件，应提交公司有关质量工程师进行超差处理。

为了使检测人员能够更好对各种显示的认识，GJB 2029—1994《磁粉检验显示图谱》规定了军用产品在磁粉检验中的各种显示图片的分类、标志，可用作对磁粉检测中磁痕图像显示的性质作正确判断时参考。

8.5　其它标准

除以上标准外，磁粉检测还有一些管理或综合类的标准。如对检测人员的要求，各种检测方法范围和特点，检测的质量控制等。这方面的标准有 GB/T 5616—1985《常规无损探伤应用导则》、GB/T 9445—1999《无损检测人员技术资格鉴定通则》、GJB 9712—2002《无损检测人员的资格鉴定与认证》、GB/T 12604.5—1990《无损检测术语　磁粉检测》、GJB 593.3《无损检测质量控制规范　磁粉检验》、GJB 2029《磁粉检验显示图谱》等。如 GB/T 5616—1985《常规无损探应用导则》中说明了各种常规无损检测方法的特点与应用范围，并对相应的管理作出了规定。GJB 9712—2002《无损检测人员的资格鉴定与认证》明确规定了“承担武器装备科研生产任务的无损检测人员的资格鉴定与认证的原则和方法”，并提出了“对人员培训、实践经历和资格鉴定考试的最低要求”。其它术语图谱等是为了使检测工作更加规范，而质量控制更是为了保证检测工作的正确。这些标准的建立，使得磁粉检测成了质量保证体系中一个完整的部分。

8.6　磁粉检测的质量控制

8.6.1　影响磁粉检测质量的因素

为了保证检测结果的可靠性，必须对检测的灵敏度和分辨率以及缺陷磁痕显示的再现性进行控制。影响磁粉检测质量的主要因素有环境条件、设备和仪器、检验用材料和标准试块、工艺要求、技术文件及对人员的要求等。归纳起来有四个方面：

（1）适用检测方法的选择　选择适用的检测方法，即控制磁粉检测的工艺变量，包括正确分析工件的材质、磁性及加工过程，选择最能发现缺陷的磁化方法及满足检验要求的磁化规范等。在选择方法时，要很好地分析验收标准的要求，不要盲目追求过高的灵敏度或无目的地扩大缺陷检查范围。为了满足检验的要求，必要时，可采用两种或两种以上的不同磁化方法对工件实施检查。

（2）适合设备和材料的应用　不适宜的设备和材料可以导致检验质量低劣，选择和保养好检测设备及材料是获得优良的检测质量的重要因素。选择设备和材料时，应当考虑设备材料的使用特点、主要性能及应用范围。要注意设备材料的定期校验与标准化，不合格的设备和材料将大大影响检测的效果。

（3）适合的操作程序　检测时，应对操作的程序和检验的技术加以控制。对每一步工作，都应有明确的规定，防止因操作的失误引起检测质量的降低。例如因预清洗不当造成伪缺陷磁痕，或者是磁化不足造成缺陷不能显示等等。

（4）合格的操作人员　合格的操作人员对磁粉检测的质量有着重要的影响。这里所说的合格，不仅是获得检测的资格证书，还应当真正了解磁粉检测，熟悉自己所进行检查的产品磁粉检测的全过程，能正确检查出材料缺陷并对其作出恰如其分的评价。与此同时，操作人员还应具备一定的身体条件，即视力和体力能够满足检测的要求。

8.6.2　磁粉检测的质量管理

在磁粉检测工作中，有很多变化的因素（变量）直接影响磁粉检测工作的质量。这些变化的因素主要有三个方面：工艺变量、设备变量和应用变量。工艺变量是与基本检测手段或介质有关的变量。对磁粉检测来说，就是磁化工件的磁场及其分布情况；被磁化的工件的材料磁特性；磁粉的性能等。设备变量主要是指磁化电源装置、黑光灯等直接影响检查效果的设备。而应用变量则包括不同的磁化方法及检验方法、检验操作程序、检验人员的素质、磁痕的解释和相关标准的贯彻等等。下面就磁粉检测质量管理的主要内容进行介绍。

（1）磁粉检测工艺变量的质量管理　工艺变量控制贯穿于整个检测过程中。在检测前，应对被检对象进行全面的了解：材质、加工过程、用途、可能出现缺陷的方向及部位等，并根据检验的要求选择合适的磁化方法和检验程序，确定磁化规范，制定检测工艺，并对检测材料和设备进行规定。在检测过程中，应严格按照技术文件的规定进行检验；检测结束后，应按规定进行后处理和填写试验记录和签发报告。

（2）磁粉检测设备变量的质量管理　设备变量的质量管理主要是对选定的检测设备进行质量检查，如：对电流表和通电时间继电器进行校验、对磁化和退磁装置进行校验、对照明装置的强度（黑光或白光）进行校验等。

校验按照有关标准及规定进行。电流表等计量仪表由计量检定部门检定，其它装置（如磁化电源等）可参照相关标准（如 JB/T8290—1998《磁粉探伤机》）进行。

磁粉材料及其悬浮液的质量检查也有相关标准。实验 2～7 介绍了磁粉材料及其悬浮液的质量检查方法。

（3）磁粉检测应用变量的质量管理　应用变量管理包括在检测过程中对磁化及检验方法、检验操作程序、检验人员的素质、磁痕的解释和相关标准的贯彻等的管理。通常在检测时采用检查工件检测的综合灵敏度的方法对设备、材料、方法等进行综合评定。在综合评定的基础上，按照检测标准及工艺的要求进行检查，并按验收技术条件对缺陷磁痕进行评定。

*8.6.3　磁粉检测的质量控制规范

国家军用标准 GJB 593.3《无损检测质量控制规范　磁粉探伤》中明确规定了磁粉检测质量控制应遵守的事项。该标准已发布多年，有的内容已不适用于当前检测工作，但仍可以作为编制检测工艺时的参考。下面对这一标准作一概略介绍。

（1）设备和仪器

1）磁粉探伤机应能满足受检材料和零部件磁粉检验的要求，并能满足安全操作的要求。探伤机可采用固定式、移动式或便携式，所提供的电流值和安匝数应能满足受检件的要求。设备夹头应能提供足够的夹持力，保证零件与夹头间有良好的接触。固定式探伤机应配备有磁悬液槽（箱），并有循环搅拌装置，槽（箱）上装有过滤网。探伤机可采用交流、直流或脉动直流。磁化电流和磁化安匝数应可调，并有指示表指示。直流或脉动直流探伤机应配备定时装置来控制零件磁化的通电时间。

2）探伤机的性能校验：电流载荷试验，每月一次；是否有短路现象的检查，每月一次；定时装置、直流分流器、电流互感器和电流表的校验，每六个月一次。校验方法按标准中规定的方法进行。

3）退磁设备主要采用空心线圈式退磁器，也可采用其它形式的退磁器。线圈式退磁器的中心磁场强度不低于受检件磁化时所用的磁场强度。直流退磁设备应配备有既能使电流反向又能同时使电流降低到零的控制器。退磁设备的校验，每半年一次。同样按标准中规定的方法进行校验。

4）光源和其它检测仪器的要求及校验。磁粉检验场地应有均匀而明亮的照明，要避免强光和阴影。采用非荧光磁粉时，受检件表面上的白光照度应不小于 2000lx。当采用荧光磁粉检验时，在距紫外线灯滤光板表面 380mm 处，紫外线辐射照度应不低于 $1000\mu W/cm^2$。照度计及紫外线辐照计每年校验一次。

其它仪器与装置也应符合标准，定期校验。校验方法应符合标准中规定的要求。

（2）检验用材料和标准试块

1）磁粉。检测用磁粉磁性用称量法测定时，荧光磁粉应不小于 5g，非荧光磁粉应不小于 7g。粒度采用酒精沉淀法测定时，磁粉柱高度应不低于 18cm。荧光磁粉颜色应呈黄绿色，非荧光磁粉应呈黑色、红色或其它指定的颜色。磁粉配制的磁悬液不应该有明显的外来物、结团或浮渣。用标准缺陷试块或环形试块按规定方法检查灵敏度时，应能清晰地显示出规定数量的孔的磁痕（标准缺陷试块在通以 800～1000A 交流电时显现 2 个孔；环形试块通以 2500A 直流电时显现 5 个孔）。另外，对荧光磁粉的衬度、稳定性以及对磁粉的采购和库存都应有明确的要求。

2）液体分散剂。主要是油和水。它们应具有良好的分散性和润湿性，对零件无腐蚀，对人体无害。

3）对磁悬液应按规定的方法进行定期检查。磁悬液的浓度应符合规定，不合要求的磁悬液，要及时更换或调整。在连续工作状态下的磁悬液，也应定期更换。其中，水磁悬液和荧光磁悬液至少每三个月应更换一次，油磁悬液六个月至少更换一次。

4）每台磁粉探伤机必须配备标准试块，用于校验系统灵敏度。其中标准缺陷试块用于校验交流磁粉探伤机，环形标准试块用于校验直流磁粉探伤机。在规定的使用方法和电流下，试块上应该显现出规定数目的孔的磁痕。

（3）工艺要求　工艺要求是对整个检验过程进行质量控制，也就是对检测过程的六个环节进行控制。这六个环节分别是：检验工序的安排，检验前的准备，检验条件的控制，生产过程中材料、光源和设备的控制，零件退磁，检验后零件的处理。其中：

1）检验工序应安排在可能产生表面和近表面缺陷工序之后进行，或安排在可能掩盖缺陷出现的工序（如喷丸）前进行。

2）检验前应使受检零件无磁性和表面清洁。

3）所选择的检验方法、磁化方法、磁化规范等应能保证发现不同方向上的缺陷并满足验收标准的要求。每项受检件都应编制检验说明图表。

4）生产过程中材料、光源和设备的控制按照规范中的有关章条的规定进行。

5）经磁粉检测的零件均须退磁。用磁通密度计检查剩磁时，仪器偏移不应大于1格。

6）经检验符合验收标准的零件，按有关规定打标记和办理交接手续；不符合验收标准的零件要单独存放，定期处理。

（4）技术文件　技术文件有磁粉检验说明图表、检验记录及校验记录。

磁粉检验说明图表应根据检验目录、缺陷允许标准及磁粉检验工序说明书编制，应包括零件名称、图号、工序号、材料牌号及热处理状态；检验方法（剩磁法或连续法）；磁化方法（应附草图）；磁化电流类型和电流数值（或磁场强度）；验收标准等内容。图表应按规定程序审校和批准。

检验记录应能准确反映检验过程是否符合检验工艺说明书的要求，并具有可追踪性。内容应包括：检验日期、零件名称、图号、工序号、编号或炉批号、合格数、不合格数、缺陷特征、检验条件和检验者等。校验记录是对仪器、设备及材料校验的原始记录。内容有校验项目、结果、日期、下次校验时间等。

技术文件应按规定使用和保管。

（5）人员和环境　从事磁粉检验的人员必须按有关规定进行培训和考核，取得技术资格证书。各级人员只能从事与自己技术资格等级相应的技术工作。

另外，标准还规定了磁粉检测的工作环境。

复　习　题

1. 制定无损检测标准的目的是为了什么？
2. 磁粉检测设备与器材标准包括了哪些主要内容？
3. 磁粉检测通用检测方法标准主要针对对象是什么？
4. 简述GJB2028—1994《磁粉检验》标准的适用范围？
5. 在磁粉检测验收标准中应明确规定哪些内容？
6. 影响磁粉探伤质量的主要因素有哪些？
7. 为什么要控制磁粉检测的质量?有哪些主要内容？

第9章　磁粉检测工艺规程编制

9.1　磁粉检测的主要技术文件

磁粉检测的技术文件主要包括：① 用户请求进行磁粉检测的委托书；② 被检产品对磁粉检测验收的技术要求；③ 有关磁粉检测的标准、制度和规定；④ 指导磁粉检测工作进行的工艺规程（图表）；⑤ 检验情况记录；⑥ 说明检测结果的检测报告；⑦ 检测设备仪器及材料的校验记录等。其中，磁粉检测工艺图表是对工件进行具体检测的各个细节的技术规定，它的编制是否正确和完善对检测结果有着决定的影响。

9.1.1　磁粉检测的委托书和产品验收的技术要求

在磁粉检测中，被检工件是由委托单位委托检验单位进行检验的。委托单位应将被检工件的名称、材质、尺寸、表面状况、热处理、关键部位、受力情况、灵敏度等级、质量验收标准和返修要求等写在委托书中，提交给检验单位。检验单位再根据其要求和有关标准、规范编写磁粉检测工艺规程，对检测方法和要求作出具体的明确规定，指导检测人员进行检验，从而保证磁粉检测结果的一致性和可靠性。

对于常规生产产品的验收，无损检测的技术要求由产品设计部门或相关部门提出。必要时，可与无损检测人员协商。若是新设计制造的产品，产品设计部门应根据产品的用途、材质和制作工艺，明确提出相关的检测方法和检测要求，以及在相应检查条件下零件上不允许存在的缺陷大小、数量和部位。对一些允许存在或许可修复（如焊接）的缺陷，也应同时作出适当的规定。对于制造过程中由于制造工艺的原因临时需要检查的产品，应由有关工艺部门提出检查要求和验收技术条件。对使用中的产品，应由使用单位根据设计及使用的情况和缺陷可能出现的方向和部位以及对产品使用可能造成的影响，提出检测和验收要求。

9.1.2　磁粉检测方法标准和检测工艺规程

有关的检测方法标准和验收技术条件（标准）是编制产品检测工艺规程的依据。在制定工件的磁粉检测验收标准时，在保证产品的质量要求前提下，应根据检测方法重点考虑检查成本的经济性。

磁粉检测方法标准有通用标准和专用标准。在通用标准中，明确规定了该方法的通用检测技术。在专用标准中，除了采用通用标准中的相关条文外，还针对特定产品的技术要求增加了特殊的检查方法和验收技术条件。为了突出产品的检查特点和简化检测工艺的编制程序，企业可以结合自己产品检测工艺制定了本企业的检测工艺标准，对企业内经常使用的方法、设备、器材及质量控制等进行规定。

在新产品研制或新工艺试验、新材料试用时，若没有适当的质量验收标准和检测方法标准时，可采用以下方法：

1）制定该产品专用的产品检测方法和质量验收标准；

2）根据某个通用的检测方法标准中的不同验收等级，采用某一等级来验收产品；

3）采用某个检测方法标准，并规定具体的产品验收技术要求。

在编制本单位企业标准时，应注意即使是同一个检测对象，由于制造与使用环境的不同，检测要求和方法也是有所差异的。如变速箱中的齿轮，可以采用型材锻造加工和粉末冶金烧结制造，由于制作工艺条件的不同，产生缺陷的机理也各不相同，缺陷可能出现的形态、部位将有所差异。应该根据各自加工的特点选择验收条件和检测方法。前者重点考虑锻造缺陷，后者重点检查烧结过程中产生的缺陷。同样，使用中的齿轮重点检查的是疲劳裂纹等缺陷。因此，在制定验收标准和检测标准时，不能因为产品相同而采取一样的方法，应根据实际情况处理。

磁粉检测工艺规程是执行检测操作的工艺文件。有磁粉检测规程（工艺说明书）和工艺卡（检验图表）两种。其主要区别是，磁粉检测规程是根据委托书的要求结合工件特点及有关标准编写的，内容比较详细。检测对象可以是某一种具体工件，也可以是某种技术的加工制品（如容器焊缝），以文字说明为主。而磁粉检测工艺卡，是根据检测规程和有关标准，针对某一工件编写，具体指导检测人员进行检验操作和质量评定用的，要求内容具体。通常是一件一卡，以图表形式说明应当执行的各种工艺参数和操作步骤。检测规程编制应征得委托单位的认可。

9.1.3 检测记录和结论报告

检测记录应由检测人员填写。记录应真实准确地记下工件检测时的有关技术数据，反映整个检测过程是否符合检测工艺说明书（包括图表）的要求，并且具有可追踪性。主要应包括以下内容：① 试件：记录其名称，尺寸，材质、热处理状态及表面状态。② 检测条件：包括检测装置、磁粉种类（含磁悬液情况）、检验方法、磁化电流、磁化方法、标准试块、磁化规范等。③ 磁痕记录：应按要求对缺陷磁痕大小、位置、磁痕等级等进行记录。在采用有关标准评定时，还应记下标准的名称及要求。④ 其它：如检测时间、检测地点以及检测人员姓名与技术资格等。

对一些试验性检查或重要的工件，应作详细记录。记录除以上内容外，对检测过程中出现的变化也应加以详细描述。特别是为制定验收标准或方法标准所进行的检测试验，应选择多个方案进行检查并逐一记录，以作制定标准时参考。

对于工序间进行批量检查的工件其记录格式可以简化，但必须对不符合验收要求的产品或须经处理或修复使用的产品按规定作出详细记录。对一些典型缺陷磁痕，除应作文字描述外，还应对缺陷磁痕的全貌进行记录。

检测报告是检测结论的正式文件，应根据委托检测单位的验收要求由检测人员作出，并由检测责任人员签字。检测报告可按有关要求制定。对于一般性的检查，除说明检查方法及主要规范等内容外，还应按委托要求对试件明确是否合格的结论。对一些重点产品（如高受力器件），不仅要作出是否合格的结论，还应按要求附上检测的缺陷记录，以供使用时参考。

9.1.4　设备器材校验记录等技术文件

为了保证仪器设备的完好性以及磁粉材料、试块等的可靠性，应按有关技术标准和规程的要求定期对仪器设备和器材（磁粉检测机、磁粉和磁悬液、黑光灯、试块等）进行校验。校验按校验规程进行。校验不符合要求的设备和器材不能使用。对于没有校验规程的设备，校验人员应根据相关标准和产品使用说明书编制临时校验规程进行校验。临时校验规程应由相关技术人员编制，并经主管领导审核批准。校验情况应按规定进行记录。记录内容应包括：校验内容、校验日期、有效日期（或下次校验日期），标准值、实测值、校验者、核对者等。

经校验合格的设备和器材，应作出明显的准用标记和准用时间。对校验不合格的设备器材，应进行检查和维修，并经再次校验合格后才能使用。对一些校验中局部超标的设备，应对其超标的使用范围进行限制。

各种技术文件都应装订成册并编号保存，以便随时提供检查核对。文件保存期限按有关规定执行。

9.2　磁粉检测工艺规程的编制

9.2.1　检测规程与检测工艺卡

检测规程是实施检测方法和验收标准的技术文件，检测工艺卡是检测操作的具体作业书，它们是指导检测人员现场操作的工艺文件。检测操作人员必须严格遵守检测规程中的各项规定，不能随意变动。对于批量生产中需要检查的工件，应该编制正式的检测规程并经批准后在检查中实施。对于试验或临时要求检查的工件，也应该编制临时工艺图表。

磁粉检测规程的编制应按《GJB9712》的要求，由具有磁粉检测Ⅱ级及Ⅲ级人员编写，并经磁粉检测Ⅲ级人员审核和批准。没有获得相应资格的人员，不能从事磁粉检测工艺规程的编写、审核和批准工作。

9.2.2　检测规程的编制

检测规程须结合产品具体检测要求进行，内容应满足相关标准，并能够检测出验收要求中规定的不允许存在的最小缺陷。制定时，要根据验收的技术条件及相关标准对被检测的工件进行认真分析，了解被检查工件的整个加工过程，确定缺陷可能产生的原因及大致方向，分析被检查工件磁化时磁通的流向与缺陷方向的关系，决定工件检测的时机。然后根据工件的磁特性、形状、尺寸、表面状态、缺陷性质以及所选用磁化装置的特点来确定其被检验的方法、磁化方式、磁化电流的种类和磁化规范。应当推测出有效的检测范围。对一些比较复杂或有特殊要求的工件，需要先进行工艺性试验以确定其检测所用的工作参数。

检测规程至少应包括以下内容：

1）总则：适用范围、所用标准的名称代号和对检验人员的要求。

2）被检工件：工件材质、形状、尺寸、表面状况、热处理状态和关键部位的检测。

3）设备和器材：设备的名称和规格，磁粉和磁悬液的种类。

4）工序安排和检测比例。

5）检验方法：采用湿法、干法、连续法还是剩磁法。

6）磁化方法：通电法、线圈法、中心导体法、触头法、磁轭法或交义磁轭法。

7）磁化规范：磁化电流、磁场强度或提升力。

8）灵敏度控制：试片类型和规格。

9）磁粉探伤操作：从预处理到后处理，每一步的主要要求。

10）磁痕评定及质量验收标准。

下面结合 GJB2028—1994《磁粉检验》对几个主要内容叙述如下：

（1）磁粉检测的工序安排　磁粉检测的工序安排即磁粉检测进行的时机。一般选择在有利于工件检测时进行。《GJB2028》列出了三种情形：“一般应安排在如锻造、铸造、热处理、冷成形、电镀、焊接、磨削、机加工、校正和载荷试验等可能产生表面的近表面缺陷的工序之后进行。”“凡覆盖有机涂层、发蓝、磷化、电镀和喷丸强化的零件，应在这些处理之前进行，“对某些热处理后要进行电镀的重要零件，电镀前后都应进行磁粉检验”。除以上情况外,组合件容易产生影响磁痕判断的伪缺陷,检测工序一般应安排在零件组合前。

（2）磁化参数的选择　工件磁化是磁粉检测中最关键的一道工序。在检测规程和工艺卡中，应正确选择工件磁化时的检验方法、磁化方法、磁化电流和通电时间等试验条件。

1）检验方法的选择　选择检验方法主要应根据工件材料的顽磁性。“连续法适用于所有的铁磁性材料和零件的磁粉检查”；而剩磁法是“凡经过热处理（淬火、回火、渗碳、渗氮及局部正火等）的高碳钢和合金结构钢，矫顽力在 800A/m，剩余磁感应强度在 0.8T 以上者，均可进行剩磁法检验。”“剩磁法还可用于因零件几何形状限制连续法难以检验的部位（如螺纹根部和筒形零件内表面），以及用于辅助评定连续法检测出的结果。”对于剩磁较小的工件，只能采用连续法检测；而对于有足够剩磁且有一定批量的工件，能够采用剩磁法检测的，可以采用剩磁法。这不仅是为了提高检验效率，同时也为了减少磁痕的杂乱显示。但“当某些大型零件设备功率不足以进行剩磁法检验，或退磁因子大的以及表面覆盖层厚的零件则应进行连续法检验。”剩磁法的采用，“必须得到Ⅲ级人员或主管工程师的批准，并应确保能检出缺陷样件上的自然缺陷或人工缺陷，缺陷样件应与实际受检件具有相同的材料、相同的加工工艺和相似的几何形状。”

对于有一定批量且要求较高的工件，常采用湿法检查。对表面有一定防锈要求的工件，一般使用油磁悬液；若磁悬液是一次性使用或检查要求允许时，也可采用水磁悬液。对于一些表面粗糙的大型铸锻件，采用干粉法进行检查可能获得较好的效果，但“使用干粉法需经定货方批准”。

2）磁化电流类型的确定　最常用的磁化电流是交流电和整流电。由于交流电磁化配合湿法检验对表面有较高的检测灵敏度，而且退磁也较容易，因而在大多数场合下磁化电流采用交流电。但交流电集肤效应明显，对近表面的缺陷检测灵敏度较低，因此在对工件近表面缺陷（如铸钢件焊接件表层内的孔和夹杂物等）有检测要求时，也常采用三相整流电进行磁化。交流电在工件剩磁检测中缺乏稳定性，可能产生漏检。因此，未加装相位断电装置的交流磁化电源是不能用于剩磁检测的，但可作为退磁电源使用。

3）磁化方法的选择　选择磁化方法是为了确定工件在磁化时磁路中磁通的方向。《GJB2028》中指出：“当不连续性的方向与磁力线垂直时，检测灵敏度最高，两者夹角

小于 45° 时，不连续性很难检测出来。”首先应考虑的是磁化磁场的方向应与被检工件上预测的缺陷方向之间尽可能垂直，以便在有缺陷的部位能产生足够的漏磁场。如果缺陷方向不能预测，“应至少对零件在两个垂直方向上磁化两次。”

选择磁化方法还要考虑被检工件的形状、大小、被检区域及加工工艺等情况。有些工件可用多种方法磁化实现检查，这时就应从检查的效率及可靠性和经济性上加以考虑。如薄壁钢管外表面纵向缺陷的检查可用通电法也可用中心导体法，但对表面不允许烧蚀及提高检查效率时最好采用中心导体方法磁化，而检查钢管内壁纵向缺陷时则只能采用中心导体法。又如采用触头法及磁轭法都可对钢板实现局部检测，但对抛光工件及不允许产生电火花的地方则只能采用磁轭法检查。采用线圈法或磁轭法进行纵向磁化时，要考虑工件的长径比或工件长度对磁化效果的影响等等。

选择磁化方法时还应考虑提高检查的效率。对于大批量生产的单一产品，应该采用半自动化检查方式。这不仅可以提高工作效率，还能对工作参数进行固定，减少人为因素的影响。

4）磁化规范的制定　磁化规范主要是确定工作磁路上磁通的大小，也就是要确定工件检查部位的磁感应强度的大小。通常是通过选择不同磁化方式时产生磁场的磁化电流数值来实现的。

对于磁化时所需的磁场强度，GJB2028 作了如下的规定：“决定所需磁场强度的因素有零件的尺寸、形状、磁导率、磁化技术、施加磁粉的方法、所需探测不连续性的类型及位置等。”“当连续法检查时，施加在零件上任何部位的磁场强度切向分量应达到 2.4～4.8kA/m，剩磁法检验时应达到 8kA/m。”对零件磁化时达不到 2.4kA/m 磁场强度的部位，应作标志并“用磁轭法进行补充检验”。

产生磁场的磁化电流值的选择一般是根据磁化规范提供的经验数据及公式来确定的。若采用交流电进行磁化，其电流值采用有效值计算。若采用直流电，电流值采用平均值计算。

磁化规范有标准灵敏度（标准磁化规范）、高灵敏度（严格磁化规范）和低灵敏度（放宽磁化规范）之分。但应注意的是，磁化规范的选取不是灵敏度越高越好。灵敏度过高时，电流过大，可能产生伪缺陷及把允许缺陷当成危害性缺陷而误判。一般情况下以标准灵敏度为宜。实际中，最好根据材料的磁特性进行选取，在磁化规范允许范围内电流值稍大一点即可。

周向磁化一般不会形成磁极，故通常采用周向磁化电流公式进行计算。这里值得注意的是经验公式中所选取的磁场强度值的适用范围，通常为 8～15D（D 为工件直径）。对于一般的中低碳钢和中低合金钢，这个公式是适用的。但是，一些高强度钢和超高强度钢，由于热处理引起的磁性变化，在不同热处理状态时磁性会发生较大的差异，这时就不能一般地采用经验公式，而应该根据材料的磁特性曲线进行选取。只有这样，才能保证工件材料得到充分地磁化。另外，在周向磁化中，还会遇到变直径问题，即一个工件有多个不同大小的直径。对于直径差异不大的工件，可以选取一个中间的值进行计算，因为磁化电流一般允许有±10%的范围。但如果工件间直径差异很大，就只有进行分段计算、分段磁化了。对一些非圆工件计算，通常采用当量直径。但应注意在其边棱角处可能会产生磁化不足现象，这时可以采用试片试验，或适当增加磁化电流值。对于板材或焊缝的通电法检测，可以参照标准推荐的磁化电流数值进行磁化，但应充分作好磁化效果的试验。

纵向磁化影响因素较多。由于磁化多在线圈或磁轭中进行，工件又多有磁极产生，故不能简单地采用磁场公式计算。影响纵向磁化效果的因素主要来自以下方面：工件材料的磁性；工件形状产生的退磁因子（不同截面引起的长径比变化）；不同线圈形状（长、短、大小、交直流等）所具有的磁场参数的不一致；工件在线圈中的充填因素；不同磁轭的磁路材料与结构；磁路磁化时工件在磁路中的位置及空气间隙的大小等等。由于以上原因，纵向磁化时多采用经验公式进行计算或用试片以及磁化背景方法进行磁化效果验证。

在工件磁化时，还应注意磁化的时间。一般磁化的时间在1～2秒即可，有时可以进行几次。磁化时间过长（特别是在通电法磁化中）将使工件发热，过短则磁化尚不充分。同时,磁化时间还应注意所用的检验方法是连续法还是剩磁法,两者磁化时间的要求是不同的。

（3）磁化设备和器材的选择　磁粉检测工艺图表中应对磁粉检测设备、仪器和器材进行选择和规定。磁粉检测设备有固定式（通用与专用型、手动与半自动型）、移动式和便携式三大类，在选择设备时，主要应考虑的是：

检测设备应能适合检验对象和被检缺陷类型的要求。检验对象指需要检查的工件的大小（尺寸、重量及体积）、检验部位、批量和检验场所。如大型铸锻件、压力容器焊缝等多用移动式或便携式设备进行局部检查，一来是因为这些工件的重量或体积过大，一般的固定式探伤机难于进行检查，二来这些大型工件数量一般不会太多，用局部逐步检查的方法可以取得很好的效果。若采用大型设备，提高了检验成本，而且检验效率也不高。但对于一般的中小型工件，如齿轮、轴承、传动轴、连杆等零件，由于生产批量大，要求提高检验效率和降低检验成本，这时多采用固定式磁粉探伤机，特别是半自动化的专用磁粉探伤机。同样，检验设备应能满足被检缺陷类型的要求。不同的缺陷需要用不同的磁化方式才能检查。横向裂纹需要用纵向磁化，纵向缺陷需要用周向磁化，不定向的缺陷需要用多向磁化。而每一种磁化的装置是不同的。应该根据工件需要发现的缺陷的要求来选择磁化装置。在选择装置时，还应考虑装置能产生的最大磁场强度。有时，一个工件可以有多种设备可选择，这时就要从最方便的和最经济的角度进行选择。比如齿圈零件可以用通电法、感应法和感应电流法等多种方法进行检测，但在大批量生产时，就要考虑采用半自动的中心导体加感应电流合成的多向磁场的方法进行检查最为经济可靠。

磁粉和磁悬液的规定也应适合被检对象和缺陷，磁粉和载液的性能应该符合标准。对于要求检测灵敏度较高的工件，多采用粒度较细的磁粉和荧光磁悬液，而检查一些表面比较粗糙的工件及要求较低的检测灵敏度时，多采用粒度较粗的磁粉或干粉。磁悬液浓度也是一样，对细小缺陷的检查时浓度较高，而粗大裂纹缺陷一般浓度可适当放低。

工艺规程中应规定对检测设备和器材进行检测前的检查和综合性能测定，保证设备使用的可靠性。设备应符合检测技术需要，辅助器件要与工艺配套。使用荧光磁粉时还应对黑光灯的发光强度进行检查。整个检测场地要清洁，方便检测操作。

检测前还应对磁粉和磁悬液的质量进行检查；磁粉质量要符合有关的标准；磁悬液浓度要达到规定的要求；油磁悬液和水磁悬液、普通磁悬液和荧光磁悬液不能混用；长期使用的磁悬液还应当检查其污染情况，若污染超过规定值时应予更换。

（4）操作程序的规定

1）预处理　工件的预处理是为了保证工件有一个良好的磁化环境。必须根据工件的情况对需要检测的工作面进行清洁处理。GJB2028中对此作了详细的规定。

2）磁化操作　磁化操作有剩磁法和连续法及周向磁化与纵向磁化、多向磁化的不同。应该规定工件磁化时对夹持方式的要求。对一些有特殊要求的地方，甚至要规定对工件夹持的压力和接触间隙的大小（如旋转磁轭磁头与工件面的间隙、极间磁轭接触板与工件间的非磁物厚度等）。在半自动化检测中，工件的置入方式、磁场的施加都应有明确的规定。

磁化电流的调节方法也应该进行规定。对变截面工件，一般是由小到大进行检查。

在每班磁化操作前，应用试块或试片对检测系统进行综合性能检查。

3）磁悬液施加　磁悬液施加有喷淋、浇洒、浸渍和刷涂等多种方式。工艺中应根据产品特点和磁化方法明确施加方式。对大件进行局部检测检查，多用浇洒和刷涂方式；固定式工件整体磁化多用喷淋方式；小工件剩磁检测常用浸渍方式。值得注意的是半自动化检测时磁悬液常采用多喷头施加方式，这时应注意调整各喷头的角度，使得工件的各个检查面上都能有磁悬液的覆盖。

4）观察与记录　磁粉检测的观察与记录应由专业人员进行。观察条件（如照明器材）应在工艺中进行规定。必要时，对缺陷的观察与记录方式也应作规定。对一些典型缺陷，除了文字笔录外，还应该拓取磁痕样品。其规定及方法也应该在检验规程中列出。

5）缺陷评价　缺陷评价应由Ⅱ级及以上磁粉检验人员进行。评价按照验收标准并结合缺陷的磁痕显示进行评定。对有不确定的缺陷显示，可加大电流进行磁化观察，必要时可借助其它手段进行分析。

6）退磁　退磁设备和方式应在检测工艺条件中进行规定。退磁磁场应该大于磁化时的磁场。GJB2028对零件退磁作了一定的要求。规定“零件退磁后，用毫特斯拉计在零件任何部位上所测得的剩磁，除非另有规定，不得大于0.3mT。”

7）后处理　检测退磁后的工件要进行后处理。需要清洗的工件要规定清洗要求。对检测后的不合格工件工艺规程中要明确标记和存放办法。

（5）其它条件的规定

1）人员　在工艺规程中应明确规定检测的人员资格。磁粉检测人员必须是取得磁粉检测技术资格的人员。按照GJB9712的规定，Ⅰ级人员只能“在Ⅱ级或Ⅲ级人员的监督下”从事检测操作与记录，“不负责检测方法或检测技术的选择”。Ⅱ级人员才“有资格按所制定的或经认可的无损检测规程，执行和指导无损检测”，才能进行缺陷评判和出具检验报告。Ⅲ级人员应该除具有Ⅰ、Ⅱ级人员的所有能力外，还能够“组织并实施无损检测的全部技术工作”；“编制、审核和批准无损检测规程”等工作。

2）环境和安全　磁粉检测的环境和安全应在工艺规程中进行规定，如照明、通风等。在一些有特殊要求的地方，如火工产品区域、野外高空等场所，应明确环境安全的要求。

3）质量控制　质量控制应贯穿在整个工艺规程中。但对一些特殊的要求，如设备的综合性能检查、专用试块的设定、磁悬液使用时间的控制与检查等，都应该在规程中反映出来。

9.2.3 磁粉检测工艺卡的编制

磁粉检测工艺卡是一种供现场检测人员使用的工艺图表。内容与检测规程类似，但更注重对检测过程的控制。

磁粉检测工艺卡是根据检测规程进行编制的，至少包括以下内容：

1）工件名称及图号；

2）工件材料及热处理规范；

3）用草图表示出工件的几何形状、磁化方向和检验部位；

4）磁粉类型（干法或湿法，荧光或非荧光磁粉）；

5）磁化电流类型；

6）检验设备；

7）磁化方法（通电法、线圈法、中心导体法等）；

8）检验方法（连续法、剩磁法）；

9）电流强度、安匝数及电流施加持续时间；

10）验收要求；

11）退磁要求；

12）磁痕记录及标志工件的方法；

13）工艺图表编号及编写日期、责任人员等；

14）其它必须的事项。

工艺图表的形式可根据要求自行设计，表 9-1 是一种形式的工艺图表。编写时除对表中内容认真填写外，还应对主要工作步骤进行规定。对一些使用的工装及辅助材料等也要进行也要进行说明。

表 9-1 磁粉检测工艺卡

<table>
<tr><td>产品代号</td><td colspan="6">磁 粉 检 测 工 艺 卡</td><td colspan="2">卡片编号</td></tr>
<tr><td>零件代号</td><td></td><td>零件名称</td><td></td><td>零件材料</td><td></td><td>热处理</td><td colspan="2"></td></tr>
<tr><td>检验工序</td><td></td><td>检验比例</td><td></td><td>表面状况</td><td></td><td>电流类型</td><td colspan="2"></td></tr>
<tr><td>检验方法</td><td></td><td>磁化方法</td><td></td><td>磁化规范</td><td></td><td>试块试片</td><td colspan="2"></td></tr>
<tr><td>磁化设备</td><td></td><td>退磁设备</td><td></td><td>磁粉</td><td></td><td>磁悬液</td><td colspan="2"></td></tr>
<tr><td colspan="5">零件示意图（受检区域及磁化方向）</td><td colspan="4">产品验收技术条件</td></tr>
<tr><td>工 步 号</td><td>工步名称</td><td colspan="6">操 作 要 求</td><td>辅 料</td></tr>
<tr><td>1</td><td></td><td colspan="6"></td><td></td></tr>
<tr><td>2</td><td></td><td colspan="6"></td><td></td></tr>
<tr><td>3</td><td></td><td colspan="6"></td><td></td></tr>
<tr><td>4</td><td></td><td colspan="6"></td><td></td></tr>
<tr><td>5</td><td></td><td colspan="6"></td><td></td></tr>
<tr><td>6</td><td></td><td colspan="6"></td><td></td></tr>
<tr><td></td><td></td><td></td><td></td><td></td><td>编制</td><td>审查</td><td></td></tr>
<tr><td>更改代号</td><td>数量</td><td>文件号</td><td>更改人</td><td>日期</td><td>校核</td><td>批准</td><td></td></tr>
</table>

9.3　编制实例

为了掌握磁粉检测规程和工艺卡的编制，下面试举例说明编制方法。

（1）塔形试件的检查　塔形试件是用于抽样检验钢棒和钢管原材料缺陷的试验件，磁粉检测主要为了检查发纹及非金属夹杂物。

检验塔形件时应作如下考虑：

1）缺陷：钢管及钢棒轧制成形时，发纹和非金属夹杂物都是沿轴向或成一夹角，所以只进行轴通电周向磁化法（或中心导体磁化法）。

2）塔形件一般在热处理前检测。但热处理前后钢材磁性差异较大时，为了更好反映材料出现的缺陷，也可以在热处理后进行检测。

3）要求检查缺陷为发纹等缺陷，一般按照标准灵敏度进行检查。但产品有要求时，也可采用高灵敏度进行检查。试件表面经过机加工，表面状况较好，采用湿式连续法，荧光磁粉或黑磁粉均可。

4）磁化电流一般采用交流电。可按各台阶的直径分别计算，磁化和检验的顺序是从最小直径至最大直径，逐阶磁化检验。若直径差异不大时，也可先按最大直径选择电流检验塔形的所有表面，如若发现缺陷，再按相应直径规定的磁化电流磁化和检查。

5）如果磁粉检测不能对缺陷定性时，可用金相低倍试验进行验证和定性。

实例：某兵器用钢管应用于受力较大场合。进厂原材料塔形检查时，由于成品应用为热处理后，为了反映材料热处理后缺陷的真实情况，对钢管塔形进行热处理调质后检查，钢管尺寸为ϕ80×20mm，材料为 40Cr。三台阶直径分别为ϕ75mm、ϕ65mm、ϕ55mm，见图 9-1。试分析检测工艺要求。

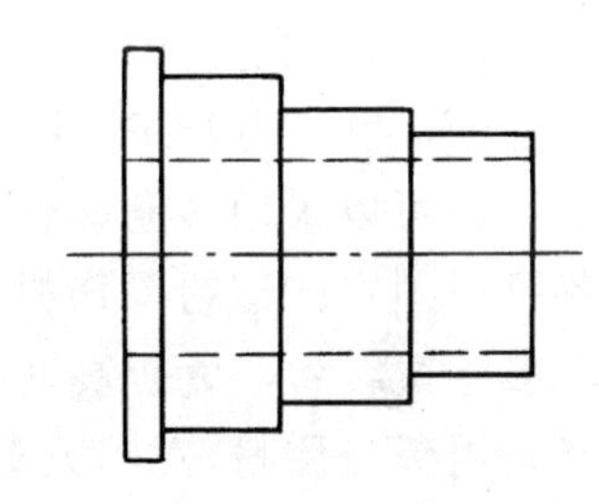

图9-1　塔形零件

检测情况已如前述。现主要确定的是磁化电流规范和设备，经查磁化曲线，40Cr 热处理调质后近饱和处标准灵敏度时磁场强度约为 4000～4800A/m。因钢管在使用中受力较大，故采用 4800A/m，即 15*D*（*D* 为直径）。三台阶电流经计算分别为 1125A、975A 和 825A。考虑到磁化时工件电阻的影响，故选用磁粉检测机最大电流为 2000A 的 CJ2000 型固定式磁粉检测机。因工件系车削制成，表面状况良好，仅作一般清洗处理。检测时磁粉可采用荧光磁粉或黑色磁粉湿法检查，工艺规程可根据上述情况编制。

（2）连杆的检测　连杆是发动机里的重要零件，在交变应力负载下工作，杆身为危险断面。检测工序一般放在热处理后对毛坯件进行检查，机加工后的二次检测根据具体情况而定。连杆是锻造成形，以模锻为主，个别也有自由锻的。图 9-2 是连杆的外形图。

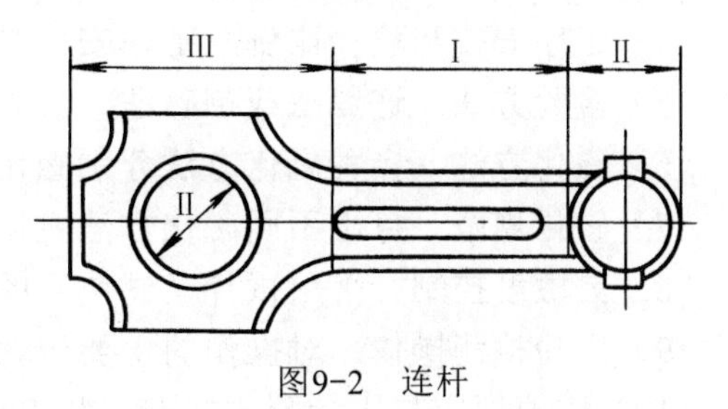

图9-2　连杆

根据受力情况，连杆可分成三个区域，其中Ⅰ区为杆身区，Ⅱ区为小头部分和大头内孔表面，Ⅲ区为大头部分。三个区域中，以Ⅰ区要求最严格，Ⅱ、Ⅲ区次之。在NJ319《内燃机连杆磁粉探伤技术条件》中，规定在Ⅰ区内不允许有长度大于1mm的横向缺陷磁痕和长度大于2mm的纵向缺陷磁痕以及在10×10mm范围内多于3条的缺陷磁痕。Ⅱ、Ⅲ区的磁痕也分别有所规定。

检查连杆的缺陷时，以锻造及热处理缺陷为主，有：

1）因加工操作不当引起的折叠。纵向折叠多分布在杆身部位，磁痕是纵向弧线状。横向折叠分布在杆棱上或在金属流动大的过渡区，磁痕呈一定角度的弧线状。由模具设计不合理引起的折叠多发生在杆棱的圆角部位，磁痕是纵向直线状，金相解剖与表面构成一定角度。

2）淬火裂纹多数发生在大小头的圆角根部，磁痕是清晰明显的圆弧形。材料缺陷或锻造折叠在热处理时，由于应力集中也会开裂，磁痕曲折浓粗。

3）锻造裂纹长度不一，磁痕为浓粗的长度较长的直线或曲线。

4）发纹长度不一，有时贯穿整个连杆，沿锻造流线分布。发纹长度不一，有时贯穿整个连杆，沿锻造流线分布。剪切裂纹分布在连杆大小头两侧。

连杆采用调质或正火处理，材料组织的磁性相对较差，同时连杆受形状退磁因子的影响检测工艺应采用连续法轴向通电方式进行周向磁化。纵向磁化以线圈闭路磁化进行较方便，也可用开路线圈磁化，如图9-3所示。也可以采用多向磁化方法进行磁化。设备可用固定式磁粉探伤机，也可采用立式旋转多工位设备。为提高对比度和分辨率，最好采用荧光磁粉，对喷丸处理后的连杆用黑磁粉也可以得到较好的效果。由于连杆生产量一般较大，采用半自动磁化装置更能提高工作效率。

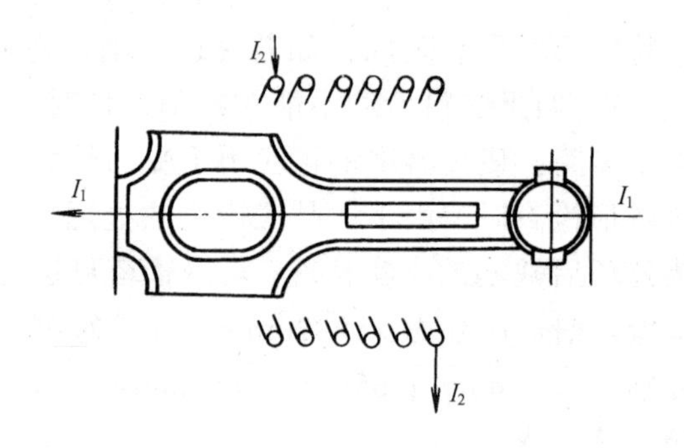

图9-3　连杆磁化方法示意图

连杆零件的检测规程可根据以上分析情况编写。可参考以下格式：

1）总则。包括适用范围、编制依据［用户委托书及连杆零件的设计、制造和使用资料；相关行业（企业）标准］、检测人员等。

2）被检工件。名称、材质、形状简图、尺寸、表面状况、热处理等。

3）设备和器材。探伤机型号、数量、质量控制要求；磁粉型号、质量控制要求。

4）工序安排和检验比例。工序安排时间和工件受检数量。

5）检验方法。连续法或剩磁法、荧光磁粉或非荧光磁粉。

6）磁化方法。多种磁化方法分别磁化时应明确列出。

7）磁化规范。算出不同磁化方法磁化时的磁化电流值或安匝数。

8）灵敏度控制。采用试片（试块）的规格及安放部位。

9）磁粉检测操作。对操作的主要步骤进行规定。

10）磁痕评定与质量验收标准。验收标准内容及执行办法。

表 9-2 是以《NJ319　内燃机连杆磁粉探伤技术条件》为依据编写的一种检查连杆的磁粉检测工艺卡。

表 9-2　连杆的磁粉检测工艺卡

产品代号	磁粉探伤工艺卡					卡片编号	
零件代号	03-1	零件名称	连杆	零件材料	40Cr	热处理	调质
检验工序	机加结束	检验比例	100%	表面状况	一般	电流类型	交、直流
检验方法	连续法	磁化方法	多向复合	磁化规范	600A/2000AN	试块试片	A30/100
磁化设备	CEW-2000	退磁设备	专用线圈	磁粉	黑	磁悬液	煤油+变压器油
零件图（如图 9-4 所示）（受检区域及磁化方向）					产品验收技术条件 按 NJ317 标准规定的技术条件执行		

工步号	工步名称	操作要求	辅料
1	预处理	去除表面氧化皮、毛刺等，用煤油清洗	煤油、砂布
2	磁　化	按复合磁化要求进行（工作前作综合性能检查）	专用夹具
3	施加磁悬液	电液泵喷淋	煤油、变压器油
4	检　查	取下检查，按检验规程要求进行记录	
5	退　磁	交流线圈退磁。剩磁检查不大于 0.3MT	JXC-2 磁强计
6	后处理	清洗干净按要求分类。	

					编制		审查	
					校核		批准	
更改代号	数量	文件号	更改人	日期				

（3）起重天车吊钩磁粉检测　起重天车吊钩是在重力拉伸负荷应力下进行工作，容易产生疲劳裂纹，为防止吊钩断裂造成重大事故，所以使用后应定期进行磁粉检测检查。检查前应清除掉工件表面的油污和铁锈，检查横向疲劳裂纹最好采用绕电缆法，也可用交流磁轭法检验横向缺陷。检验纵向缺陷可采用触头法，应避免打火烧伤。检验用湿法连续法，最好使用灵敏度高的荧光磁粉。

起重天车吊钩磁粉检测检验示意图见图 9-4。

起重天车吊钩磁粉检测检验规程可按如下格式编制：

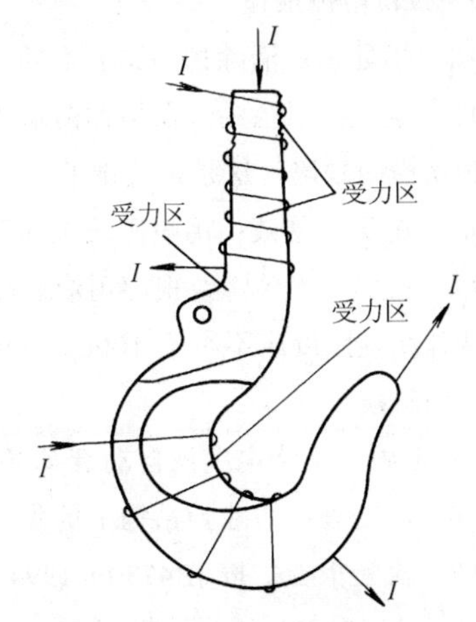

图9-4　起重天车吊钩

起重天车吊钩磁粉检测检验规程规程

1.1　适用范围

本规程适用于起重天车吊钩的磁粉检测。

1.2　编制依据

（1）委托书、起重天车吊钩的设计、制造和使用资料。

（2）JB4730—1994 压力容器无损检测第 11 章磁粉检测。

1.3 检测人员

应取得国家相关部门的磁粉检测Ⅱ级或ⅠⅡ级资格证，矫正视力不得低于1.0，不得有色盲和色弱。

2 被检工件

起重天车吊钩，材质30CrMnSiNi2A，形状如图。尺寸：ϕ80×500mm，表面喷漆，表面粗糙度3.2，热处理δ_b=1670kN/mm^2。

3 设备和器材

3.1 设备：CJX-1或CY3000型探伤机一台，质量控制符合JB4730-1994/11.3.1条要求。

3.2 器材：Yc2荧光磁粉，LPW-3油基载液，荧光磁悬液。质量控制应符合JB4730-1994/11.3.2条要求。

4 工序安排和检验比例

（1）工序安排：使用后定期检验吊钩的疲劳裂纹。

（2）整个工件100%检验。

5 检验方法

荧光磁粉湿剩磁法和湿连续法。

6 磁化方法

（1）将电缆线缠绕在吊钩上纵向磁化。

（2）将支杆触头与吊钩两端接触，用触头法磁化。

7 磁化规范

（1）绕电缆法：N=10匝 I = 450A

（2）触头法通电：I = 2000A

8 灵敏度控制

使用7/50或15/100的A型试片进行综合性能试验，尤其吊钩螺纹及载重半圆形处受力最大，采用高灵敏度。

9 磁粉检测操作

9.1 预处理：清除掉吊钩表面的油漆、铁锈和污物，露出金属光泽。

9.2 磁化：用触头法在吊钩两端头磁化，检验纵向缺陷。后用缠绕电缆法磁化检验吊钩半圆处和螺纹根部横向缺陷，这是最关键的。

9.3 施加磁悬液：用喷洒法施加荧光磁悬液。检验螺纹根部宜用低浓度磁悬液，多喷洒几次。

9.4 检验：检验螺纹根部用湿剩磁法，检验吊钩半圆受力部位用湿连续注，观察磁痕应在暗区进行，紫外线辐照度应不小于1000μW/cm^2，暗区环境光应不大于20lx，必要时用5～10倍放大镜观察细小缺陷磁痕。

9.5 退磁：用绕电缆法自动衰减退磁，退磁后吊钩剩磁应不大于0.2mT（或160A/m）.

9.6 后处理：清除掉吊钩上的磁粉。

9.7 检验报告：按JB4730—1994/11.11条执行。

10 磁痕评定与质量验收标准

10.1 磁痕评定按JB4730—1994/11.11条执行。

10.2 质量验收标准按JB4730—1994/11.13条执行，缺陷显示累积长度的合格等级按1级。

吊钩的磁粉检测工艺卡可以根据检验规程进行编制。

复　习　题

1．磁粉检测有哪些主要技术文件？

2．磁粉检测工艺规程主要有哪些内容？

3．检测规程与工艺卡有何异同？

4．试编制连杆零件的检测规程。

5．试编制吊钩零件的检测工艺卡。

第10章　磁粉检测实验

10.1　磁粉检测综合性能试验

1. 实验目的

1）掌握使用自然缺陷样件、交流试块、直流试块和标准试片测试综合性能的方法；

2）了解和比较使用交流电和整流电磁粉探伤的探测深度。

2. 实验设备器材

1）交流磁粉探伤仪（机）一台；

2）直流（或整流电）磁粉探伤仪（机）一台；

3）交流试块和直流试块各一个；

4）带有自然缺陷（如发纹、磨裂、淬火裂纹及皮下裂纹等）的试件若干，标准试片（A型）一套；

5）标准铜棒一根；

6）磁悬液一瓶。

3. 实验原理

磁粉探伤的综合灵敏度是指在选定的条件下进行探伤检查时，通过自然缺陷和人工缺陷的磁痕显示情况来评价和确定磁粉探伤设备、磁粉及磁悬液和探伤方法的综合性能。通过对交流和直流试块孔的深度磁痕显示，了解和比较使用交流电和整流电磁粉探伤的探测深度。

4. 实验方法

1）将带有自然缺陷的样件按规定的磁化规范磁化，用湿连续法检验，观察磁痕显示情况。

2）将交流试块穿在标准铜棒上，夹在两磁化夹头之间，用700A（有效值）或1000A（峰值）交流电磁化，并依次将第一、二、三孔放在12点钟位置。用湿连续法检验，观察在试块环圆周上有磁痕显示的孔数。

3）将直流试块穿在标准铜棒上，夹在两磁化夹头之间，分别用表10-1中所列的磁化规范，用直流电（或整流电）和交流电分别磁化，并用湿连续法检验，观察在试块圆周上有磁痕显示的孔数。

4）分别将标准试片用透明胶纸贴在交流试块、直流试块及自然缺陷样件上（贴时不要掩盖试片缺陷），用湿连续法检验，观察磁痕显示。

5. 实验报告要求

1）记录带有自然缺陷样件的实验结果。

2）记录交流标准试块的实验结果。

3）将交流电和直流电（或整流电）磁化直流标准试块的实验结果填入表 10-1 中。

表 10-1　标准试块的试验结果

磁悬液种类	磁化电流/A	交流显示孔数	直流显示孔数
非荧光磁粉湿法检验	1400		
	2500		
	3400		
荧光磁粉湿法检验	1400		
	2500		
	3400		

4）根据要求填写试验报告。

5）实验讨论

① 比较直流磁化和交流磁化的探伤深度。

② 比较荧光磁悬液和非荧光磁悬液的探伤灵敏度。

③ 讨论电流种类和大小对自然缺陷探伤灵敏度的影响。

10.2　磁粉的粒度测定（酒精沉淀法）

1. 实验目的

1）掌握酒精沉淀法测量磁粉粒度的方法。

2）根据磁粉的悬浮性判定磁粉的质量。

2. 实验设备和器材

1）测量装置见图 3-19。一个长 40cm 的玻璃管，其内径为 10±1mm，可在支座上用夹子垂直夹紧。管子上有两处刻度，一处在下塞端部水平线上，另一处在前一处刻度 30cm 处，支座上竖有刻度尺，其刻度为 0～30cm。

2）工业天平（0～2kg）1 架。

3）磁粉试样 20g。

4）无水乙醇 1kg。

3. 实验原理

磁粉的粒度，即磁粉的颗粒大小，对磁粉探伤灵敏度影响很大。磁粉的粒度大小，决定了其在液体中的悬浮性。由于酒精对磁粉的润湿性能好，所以可用酒精作为分散剂，测量磁粉在酒精中的悬浮情况来表示磁粉粒度大小和均匀性。一般规定酒精磁粉悬浮液在静止三分钟后磁粉沉淀高度不低于 180mm 为合格。

4. 实验方法和步骤

1）用工业天平称出 3g 未经磁化的磁粉试样。

2）将玻璃管的一端堵上塞子，并向管内倒入 150mm 高的酒精。

3）将称好的磁粉试样倒入管内，用力摇晃到均匀混合。

4）再向管内倒进酒精至 300mm 高。

5）将玻璃管上端堵上塞子，反复倒置玻璃管，使酒精和磁粉充分混合。

6）停止摇晃后即开始计时并迅速地平稳地将玻璃管固定于支座夹子上，使管子上端刻度对准支座上的刻度尺的300mm处。

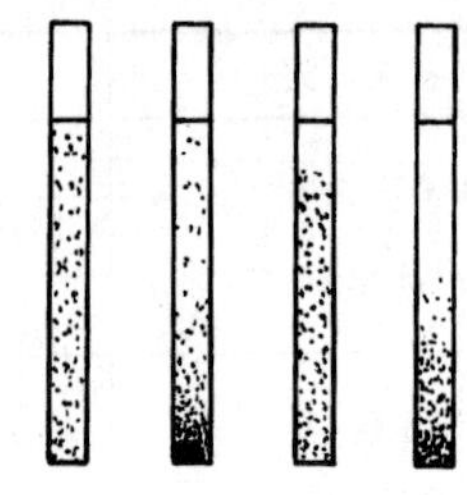

图10-1　酒精沉淀磁粉悬浮情况

7）静置3min。测量酒精和磁粉明显分界处的磁粉柱的高度。

8）按上述步骤试验三次，每次更换新的磁粉和酒精，取三次测量结果的平均值，并作好记录。

9）检验过程中，还应仔细观察磁粉悬浮的情况，如图10-1所示，表示了磁粉的在酒精中悬浮的状态。

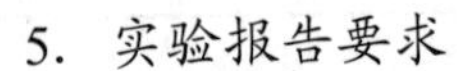

5. 实验报告要求

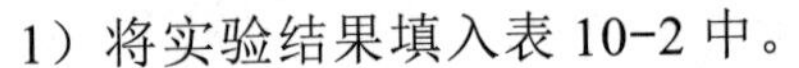

1）将实验结果填入表10-2中。

表10-2　磁粉粒度试验记录

磁粉规格型号	取样数量	磁　粉　柱　高　度/mm				磁粉悬浮及粒度均匀性
		第一次	第二次	第三次	平均	

2）填写试验记录和试验报告，内容包括磁粉规格型号，试验方法和条件，磁粉柱高度和磁粉悬浮液均匀性等。

3）实验讨论

① 本实验为什么能测定磁粉的粒度?

② 影响测量结果的因素有哪些?

10.3　磁悬液浓度及磁悬液污染检查

1. 实验目的

1）掌握磁悬液浓度的测量方法。

2）熟悉磁悬液浓度范围。

3）掌握磁悬液污染的试验方法。

4）了解磁悬液污染的特征。

2. 实验设备和器材

1）磁粉沉淀管2只（图3-20）。

2）已知浓度的标准磁悬液。

荧光磁悬液按1g/L，2g/L和3g/L配制，非荧光磁悬液按10g/L，20g/L和30g/L配制，各取样品500mL。

3）待测磁悬液样品 500mL，该样品的配制方法和成分应和标准磁悬液相同。

4）200mL 量筒 2 只。

5）白光灯和紫外灯各一台。

3. 实验原理

磁悬液在平静状态时，磁粉将发生沉淀，根据沉淀的多少可以确定磁悬液的磁粉浓度。磁粉沉淀量是随时间增加而增多，当达到一定时间后，将完成全部沉淀。磁粉沉淀管中的磁粉沉淀层高度与磁悬液浓度呈线性关系。

若磁悬液发生了污染，在磁粉沉淀过程中沉积物将出现明显的分层。当上层污染物体积超过下层磁粉体积的 30%时为污染。

4. 实验方法

（1）磁粉浓度曲线制作

1）将装有标准磁悬液容器晃动不少于 5min，然后取 100mL 磁悬液倒入磁粉测定管中，静置放置。煤油磁悬液和水磁悬液放置 60min，变压器油磁悬液放置 24h。

2）静置放置到时间后读出磁粉沉淀高度。三种待测样品可得到三个沉淀高度的数据 h_1、h_2 和 h_3。

3）将磁悬液标准含量（X_1、X_2 和 X_3）及对应的磁粉沉淀高度（h_1、h_2 和 h_3）分别作纵座标和横座标，可得到磁粉浓度的关系曲线。如图 10-2 所示。

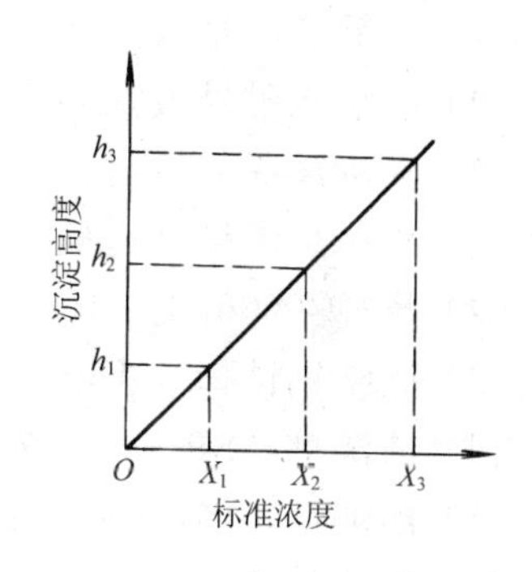

图10-2　标准磁悬液沉淀高度图

（2）待测样品的浓度测试

1）浓度测试按标准磁悬液的试验方法读出待测磁悬液的磁粉沉淀高度。

2）待测样品的浓度评价

① 直接按沉淀高度评价。一般规定磁粉沉淀高度（读数为沉淀容积，毫升）荧光磁粉为 0.1～0.5mL，非荧光磁粉为 1.2～2.5mL。

② 测量磁悬液的浓度含量即每升磁粉克数。

a. 图示法。在图 9 的纵坐标上查到待测样品的沉淀高度，根据浓度和高度的关系直线，查出其在横坐标上的对应值，即为磁悬液实际浓度值。

b. 计算法。待测样品的浓度值设为 c，则有下式：

$$c = c_0 h / h_0$$

式中　c_0—— 标准样品的浓度值；

h—— 待测样品的沉淀高度；

h_0—— 准样品的沉淀高度。

（3）待测样品的污染检查

观察梨形管中沉淀物是否有分层出现，若有且上层污染物体积超过下层磁粉体积的 30%时为污染。

5. 实验报告要求

（1）实验记录和报告　应对每次新配的磁悬液进行浓度测定，其值作为标准并详细记录，并留少量样品。磁悬液使用中应定期进行浓度测定和污染检查，填写测定记录和测定报告，并应和标准样品值及规定值对照评价。

（2）实验讨论

1）磁悬液浓度测定应掌握好哪些因素？

2）试分析磁粉沉淀量和时间的关系？

3）磁悬液产生污染有哪些原因？

10.4 磁悬液润湿性测定

1. 实验目的

1）了解水磁悬液润湿性的水断法试验方法。

2）了解水磁悬液润湿性能的意义。

2. 实验设备和器材

1）水磁悬液样品适量。

2）量杯（500mL）1只。

3）碳结钢试棒（ϕ40×80mm）2个。要求试棒表面光滑，允许上面有油污。

4）清洗剂（SP—1型或其它类型）适量。

5）添加剂、消泡剂、防锈剂和乳化剂等适量。

3. 实验原理

使用水磁悬液时，如果工件表面有油污或者水磁悬液本身润湿性能差，则该磁悬液不能均匀地浸润到工件的整个表面，出现磁悬液覆盖层的破断，在探伤时容易造成缺陷的漏检。因此对于用水磁悬液的工件应先用清洗剂进行去油污处理，然后对水磁悬液进行润湿性能试验，即水断试验。当将水磁悬液喷洒在工件表面上时，如果磁悬液在整个工件表面上是连续均匀的，则说明磁悬液中已含有足够的润湿剂。如果磁悬液覆盖层在工件表面上断开，出现工件表面部分裸露，或者形成水悬液的液珠，则可认为该表面为水断表面，说明在该磁悬液中缺少润湿剂。

4. 实验方法

1）在每升干净的自来水中，加入5%的清洗剂（SP—1），搅拌均匀，配制时水温40℃。

2）将试棒放入清洗剂中清洗。两试棒可采用不同的清洗剂和清洗时间。

3）将清洗过的试棒浸入含有润湿剂、防锈剂和消泡剂的水磁悬液中，取出后观察工件表面的水磁悬液薄膜是连续的还是断开的或是破损的。

5. 实验报告要求

1）对实验结果作以记录。说明选择的水磁悬液的种类、配方、清洗情况和水断试验结果。

2）实验讨论

① 实验前清洗工件表面的目的是什么？

② 润湿剂的作用是什么？

10.5　白光照度和紫外线光（黑光）照度的测定

1. 实验目的

1）掌握白光照度计和紫外线辐照计的使用方法。

2）熟悉白光照度和紫外线辐射照度的质量控制标准。

3）了解光强度单位的换算关系。

2. 实验设备和器材

1）白光照度计（ST—85 或 ST—80B 型）1 只。

2）紫外线光（黑光）辐照计（UV—A 或 UVL 型）1 只。

3）紫外线灯 1 只。

3. 实验原理

1）根据照度第一定律得知，在点光源照射下，垂直于光线的平面上的照度与光源的发光强度成正比，与光源到照射面的距离的平方成反比。光源发光强度等于照射面上所测照度值乘以该面至光源的距离平方值。

2）磁粉探伤关心的是被检工件表面上的白光或紫外线光的照度，一般不必进行发光强度换算。磁粉探伤时，要求在工作区域工件表面上的白光强度不低于 2000lx，在紫外线灯下 40cm 处紫外线辐照度应达到 800μW/cm^2。

4. 实验方法

1）将白光照度计放在工作区域的工件表面的位置上，测量白光照度值。

2）测量符合规定照度范围的白光有效照射范围。

3）将紫外线辐照计放在紫外线灯下 40cm 处，测量紫外线辐照度值。

4）将紫外线辐照计在紫外线灯下 40cm 处纵横移动，测量出满足使用要求的有效照射范围。

5. 实验报告要求

1）在表 10-3 中填写实验结果，并根据需要写出实验报告。

表 10-3　照度测试结果

测量光线种类	所用仪器	照射距离	照　度	有效照射范围

2）实验讨论

① 光源和被照射表面的距离大小对照度的影响。

② 光源和被照射表面的距离大小对有效照射范围的影响。

10.6　通电导体的磁场测试

1. 实验目的

1）了解通电导体周围的磁场分布。

2）掌握磁场测量仪器的使用方法。

3）了解通电导体的磁化场的用途。

4）了解磁场的计算单位和换算。

2. 实验设备和器材

1）磁粉探伤机1台，其额定电流为 2000～3000A。

2）特斯拉计（CT3）1台。

3）铜棒ϕ20×300mm一根。

3. 实验原理

通电导体内部和周围存在着磁场，其形状为垂直导体轴线并以轴线各点为圆心，绕轴线旋转的同心圆。其大小和通过导体的电流强度成正比，和离导体的距离成反比，即

$$B=\frac{\mu I}{2\pi r}$$

式中 B —— 空气中的磁感应强度（T）；

I —— 通过导体的电流（A）；

r —— 空间一点到导体轴线的距离（m）；

μ —— 空气的磁导率。

导体周围空间磁场的测量采用特斯拉计进行，其原理是通过霍尔元件上的磁场可使元件上产生电势差，且不同的磁场大小产生的电势差也不等，它们具有一定的对应关系。将该电势差接收处理后在特斯拉计上以磁场强度的形式显示出来。

4. 实验方法

1）将铜棒夹紧于探伤机两夹头上。

2）将CT3特斯拉计接通电源，将测量传感器（即霍尔元件）和仪器连接好。

3）调整CT3零点和校正点，根据测量值的预计大小，从大到小选择好测量档位。

4）将测量传感器元件的平面垂直于磁场方向放置，并按表10中要求的电流和距离数据，依次地从小到大，从近到远进行测量。

5. 实验报告要求

（1）记录测量结果和试验中发生的现象。将测量结果填入表10-4中。

表10-4 通电导体周向磁场测量结果

电流 /A 距离 /m	200	500	800	1100	1400	2000
0.02						
0.05						
0.10						
0.15						
0.20						

（2）实验讨论

1）将测量结果同用公式计算结果对照，检验其一致性。

2）在相同的 R 距离的各点测量 B 值其大小和方向有什么规律？

3）固定一测点，将传感器平面不断地转动，观察特斯拉计有何变化，分析变化产生的原因。

4）直接通电法可进行哪种类型的磁化？

10.7　螺线管磁场测试

1．实验目的

1）了解通电螺线管周围磁场分布。

2）了解影响螺线管磁场的因素。

3）掌握螺线管磁场的用途。

2．实验设备和器材

1）带有磁化线圈的探伤机 1 台。

2）CT3 特斯拉计。

3．实验原理

由于通电导体周围磁场的相互作用，在通电线圈内产生一个纵向磁场。磁粉探伤使用的线圈的长短是有限的，线圈内外的磁场的大小和方向各点也是不相同的。在线圈的中心的磁场方向和线圈轴线方向一致，其大小为：

$$B = 125\ NI\cos\alpha / L$$

式中　B —— 线圈中心的磁感应强度（T）；

N —— 线圈匝数；

I —— 通过线圈导线的电流（A）；

L —— 线圈长度（m）；

α —— 线圈纵截面内侧矩形对角线和轴线间夹角。

线圈轴线上各点的磁场方向和轴线一致，但大小不同。空间上各点的磁场方向和大小可用特斯拉计测量。

4．实验方法

1）按实验 7 的方法调整好特斯拉计。

2）将线圈通以适当电流。

3）分别测量线圈中心 O 点，端面 A 点，距端面 100mm、200mm 和 300mm 的 B、C 和 D 点，端面上距 1/2 半径处的 E 点，线圈内壁的 F 点的磁场强度（如图 10-3 所示）。

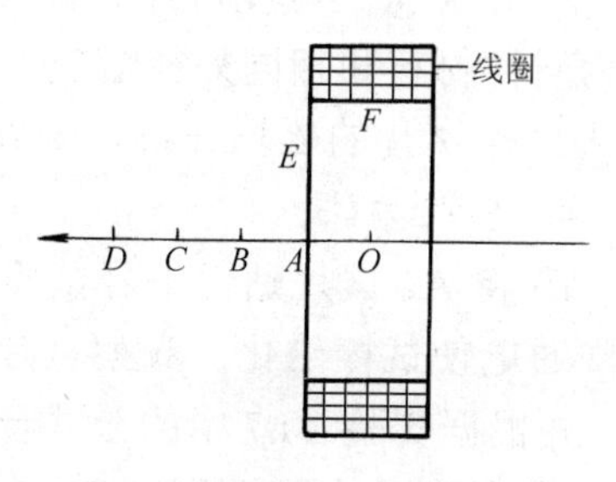

图10-3　线圈磁场测量位置图

4）测试时，应转动传感器片，找出最大磁场方向，并记录其磁场值。

5．实验报告要求

（1）将测试数据填入表 10-5 中。

表 10-5　线圈纵向磁场测试结果

测点 电流	O	A	B	C	D	E	F

（2）实验讨论

1）改变磁化电流，观察记录各点的磁场变化。

2）根据公式 $B=125NI\cos\alpha/L$，计算线圈中心 O 点的磁场强度，将其与测量值对照。

3）根据测量结果，分析从 O 点到 D 点的磁场变化规律。

4）采用线圈的磁场能进行什么类型的探伤?

10.8　工件 L/D 值对纵向磁化效果的影响

1．实验目的

1）了解工件纵向磁化时产生反磁场的原理。

2）了解工件 L/D 值对磁化效果的影响。

3）掌握用 A 型试片测试技术确定反磁场影响的方法。

2．实验设备与器材

1）带磁化线圈的磁粉探伤机 1 台。

2）试棒 4 个，用 20 号退火钢制作，规格分别为ϕ 40×400（1 号），ϕ 40×160（2 号），ϕ40×80（3 号）和ϕ40×40（4 号）。

3．实验原理

具有一定长度的工件放到线圈中进行纵向磁化，因为工件中退磁因子的影响将产生反磁场，使施加的外磁场减弱。其减弱程度同工件长度 L 和工件截面直径 D 之比（L/D）有关，L/D 越大，反磁场越小；反之 L/D 越小，则反磁场越大。

利用 A 型灵敏度试片进行反磁场定性认识的实验，是基于选定的 A 型试片测试的试件为同种材料和相同外径情况下，其刻槽的磁痕显示的有效磁场是相对稳定的。这样就可从对 A 试片的磁场分析，来确定反磁场的大小。

4．实验方法

1）将 A2 试片贴于 1 号试棒外圆中间位置，试棒放置于线圈中心，与轴线相互重合。线圈通电使试棒磁化。观察试片磁痕显示直到清晰完整的显示磁痕，记录此时的充磁电流，并根据实验 10.7 中的公式计算线圈中心的磁场强度。

2）按以上办法分别对 2、3 和 4 号试棒测量并计算磁场，计算试验结果。

5．实验报告要求

（1）将试验结果填入表 10-6 中。

表 10-6　试件 L/D 值对纵向磁化的影响

试　棒　编　号	1	2	3	4
试棒规格	φ40～400	φ40～160	φ40～80	φ40～40
试棒 L/D 值	10	4	2	1
试片型号规格	A2	A2	A2	A2
试片显示电流 /A				
线圈中心磁场 /T				

（2）实验讨论

1）当 L/D 无限大时说明什么情况?此时磁化场有什么特点?

2）如何理解球形工件无法用线圈纵向充磁。

3）试讨论本实验方法中如何计算退磁因子?

10.9　退磁及剩磁测量实验

1. 实验目的

1）了解各种退磁技术的操作方法和应用范围。

2）熟悉各种剩磁测量仪器的使用方法。

3）了解工件上允许剩磁大小的标准。

2. 实验设备与器材

1）交直流磁粉探伤机 1 台。

2）便携式磁粉探伤机 1 台。

3）退磁机 1 台。

4）XCJ 型磁强计 1 台。

5）CT3 型特斯拉计 1 台。

6）试件 2 个，分别用低碳钢和高碳钢经退火处理制作。其形状和尺寸见图 10-4。试件上纵向刻槽从一端开始长 30mm，宽和深均 2mm。

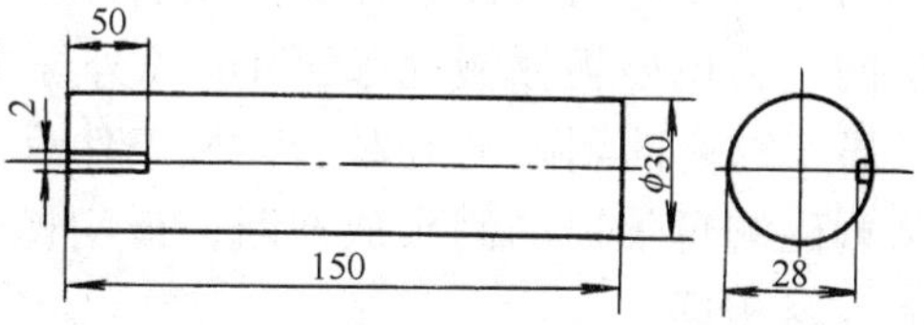

图10-4　退磁试验用试件形状尺寸图

3. 实验原理

工件中的剩磁在外加交变磁场作用下，其剩磁也不断地改变方向。当外加交变磁场逐渐减少至零时，工件中的剩磁也逐渐衰减速面趋近于零。不同成份的钢件退磁效果不一样。可以依靠磁场测量仪器测量出工件的剩磁，以确定退磁效果。不同用途的零件及在制品零件其要求的剩磁标准也是不同的。如航空零件的剩磁要求不大于 0.3 毫特斯拉（mT）。

4. 实验方法

（1）周向磁化剩磁的退磁

1)周向磁场退磁法　在试件中通以不断减少直至零的交流电或不断改变方向且逐渐减少至零的直流电，注意退磁时的初始电流应大于该试件的充磁电流值。

2）纵向磁场退磁法　在试件中纵向施加一个强大磁场，然后逐渐改变该磁场方向并逐渐减少至零，便可退掉周向剩磁。注意开始施加的磁场一般不小于20000A/m。

3）剩磁测量方法　试件周向退磁后，将剩磁测量仪器的测头靠近试件刻槽并沿刻槽边移动，测量周向剩磁的大小。

（2）纵向磁化剩磁的退磁

1）工件穿过线圈法　将试件从通以交流电线圈的一侧移近并通过线圈到另一侧，至离开线圈 1.5m 以上即达到退磁目的。注意试件在移动时应平稳，其轴线和线圈轴线一致，同时要求线圈中心磁场强度不小于20000A/m。

2）纵向磁场衰减法　试件置于线圈中心，两轴线重合。若线圈通以交流电，则使交流电逐渐减少并降至零；如线圈通以直流电，则在不断改变方向的同时逐渐使电流减少并降至零，便可达到退磁的目的。注意在退磁开始时，线圈中心磁场强度应大于试件充磁的磁场强度，一般要求不低于20000A/m。

3）工件翻动退磁法　利用直流磁化线圈进行纵向退磁，可将试件从线圈穿过并水平移出，同时每移动50mm，试件头尾翻一次，直至试件离开线圈1.5m以外。此种退磁法也要求线圈的退磁磁场强度应不小于工件充磁时磁场强度。

4）剩磁测量方法　试件纵向退磁后，将剩磁测量仪器的测头靠近试件两端，不断移动或翻动测头，找出仪器最大的剩磁指示值。

（3）工件磁化区域的局部分段退磁

用便携式电磁轭磁粉探伤仪，直接放置到需要退磁的工件被磁化部位，将电磁轭探伤仪垂直工件表面慢慢提起脱离工件，至工件表面1m以外后停止电磁轭的供电，便可以达到局部退磁的效果。此种办法可用于大型制件的磁化区域的分部退磁，也适于小型工件单件纵横向退磁。

利用本实验的试件进行退磁试验时，将试件夹于电磁轭两极间，将试件夹于电磁轭两极间，将电磁轭慢慢提起至1m以外停电即可退磁。

局部退磁的剩磁测量对于大型工件只能进行相对测量，如工件有断面部份或有沟槽，可将剩磁测量仪器的测头放在断面或沟槽部位测量剩磁。对于本实验的试件退磁测量和上面内容相同。

5. 实验报告要求

（1）将实验结果填入表10-7。

表 10-7　各种退磁方法的剩磁测量结果

退磁方法	周向剩磁退磁		纵向剩磁退磁			局部退磁
	周向磁场退磁法	纵向磁场退磁法	工件穿过线圈法	纵向磁场衰减法	工件翻动退磁法	马蹄形交流电磁轭退磁法
剩磁（T）						

（2）实验讨论

1）比较各种退磁方法的优缺点。

2）各种剩磁测量仪器的特点和使用性能如何？

3）使工件退磁的基本条件是什么？

4）使工件退磁的基本条件是什么？

10.10　焊缝磁粉检测

1．实验目的

1）了解磁轭法磁化磁场的分布规律；

2）了解旋转磁场磁化法的磁场分布规律；

3）了解磁轭间隙和行走速度对检测效果的影响；

4）了解有效磁化范围；

5）了解检验球罐纵缝和环缝时磁悬液的施加方式；

6）了解用交流和直流电磁轭检验厚板焊缝的效果。

2．实验设备器材

1）特斯拉计一台；

2）交流和直流电磁轭探伤仪各一台；

3）旋转磁场探伤仪一台；

4）标准试片（A 型或 M1 型）一套；

5）有焊缝的钢板一块（或在锅炉压力容器的现场检查）；

6）磁悬液一瓶；

7）≥10mm 厚钢板一块。

3．实验原理

交直流电磁轭是利用磁场对工件感应磁化的非电极接触式检测，设备轻便，适合于现场和野外工地的便携式操作。使用时应注意在检测区域改变方向，务使检测的各方向上的灵敏度达到规定要求。

交叉磁轭旋转磁场探伤仪方法可靠、灵敏度高，可一次磁化便能检出工件表面各方向的缺陷。使用该设备在观察时应注意磁轭的遮挡影响观察而使缺陷磁痕漏检。

4．实验方法

1）用磁轭法磁化焊接试板，当磁极间距为 150mm 时，用特斯拉计测量焊接试板上各点的磁场分布（参考图 4-26）。并用 15/50 标准试片贴在试板表面不同位置，用湿连续法检验，找出标准试片上磁痕显示清晰、工件表面磁场强度又能达到 2400A/m 的范围，从而画出磁轭法的有效磁化范围（参考图 4-27）。

2）当电磁轭磁极与工件表面紧密接触与保持不同间隙时，试验对磁化的影响，用贴标准试片试验。

3）用交叉磁轭旋转磁场磁化焊接试板或压力容器焊缝时，用特斯拉计测量焊接试板表面各点的磁场分布。并用 15/50 标准试片贴在试板表面不同位置，用湿连续法检验，找出标准试片上磁痕显示清晰、工件表面磁场强度又能达到 2400A/m 的有效磁化范围.

4）试验交叉磁轭固定在一个位置和行走时的检测效果，可从观察标准试片上的磁痕显示看出。

5）用交叉磁轭旋转磁场检验球罐的环缝和纵缝，试验用不同施加磁悬液方式对检测结果的影响，可从观察标准试片上的磁痕显示看出。

6）将15/50标准试片贴在厚板（大于10mm）表面，分别用交流电磁轭和直流电磁轭进行磁化检验，观察磁痕显示的差异。

也可以用交流和直流电磁轭同时检验厚板焊缝表面的同一自然缺陷（宜选微小裂纹），观察磁痕显示的差异。

5. 实验报告要求

（1）将实验数据和结果作以记录。内容如下：

1）记录磁轭法和交叉磁轭磁化，焊接试板上各点的磁场强度值和试片磁痕显示，并绘出有效磁化范围。

2）记录磁轭间隙和行走速度对检测效果的影响。

3）录检验球罐环缝和纵缝时磁悬液施加方式的影响。

4）记录用交流和直流电磁轭检验厚板焊缝结果的差异。

（2）根据要求填写检测报告。

（3）实验结果讨论

1）比较两种方法的优缺点。

2）在磁轭法中，靠近磁轭处的磁场有何特点?对磁粉检测有何影响?

附　　录

附录A　常用钢材磁特性参数表

序　号	材　料	试样状态	硬　度	矫顽力 H_c/(A/m)	剩磁感应强度 B_r/T	最大相对磁导率 μ_{rm}	最大磁导率对应的磁场强度 H_{μ_m}/(A/m)	最大磁能积 $(HB)_{max}$ /(kJ/m^3)
1	10	冷拉状态		360	0.46	542	960	0.048
2	10	860℃液体碳氮共渗，160℃回火	48HRC	680	1.035	620	920	0.288
3	15	910℃渗碳(1mm) 860℃水淬，250℃回火		224	1.02	1450	224	0.088
4	S15A	材料供应状态	127HBS	440	0.625	768	544	0.104
5	S15A	冷拉状态	179HBS	576	1.16	866	720	0.34
6	20	材料供应状态	163HBS	376	0.865	989	640	0.104
7	S20A	材料供应状态	107HBS	224	0.88	1500	400	0.112
8	S20A	材料供应状态	143HBS	344	1.01	1177	544	0.16
9	S20A	中频 950℃水淬，中频670℃回火	111HBS	536	1.6	1051	816	0.48
10	25	冷拉状态	221HBS	856	0.625	381	1600	0.152
11	30	材料供应状态	170HBS	536	0.95	964	560	0.176
12	30	880℃油淬，400℃回火	25.5HRC	992	1.13	512	1600	0.4
13	35	材料供应状态	187HBS	536	0.9	894	584	0.176
14	35	880℃油淬，500℃回火	148HBS	416	1.06	965	728	0.144
15	35	860℃油淬，450℃回火	20HRC	592	1.315	617	1440	0.208
16	35	880℃油淬，390℃回火	24.5HRC	1080	1.37	612	1400	0.792
17	40	正火	187HBS	584	1.07	712	960	0.28
18	40	860℃水淬，460℃回火	23HRC	720	1.445	620	1520	0.784
19	40	860℃油淬，360℃回火	36HRC	904	1.11	512	1600	0.496
20	40	850℃水淬，300℃回火	47HRC	1520	1.305	507	1760	0.976
21	40AZ	材料供应状态	174HBS	584	1.295	843	960	0.4
22	40AZ	860℃水淬，420℃回火	39HRC	1328	1.569	677	1440	1.152
23	45	材料供应状态	204HBS	360	0.89	623	976	0.104
24	45	材料供应状态	21HRC	592	0.9	583	960	0.2
25	45	860℃油淬，560℃回火	35HRC	1120	1.58	661	1440	1.04
26	45	850℃水淬，390℃回火	40HRC	1224	1.562	715	1360	1.2
27	45	860℃水淬，180℃回火	49HRC	2080	1.055	262	3200	0.688
28	ZG310—570(ZG45)	正火	20HRC	744	0.83	462	1280	0.248
29	ZG310—570(ZG45)	860℃油淬，650℃回火	HRC24	1128	1.55	638	1472	1.096
30	ZG310—570(ZG45)	860℃油淬，560℃回火	33HRC	1336	1.58	581	1600	1.344

（续）

序　号	材料	试样状态	硬　度	矫顽力 H_c/(A/m)	剩磁感应强度 B_r/T	最大相对磁导率 μ_{r_m}	最大磁导率对立的磁场强度 H_{μ_m}/(A/m)	最大磁能积 $(HB)_{max}$ /(kJ/m^3)
31	ZG310—570(ZG45)	860℃油淬，500℃回火	36.5HRC	1248	1.61	610	1608	1.232
32	ZG310—570(ZG45)	860℃油淬，400℃回火	45.5HRC	1256	1.54	680	1600	1.048
33	ZG310—570(ZG45)	860℃油淬，300℃回火	54HRC	1496	1.25	506	1960	0.832
34	50	材料供应状态	179HBS	496	1.1	729	920	0.224
35	50	材料供应状态	207HBS	544	1.02	700	800	0.144
36	50	冷拉状态	24HRC	992	1.01	442	1360	0.384
37	50	840℃油淬，500℃回火	28HRC	992	1.05	510	1600	0.464
38	50	840℃油淬，400℃回火	32.5HRC	1048	1.01	409	2000	0.408
39	50	840℃油淬，300℃回火	33.5HRC	1152	0.97	396	1800	0.432
40	50 甲	850℃油淬，360℃回火	32HRC	1352	1.02	393	2000	0.60
41	50AE	正火	223HBS	1048	1.255	556	1384	0.488
42	50AE	840℃油淬，610℃回火	30.8HRC	1136	1.52	562	1560	1.024
43	ZG50	正火	195HBS	564	1.14	632	1120	0.232
44	ZG50	860℃油淬，650℃回火	20HRC	1048	1.493	714	1200	0.96
45	ZG50	860℃油淬，600℃回火	24HRC	1136	1.45	594	1520	0.792
46	ZG50	860℃油淬，560℃回火	28.5HRC	1144	1.42	560	1600	0.72
47	ZG50	860℃油淬，500℃回火	33HRC	1216	1.39	545	1600	0.80
48	ZG50	860℃油淬，400℃回火	40.5HRC	1288	1.18	486	1680	0.68
49	ZG50	860℃油淬，300℃回火	45HRC	1576	1.08	414	1880	0.816
50	ZG50	860℃油淬，250℃回火	48HRC	1584	1.06	380	1880	0.656
51	D60	材料热冲压状态	200HBS	520	0.82	582	784	0.136
52	D60	材料热轧状态	212HBS	656	0.825	533	936	0.176
53	D60	材料供应状态	216HBS	672	0.76	515	1040	0.192
54	D60	850℃油淬，550℃回火	30HRC	1144	1.06	410	1680	0.496
55	16MnR	材料供应状态	103HBS	320	0.75	895	560	0.064
56	Q345(16MnA)	正火	168HBS	480	1.06	850	800	0.153
57	45B	正火	201HBS	704	1.16	646	1120	0.32
58	45B	850℃油淬，400℃回火	45HRC	992	1.49	767	1200	0.864
59	50BA	材料供应状态	207HBS	704	0.96	590	960	0.312
60	50BA	840℃油淬，650℃回火	22.5HRC	984	1.34	503	1760	0.712
61	50BA	860℃油淬，580℃回火	22HRC	1000	1.557	680	1400	1.072
62	50BA	840℃油淬，500℃回火	36HRC	1048	1.61	665	1600	1.184
63	50BA	860℃油淬，440℃回火	40HRC	1080	1.585	664	1360	1.224
64	50BA	840℃油淬，400℃回火	45HRC	1112	1.515	689	1360	0.848
65	50BA	840℃油淬，250℃回火	52HRC	1288	1.3	524	1840	0.92
66	40Mn2	正火	21HRC	840	1.17	435	1640	0.368
67	40Mn2	850℃油淬，510℃回火	29HRC	1200	1.58	678	1680	0.928

（续）

序　号	材料	试样状态	硬　度	矫顽力 H_c/(A/m)	剩磁感应强度 B_r/T	最大相对磁导率 μ_{r_m}	最大磁导率对立的磁场强度 H_{μ_m}/(A/m)	最大磁能积 $(HB)_{max}$ /(kJ/m³)
68	50Mn	材料供应状态	192HBS	520	1.02	685	1000	0.208
69	21MnNiMo	原材料锻造退火状态	192HBS	752	1.32	764	1120	0.432
70	21MnNiMo	880℃油淬，650℃回火	196HBS	768	1.298	757	1120	0.392
71	21MnNiNo	880℃盐水淬，450℃回火	37HRC	904	1.345	620	1600	0.55
72	30Mn2MoV	910℃正火，910℃油淬，610℃回火	38HRC	1272	1.39	539	1760	0.736
73	40MnB	850℃油淬，400℃回火	45HRC	1208	1.31	587	1520	0.76
74	40MnVB	材料供应状态	223HBS	624	0.99	533	1200	0.216
75	30SiMnMoVA	正火	38.5HRC	2096	0.72	157	3040	0.512
76	30SiMnMoVA	870℃水淬，700℃回火	32HRC	1176	1.48	657	1440	1.088
77	30SiMnMoVA	870℃水淬，230℃回火	51.7HRC	2240	1.08	272	3040	1.216
78	70Si3MnA	870℃油淬，470℃回火	51.5HRC	1336	1.35	630	1480	1.07
79	20Cr	930℃渗碳，800℃油淬，200℃回火	66HRC	1240	1.0	322	1120	0.416
80	38CrA	材料供应状态	21HRC	1112	0.81	363	1520	0.312
81	38CrA	正火	197HBS	856	1.215	498	1552	0.424
82	38CrA	860℃油淬，550℃回火	33HRC	1128	1.59	661	1480	1.08
83	38CrA	860℃油淬，300℃回火	49HRC	1400	1.115	416	2040	0.664
84	38CrA	860℃油淬，200℃回火	53HRC	2704	1.055	213	4000	1.304
85	40Cr	正火	23.5HRC	1256	0.84	378	1840	0.416
86	40Cr	850℃油淬，510℃回火	39.5HRC	1488	1.595	301	1600	1.52
87	40Cr	850℃油淬，410℃回火	45HRC	1504	1.345	600	1840	1.016
88	40Cr	860℃油淬，350℃回火	46HRC	1520	1.14	434	1920	0.8
89	40Cr	850℃油淬，300℃回火	46.5HRC	1584	1.18	448	2000	0.848
90	45Cr	材料供应状态	204HBS	456	0.985	482	1360	0.224
91	45Cr	840℃油淬，580℃回火	229HBS	664	1.233	585	1448	0.352
92	50CrVA	材料供应状态	197HBS	800	0.98	446	1280	0.28
93	50CrVA	σ_b=1275kPa	40.5HRC	1120	1.58	641	1560	0.887
94	50CrVA	σ_b=1470kPa	45HRC	1450	1.34	550	1760	0.97
95	38CrSi	910℃油淬，650℃回火	30HRC	736	1.5	619	1520	0.624
96	38CrSi	890℃油淬，580℃回火	33.5HRC	992	1.548	667	1440	0.88
97	38CrSj	910℃油淬，450℃回火	45HRC	1024	1.37	611	1440	0.696
98	38CrSi	890℃油淬，300℃回火	51HRC	1936	1.065	269	3040	0.92
99	25CrMnSi	材料供应状态	201HBS	696	1.13	735	776	0.264
100	25CrMnSi	880℃正火，860℃油淬，460℃回火	28.5HRC	976	1.14	515	1600	0.48
101	30CrMnSiA	材料供应状态	201HBS	800	1.25	650	960	0.432
102	30CrMnSiA	正火	181HBS	280	1.23	870	880	0.136

（续）

序号	材料	试样状态	硬度	矫顽力 H_c/(A/m)	剩磁感应强度 B_r/T	最大相对磁导率 μ_{r_m}	最大磁导率对立的磁场强度 H_{μ_m}/(A/m)	最大磁能积 $(HB)_{max}$ /(kJ/m^3)
103	30CrMnSiA	880℃油淬，520℃回火	37HRC	960	1.5	688	1360	0.96
104	30CrMnSiA	920℃油淬，460℃回火	42HRC	1560	1.249	502	1736	0.88
105	30CrMnSiA	880℃油淬，300℃回火	45.5HRC	2280	1.1	270	2960	1.184
106	30CrMnSiA	880℃油淬，220℃回火	51HRC	2712	0.98	218	3600	1.285
107	35CrMnSiA	材料供应状态	220HBS	624	1.31	893	880	0.352
108	35CrMnSiA	中频 880℃油淬，265℃回火	47HRC	2344	1.045	244	3120	0.992
109	35CrMnSiA	910℃油淬，250℃回火	51HRC	2408	1.007	200	3600	0.944
110	ZG35CrMnSiA	正火	207HBS	808	1.12	490	1360	0.38
111	18CrMnTi	材料供应状态	163HBS	280	1.05	817	536	0.224
112	20CrMo	材料供应状态	170HBS	448	1.1	1025	640	0.224
113	20CrMo	820℃油淬，200℃回火	30.5HRC	1600	1.01	296	1600	0.536
114	PCrMo	正火	28.5HRC	1600	0.96	329	2000	0.624
115	PCrMo	860℃油淬，550℃回火	27HRC	1144	1.43	575	1600	0.808
116	35CrMoA	860℃油淬，260℃回火	49HRC	1376	1.11	407	2200	0.632
117	35CrMoA	860℃油淬，200℃回火	52HRC	2320	1.09	251	3120	1.2
118	40CrMo	850℃油淬，630℃回火	30HRC	1160	1.57	539	2000	1.13
119	40CrMo	850℃油淬，590℃回火	32HRC	1040	1.57	547	1120	0.95
120	50CrMo	850℃油淬，550℃回火	31HRC	1256	1.6	490	1840	0.93
121	60Cr2MoA	850℃油淬，440℃回火	50HRC	1520	1.13	432	2160	0.8
122	60Cr2MoA	860℃油淬，220℃回火	54HRC	2480	1.085	235	3280	1.28
123	20CrMnMo	845℃油冷，210℃回火，渗碳 1.5～2mm	61.5HBC	2936	0.96	155	4320	0.78
124	ZG22CrMnMo	正火	164HBS	448	1.2	801	1100	0.2
125	ZG22CrMnMo	880℃油淬，220℃回火	43HRC	640	0.9	293	2400	0.7
126	ZG22CrMnMo	880℃油淬，180℃回火	47.5HRC	2080	1.01	278	3000	1.04
127	30CrMnMoTiA	材料供应状态	30.5HRC	1392	0.97	337	1920	0.552
128	30CrMnMoTiA	875℃油淬，440℃回火	42HRC	1528	1.27	473	1920	0.984
129	30CrMnMoTiA	880℃油淬，350℃回火	47.2HRC	1576	1.15	373	2480	0.68
130	30CrMnMoTiA	880℃油淬，260℃回火	48HRC	1736	1.11	331	2560	1.31
131	30CrMnMoTiA	880℃油淬，200℃回火	50HRC	2416	1.02	231	3200	1.176
132	PCrMoV	材料供应状态	30.7HRC	1408	0.93	300	2240	0.504
133	PCrMoV	正火	30HRC	1184	0.9	309	2000	0.344
134	PCrMoV	880℃正火，860℃油淬，600℃回火	38HRC	1304	1.565	605	1640	1.168
135	30Cr2MoV	材料供应状态	31HRC	1416	0.955	302	2000	0.472
136	30Cr2MoV	正火	39.5HRC	1760	0.85	215	3000	0.552
137	30Mn2MoV	910℃正火，910℃油淬，610℃回火	38HRC	1272	1.39	539	1760	0.736
138	38Cr2Mo2V	退火	187HBS	1000	1.39	595	1480	0.696

（续）

序　号	材料	试样状态	硬　度	矫顽力 H_c/(A/m)	剩磁感应强度 B_r/T	最大相对磁导率 μ_{r_m}	最大磁导率对立的磁场强度 H_{μ_m}/(A/m)	最大磁能积 $(HB)_{max}$ /(kJ/m^3)
139	38Cr2Mo2V	850℃油淬，600℃回火	41.5HRC	1440	1.32	435	2160	0.946
140	38CrMoAlA	材料供应状态	21HRC	640	0.85	471	1440	0.192
141	38CrMoAlA	940℃油淬，650℃回火	31HRC	920	1.43	487	2000	0.848
142	38CrMoAlA	930℃热水淬，650℃回火，第一次氮化 510℃，12h；第二次氮化 550℃，50h	81HV	1344	1.36	450	1760	1.072
143	12CrNi2A	930℃渗碳(1mm)，880℃油淬，200℃回火	33.5HRC	320	1.07	1000	440	0.112
144	12CrNi3A	材料供应状态	149HBS	368	1.23	1119	800	0.192
145	12CrNi3A	930℃渗碳，800℃油淬，160℃回火	60HRC	1744	0.96	263	2560	0.416
146	20Cr2Ni4A	材料供应状态	217HBS	744	1.25	642	1160	0.448
147	20Cr2Ni4A	850℃油淬，190℃回火	42HRC	1664	0.95	241	3120	0.68
148	25CrNi4A	860℃油淬，600℃回火	37HRC	800	1.35	664	1400	0.512
149	30CrNi3A	正火	29HRC	1304	1.02	353	1440	0.488
150	30CrNi3A	820℃油淬，680℃回火	28HRC	1048	1.37	660	1600	0.632
151	30CrNi3A	830℃油淬，550℃回火	34HRC	1160	1.628	684	1480	1.04
152	30CrNi3A	830℃油淬，470℃回火	38.5HRC	1168	1.365	637	1400	0.744
153	300Ni3A	830℃油淬，410℃回火	40HRC	1304	1.175	548	1600	0.72
154	30CrNi3A	830℃油淬，230℃回火	49HRC	2176	1.02	239	3040	1.088
155	40CrNi	860℃油淬，230℃回火	50HRC	1520	1.15	355	2520	0.864
156	45CrNi	材料供应状态	32HRC	1136	1.55	468	2040	0.784
157	45CrNi	840℃油淬，500℃回火	28.5HRC	1144	1.475	451	2080	0.656
158	PCrNiMo	材料供应状态	24HRC	1040	1.35	499	1840	0.632
159	PCrNiMo	880℃正火，650℃回火	30HRC	1056	1.54	574	1880	0.904
160	PCrNiMo	850℃油淬，600℃回火	33HRC	1200	1.52	590	1600	1.288
161	40CrNiMoA	材料供应状态	214HBS	1200	1.425	693	1200	1.024
162	40CrNiMoA	860℃油淬，500℃回火	39HRC	1120	1.4	613	1640	0.8
163	40CrNiMoA	850℃油淬，410℃回火	44HRC	1960	1.334	560	1600	1.352
164	40CrNiMoA	860℃油淬，200℃回火	55HRC	2480	1.0	197	4280	1.08
165	60CrNiMo	860℃油淬，440℃回火	49HRC	1640	1.11	377	2400	0.72
166	60CrNiMo	860℃油淬，220℃回火	55HRC	2160	1.02	230	2960	1.08
167	ZG37CrNiMo	正火	29HRC	1376	1.5	530	1760	1.064
168	ZG37CrNiMo	880℃油淬，610℃回火	29.5HRC	1392	1.49	519	1720	1.088
169	PCrNi3Mo	860℃油淬，560℃回火	37HRC	1120	1.34	528	1760	0.72
170	Cr3NiMo	900℃正火，680℃回火	207HBS	880	0.84	361	1680	0.248
171	Cr3NiMo	900℃油淬，680℃回火	23HRC	960	1.415	541	1760	0.736
172	Cr3NiMo	900℃油淬，510℃回火	35HRC	1760	1.15	348	2400	0.896
173	Cr3NiMo	900℃油淬，200℃回火	44HRC	2200	0.985	240	3200	0.976

（续）

序 号	材料	试样状态	硬 度	矫顽力 H_c/(A/m)	剩磁感应强度 B_r/T	最大相对磁导率 μ_{r_m}	最大磁导率对立的磁场强度 H_{μ_m}/(A/m)	最大磁能积 $(HB)_{max}$ /(kJ/m^3)
174	20CrNi4VA	材料供应状态	25.5HRC	440	1.24	773	960	0.176
175	PcrNi3MoV	材料供应状态	31HRC	1496	1.005	291	2560	0.72
176	PcrNi3MoVA	880℃水淬油冷，590℃回火	40HRC	1376	1.4401	545	1760	0.88
177	PcrNi3MoVA	850℃油淬，540℃回火	42HRC	1600	1.315	470	2000	1.032
178	45CrNiMoVA	材料供应状态	27HRC	824	1.535	694	1360	0.68
179	45CrNiMoVA	正火	46HRC	2400	1.05	221	3520	1.096
180	45CrNiMoVA	860℃油淬，440℃回火	47.5HRC	1456	1.3	529	1856	0.912
181	45CrNiMoVA	860℃油淬，190℃回火	55HRC	3088	1.06	195	3920	0.984
182	30CrNi2MoVA	材料供应状态	24HRC	944	1.345	626	1360	0.96
183	30CrNi2MoVA	860℃正火，640℃回火	32.5HRC	1040	1.27	552	1640	0.52
184	30CrNi2MoVA	860℃油淬，640℃回火	41HRC	1160	1.315	534	1680	0.76
185	30CrNi2MoVA	860℃油淬，270℃回火	46HRC	1848	0.97	221	3120	0.8
186	30CrNi2MoVA	860℃油淬，220℃回火	46HRC	1872	0.97	262	3040	0.808
187	32CrNi2MoV	材料供应状态	30HRC	1400	0.87	280	2400	0.87
188	32CrNi2MoV		38HRC	1760	1.01	246	3280	0.84
189	32CrNi2MoV	860℃空冷，580℃回火	44HRC	1440	0.85	253	2520	0.612
190	32CrNi2MoV	860℃油淬，180℃回火	48HRC	2600	1.01	218	4240	1.45
191	18CrNiMnMo	830℃油淬，200℃回火	41HRC	1880	0.955	249	3120	0.72
192	35CrNiMnMoV	材料供应状态	29HRC	1104	1.27	470	1920	0.544
193	35CrNiMnMoV	910℃正火，870℃油淬，570℃回火	45.5HRC	1744	1.245	377	2440	1.024
194	18CrNiWA	正火，640℃回火	25.5HRC	1200	1.06	426	1760	0.52
195	18CrNiWA	880℃空冷，580℃回火	37HRC	1584	1.053	357	2240	0.736
196	18CrNiWA	850℃油淬，550℃回火	38HRC	1568	0.96	295	2560	0.632
197	18CrNiWA	880℃油淬，220℃回火	41HRC	1800	0.815	204	3120	0.568
198	18CrNiWA	830℃空冷，170℃回火	45HRC	1920	0.77	182	1976	0.544
199	18CrNiWA	930℃渗碳(1mm)，810℃空冷，200℃回火	56HRC	1944	0.79	188	3200	0.68
200	25CrNiWA	860℃正火，640℃回火	27HRC	1080	1.28	517	1600	0.64
201	25CrNiWA	870℃油淬，500℃回火	29.5HRC	1440	1.155	440	1840	0.728
202	25CrNiWA	870℃油淬，450℃回火	31HRC	1520	1.059	389	2160	0.72
203	25CrNiWA	850℃油淬，300℃回火	36HRC	1728	0.92	272	2800	0.696
204	25CrNiWA	860℃油淬，260℃回火	42HRC	1872	0.997	288	2560	0.784
205	25CrNiWA	850℃油淬，200℃回火	48HRC	2344	0.84	181	3440	0.68
206	30CrNiWA	870℃加热，170℃等温水冷，210℃回火	49HRC	2408	1.06	262	2968	1.176
207	18Cr2Ni4WA	材料供应状态	217HBS	580	1.29	687	1200	0.33
208	18Cr2Ni4WA	880℃油淬，180℃回火	58HRC	2280	0.88	205	3400	0.51
209	30CrNi2WV	860℃正火，640℃回火	25.5HRC	1024	1.45	660	1360	0.56

（续）

序　号	材料	试样状态	硬　度	矫顽力 H_c/(A/m)	剩磁感应强度 B_r/T	最大相对磁导率 μ_{r_m}	最大磁导率对立的磁场强度 H_{μ_m}/(A/m)	最大磁能积 $(HB)_{max}$ /(kJ/m^3)
210	30CrNi2WV	860℃油淬，640℃回火	32HRC	1104	1.44	643	1440	0.96
211	40CrNi2SiWA	材料供应状态	293HBS	976	1.43	737	1120	0.905
212	40CrNi2SiWA	σ_b=1080kPa	54HRC	2360	1.04	215	3600	1.16
213	30CrMnSiNi2A	材料供应状态	23.5HRC	984	1.44	706	1360	0.792
214	30CrMnSiNi2A	880℃油淬，290℃回火	49HRC	3040	0.762	144	3920	0.829
215	30CrMnSiNi2A	退火	207HBS	904	1.1	575	1360	0.46
216	65Mn	材料供应状态	23.5HRC	704	0.85	463	1360	0.208
217	65Mn	790℃油淬，500℃回火	30HRC	1120	1.085	433	1440	0.352
218	65Mn	820℃油淬，420℃回火	46HRC	1440	1.41	543	1936	1.192
219	60Si2A	850℃油淬，400℃回火	53HRC	1200	1.39	684	1440	1.024
220	60Si2MnA	热轧退火	31HRC	824	0.95	475	1120	0.384
221	60Si2MnA	860℃油淬，420℃回火	54HRC	1528	1.26	465	1920	0.936
222	60SiMn2MoVA	850℃油淬，650℃回火	35.5HRC	1496	1.48	467	1920	1.72
223	65Si2MnWA	材料供应状态	25HRC	1256	1.432	680	1176	1.08
224	65Si2MnWA	860℃油淬，560℃回火	46HRC	1584	1.525	631	1520	1.336
225	65Si2MnWA	860℃油淬，450℃回火	49HRC	1648	1.365	539	1760	1.184
226	65Si2MnWA	860℃油淬，400℃回火	50HRC	1936	1.275	412	2136	1.28
227	65Si2WA	850℃油淬，420℃回火	52HRC	1600	1.26	416	2160	0.976
228	65Si2WA	860℃油淬，250℃回火	55HRC	2400	1.032	208	3760	1.152
229	2Cr13	正火	24HRC	1200	0.7	184	1360	0.344
230	2Cr13	1050℃油淬，550℃回火	45HRC	3400	0.74	113	5360	1.096
231	3Cr13	材料供应状态	170HBS	560	0.78	512	1040	0.16
232	3Cr13	1050℃油淬，600℃回火	29HRC	1344	1.1	426	1880	0.528
233	Crl6Ni6	退火	187HBS	3240	0.15	26	5640	0.14
234	Crl6Ni6	σ_b=1080kPa	36HRC	3100	0.42	67	5000	0.44
235	Crl7Ni2	材料供应状态	285HBS	1860	0.42	235	2640	0.23
236	Crl7Ni2	σ_b=1080kPa	36HRC	3850	0.59	85	5600	0.39
237	GCr9	材料供应状态	187HBS	1040	1.23	579	1360	0.784
238	GCr9	840℃油淬，390℃回火	57HRC	1520	1.24	452	1960	0.928
239	GCr9	840℃油淬，160℃回火	62HRC	3680	0.86	129	4840	1.256
240	GCrl5	材料供应状态	207HBS	896	1.27	580	1280	0.584
241	GCrl5	840℃油淬，360℃回火	57HRC	1472	1.26	443	2000	0.904
242	GCrl5	840℃油淬，190℃回火	61HRC	3120	0.7335	107	6000	1.008
243	GCrl5	830℃油淬，110℃回火	61HRC	3400	0.872	120	4880	1.28
244	G20CrNi2MoA	锻后 800℃等温球化	147HBS	236	0.88	800	800	0.09
245	G20CrNi2MoA	930℃渗氮，880℃一次淬火 810℃二次淬火，170℃回火	表面61HRC 心部40HRC	1472	1.0	237	2720	0.69
246	GCr15SiMn	830℃油淬，200℃回火	61HRC	3076	0.93	140	5000	1.334
247	T7	材料供应状态	170HBS	736	1.21	800	840	0.48

（续）

序 号	材料	试样状态	硬 度	矫顽力 H_c/(A/m)	剩磁感应强度 B_r/T	最大相对磁导率 μ_{r_m}	最大磁导率对立的磁场强度 H_{μ_m}/(A/m)	最大磁能积 $(HB)_{max}$ /(kJ/m^3)
248	T7	810℃水淬，390℃回火	47HRC	1352	1.445	567	1680	0.976
249	T8	材料供应状态	170HB5	936	1.3	692	1088	0.592
250	T8	790℃水淬，400℃回火	47HRC	1368	1.45	530	1840	1.12
251	T10A	退火	170HBS	704	1.25	775	960	0.368
252	T10A	正火	28.5HRC	1040	0.865	439	1200	0.4
253	T10A	780℃水淬，210℃回火	63HRC	2336	0.817	180	3120	0.768
254	T12A	材料供应状态	170HBS	824	1.186	772	928	0.44
255	T12A	中频 860℃水淬，170℃回火	60HRC	2120	1.204	319	2800	1.28
256	T12A	780℃水淬，170℃回火	65HRC	2824	0.77	141	2960	0.824
257	CrW5	材料供应状态	23HRC	960	1.36	630	1520	0.544
258	CrW5	810℃水淬，140℃回火	65.5HRC	3904	0.7	90	5600	1.048
259	CrWMn	材料供应状态	217HBS	768	1.233	676	1120	0.608
260	CrWMn	820℃油淬，-70～-80℃冷处理，170℃回火，120℃时效	62HRC	2720	1.035	296	3720	1.034
261	Cr12MoV	材料供应状态	21HRC	1384	1.045	540	1280	0.792
262	Cr12MoV	1050℃油淬，520℃回火	57.4HRC	3864	0.91	136	5400	1.392
263	3Cr2W8V	锻造退火，850℃炉冷	216HBS	1472	1.3491	499	1520	1.16
264	3Cr2W8V	1150℃油淬，560℃回火 90min，580℃、650℃回火，90min	53HRC	2192	1.06	276	3040	0.976
265	3Cr2W8	材料供应状态	22HRC	1168	1.3881	480	1880	0.912
266	3Cr2W8	1060℃油淬，600℃二次回火	50HRC	2224	1.105	268	3168	1.112
267	9CrSi	材料供应状态	217HBS	672	1.1	670	800	0.256
268	9CrSi	860℃油淬，180℃回火	63HRC	3296	0.705	105	4720	0.96
269	4Cr10Si2Mo	1040℃油淬，780℃回火	30HRC	968	0.96	483	1200	0.4
270	4Cr10Si2Mo	1100℃油淬，710℃回火	35HRC	840	1.25	582	1400	0.584
271	5CrMnMo	锻造退火状态，850℃炉冷	23HRC	1272	0.77	287	1840	0.36
272	5CrMnMo	870℃油淬，460℃回火 90min,560℃回火 90min	40.9HRC	1888	1.49	457	1960	0.816
273	5CrMnMo	830℃油淬，350℃回火	58HRC	3560	0.846	125	4600	1.328
274	W18Cr4V	材料供应状态	21HRC	1496	0.99	375	1800	0.744
275	W18Cr4V	加热 1275℃，560℃硝盐淬火转 280℃等温，560℃回火	65HRC	3536	0.97	155	5440	1.68
276	6W6Mo5Cr4V	材料供应状态	25.5HRC	1424	0.95	385	1640	0.712
277	6W6Mo5Cr4V	锻造退火，850℃炉冷	216HBS	1208	1.12	470	1560	0.712
278	6W6Mo5Cr4V	1160℃油淬，590℃回火	61.7HRC	3016	1.02	206	3920	1.52
279	6W6Mo5Cr4V	1150℃油淬，560℃三次回火，每次 1h	60.2HRC	3160	1.0	190	4000	1.456
280	60Mo5Cr4Nb3W2V	1110℃油淬，560℃二次回火，每次 1h	59.7HRC	3080	1.08	197	4480	1.352

附录B　常用磁学量的名称、单位制及换算

<table>
<tr><th rowspan="3">磁 学 量</th><th rowspan="3">符号</th><th colspan="4">单 位 制</th><th rowspan="3">单位制换算</th></tr>
<tr><th colspan="2">SI 制</th><th colspan="2">CGS 制</th></tr>
<tr><th>单 位</th><th>符 号</th><th>单 位</th><th>符 号</th></tr>
<tr><td>磁场强度
矫顽力
饱和磁场强度
最大磁导率时所对应的磁场强度</td><td>H
H_c
H_{max}
H_{μ_m}</td><td>安/米</td><td>A/m</td><td>奥斯特</td><td>Oe</td><td>$1A/m=4\pi\times10^{-3}Oe$
$=12.5\times10^{-3}Oe$
$1Oe=10^3/4\pi A/m$
$\approx80A/m$</td></tr>
<tr><td>磁感应强度
饱和磁感应强度
剩余磁感应强度</td><td>B
B_m
B_r</td><td>特(斯拉)
(韦/米)</td><td>T
(Wb/m^2)</td><td>高斯</td><td>Gs</td><td>$1Wb/m^2=1T=10^4Gs$
$1Gs=10^{-4}T$
$=10^{-4}Wb/m^2$</td></tr>
<tr><td>磁导率
最大磁导率</td><td>μ
μ_{max}</td><td>亨/米</td><td>H/m</td><td>高斯
/奥斯特</td><td>Gs/Oe</td><td>$1H/m=1/4\pi\times10^7Gs/Oe$</td></tr>
<tr><td>磁能积
最大磁能积</td><td>(HB)
$(HB)_{max}$</td><td>千焦/米^3</td><td>kJ/m^3</td><td>兆高奥</td><td>MGs. Oe</td><td>$1kJ/m^3=4\pi\times10^{-2}$MGs. Oe</td></tr>
<tr><td>磁化强度</td><td>M</td><td>安/米</td><td>A/m</td><td>奥斯特</td><td>Oe</td><td></td></tr>
<tr><td>磁化率</td><td>k</td><td></td><td></td><td></td><td></td><td></td></tr>
<tr><td>磁通量</td><td>Φ</td><td>韦</td><td>Wb</td><td>麦克斯韦</td><td>Mx</td><td>$1Wb=10^8Mx$
$1Mx=10^{-8}Wb$</td></tr>
<tr><td>磁阻</td><td>R</td><td>安匝/韦</td><td>AN/Wb</td><td>奥 · 厘米/麦</td><td>Oe·cm/Mx</td><td>$1AN/Wb=4\pi\times10^{-9}$Oe·cm/Mx</td></tr>
</table>

参 考 文 献

1 中国机械工程学会无损检测学会编．磁粉探伤．北京：机械工业出版社，1978

2 兵器工业无损检测人员技术资格鉴定考核委员会编．磁粉探伤．北京：兵器工业出版社，1999

3 劳动部锅炉压力容器无损检测人员技术资格鉴定考核委员会编．磁粉探伤．北京：1999

4 兵器工业无损检测人员技术资格鉴定考核委员编．常用钢材磁特性曲线速查手册．北京：机械工业出版社，2003

5 任吉林主编．电磁无损检测．北京：航空工业出版社，1989

6 朱万富，唐鸿章编．磁粉探伤常见缺陷的成因及磁痕分析．重庆：重庆科技杂志社，1987

7 美国无损检测学会编．美国无损检测手册：磁粉卷．上海：世界图书出版公司，1994

8 美国金属学会编．金属手册：第 11 卷无损检测与质量控制．第 8 版．王庆绥等译．北京：机械工业出版社，1988

9 [日]无损检测协会编．无损检测概论．戴端松译．上海：上海科学技术出版社，1981

10 J. D 克劳斯．电磁学．安绍萱译．北京：人民邮电出版社，1979

11 化学工业部劳资司等编．无损探伤工．北京：化学工业出版社，1990

12 张泽丰主编．锅炉压力容器无损检测人员考试习题集．北京：北京科学技术出版社，1991

13 邵泽波等编．无损检测实验指导．吉林科学技术出版社，1991

14 石井勇五郎．无损检测学．吴义等译．北京：机械工业出版社，1986

15 日本非破坏检查协会．非破坏检查便览．日本非破坏检查协会，1978

16 美国无损检测学会编．磁粉渗透III级学习指南．蒋寒青译．汽轮机技术编辑部，1985

17 高联辉编．磁路和铁磁器件．北京：高等教育出版社，1982

18 陈笃行编．磁测量基础．北京：机械工业出版社，1985

19 张世远，路权等编著．磁性材料基础．北京：科学出版社，1988

20 万国庆，樊景云编著．钢铁件热处理质量的快速电磁无损检测技术．哈尔滨：黑龙江科学技术出版社，1987

21 俞大光编．电工基础（修订本）．北京：人民教育出版社，1965